Hartmut König

Kommunikationsprotokolle

Informatik · Kybernetik · Rechentechnik

Herausgegeben von der Akademie der Wissenschaften der DDR
Zentralinstitut für Kybernetik und Informationsprozesse

Band 35

Kommunikationsprotokolle

von Hartmut König

Kommunikationsprotokolle

von Hartmut König

Mit 66 Abbildungen

Akademie-Verlag Berlin

Verfasser: Dr.-Ing. Hartmut König
Technische Universität „Otto von Guericke“ Magdeburg
Sektion Informatik

Der Titel wurde vom Originalmanuskript des Autors reproduziert.

ISBN 3-05-500861-8
ISSN 0232-1351

Erschienen im Akademie-Verlag Berlin, Leipziger Straße 3—4, Berlin, DDR-1086

Lizenznummer: 202 · 100/90
Printed in German Democratic Republic
Gesamtherstellung: Druckhaus „Thomas Müntzer“ GmbH, Bad Langensalza, DDR-5820
Lektor: Dipl.-Phys. Gisela Lagowitz
LSV 1085
Bestellnummer: 764 166 5 (9332)

VORWORT

Die Daten- und Rechnerkommunikation gehört zu den sich gegenwärtig am stärksten entwickelnden Gebieten der Informatik. Aufbau und Entwicklung von Daten- und Rechnernetzen, im globalen wie auch im lokalen Bereich, sowie ihre rasch zunehmende Verkopplung bilden die Grundlage für eine effektivere Gestaltung vieler Bereiche des gesellschaftlichen Lebens. Die Forderung nach "Netzfähigkeit", d.h. der Fähigkeit, in ein Daten- und Rechnernetz eingebunden werden zu können, wird zunehmend eine der Standardanforderungen an die Gestaltung moderner Rechner. Mit dieser Entwicklung geht eine rapide Zunahme der Forschungsarbeiten auf diesem Gebiet einher. War der Aufbau der ersten Rechnernetze noch das Werk weniger Spezialisten, so ist die Zahl derer, die sich heute den Problemen der Rechner-Rechner-Kommunikation widmen, sprunghaft im Wachsen begriffen. Diese Entwicklung bleibt ebenfalls nicht ohne Konsequenzen für die Ausbildung von Informatikingenieuren, die umfassender als bisher in die Wirkprinzipien der Daten- und Rechnerkommunikation eingeführt werden müssen.

Die Grundlage für die Kommunikation in Daten- und Rechnernetzen bilden die Kommunikationsprotokolle - kurz Protokolle. Sie beschreiben die Art und Weise, wie die Rechner zur Erfüllung einer übergeordneten Aufgabenstellung miteinander kommunizieren. Kommunikationsprotokolle sind komplexe und schwer überschaubare Gebilde. Ihre Entwicklung bindet beträchtliche Bearbeiterkapazitäten über einen längeren Zeitraum. Weltweit werden deshalb intensive Bemühungen unternommen, diesen Prozeß effizient zu gestalten.

Das vorliegende Buch soll den Leser in die Welt der Protokolle einführen. Damit werden vorrangig zwei Ziele verfolgt:

1. den Leser mit den Protokollmechanismen in Daten- und Rechnernetzen vertraut zu machen und

2. die Entwicklungsphasen von Kommunikationsprotokollen vorzustellen sowie einen Überblick über den jeweilig aktuellen Stand der Forschungsarbeiten zu geben.

Die Darstellung hat einführenden Charakter und soll als Grundlage für einen tieferen Einstieg in die Problematik der Kommunikationsprotokolle dienen. Sie wendet sich vor allem an Studenten und Ingenieure der Informatik, die vor der Aufgabe stehen, sich in diesen Problemkreis einzuarbeiten, sowie an den Fachmann, der seine Kenntnisse zu bestimmten Phasen der Entwicklung von Kommunikationsprotokollen vertiefen möchte. Meine Erfahrungen zeigen, daß es Lernenden oftmals schwerfällt, sich in die Protokollproblematik einzuarbeiten, und daß das volle Verständnis erst nach einem längeren Zeitraum erreicht wird. Auch in der Anwendung sind Mißverständnisse bezüglich bestimmter Begriffe und Methoden zu verzeichnen. Die Ursache hierfür dürfte vor allem in der noch zu geringen Anzahl von methodischen Einführungen in diese Problematik liegen, die den Leser durch Analogien zu Kommunikationsabläufen im täglichen Leben sowie zu ähnlich gelagerten Problemen in anderen Bereichen der Informatik schrittweise mit den z.T. sehr komplizierten Abläufen in Kommunikationsprotokollen vertraut machen. Das Buch versucht, in dieser Richtung wirksam zu werden. Es beruht auf meinen Erfahrungen aus einer mehrjährigen Mitarbeit in einem Forschungskollektiv am Informatikzentrum an der TU Dresden, das sich der Entwicklung von lokalen Rechnernetzen widmet, und meinen Arbeiten zur Spezifikation, Verifikation, Implementierung und Testung von Kommunikationsprotokollen.

Zum Verständnis des Buches wird die Kenntnis der Grundprinzipien von Rechnernetzen und Betriebssystemen sowie einer höheren Programmiersprache vom PASCAL-Typ vorausgesetzt.

Schwerpunkte des Buches sind

- eine methodische Einführung in die prinzipielle Funktionsweise des Protokollmechanismus mit besonderer Orientierung auf das OSI-Referenzmodell der ISO,

- die Vorstellung des Protokollebenszyklus mit einer schwerpunktmäßigen Behandlung der Phasen Entwurf, Spezifikation, Verifikation, Implementierung und Testung sowie

- die Diskussion der (derzeitigen) Möglichkeiten und Grenzen der rechnergestützten Protokollentwicklung.

Gleichzeitig wird der Leser über die Grundelemente der Spezifikation von Kommunikationsprotokollen informiert. Er lernt verschiedene Sprachen zur Protokollspezifikation, wie die ISO-Sprachen ESTELLE und LOTOS sowie die CCITT-Sprache SDL, kennen. Weiterhin wird er mit Ansätzen zum Protokollentwurf, mit Methoden der Protokollverifikation, mit Implementierungsprinzipien und Teststrategien vertraut gemacht.

Ich möchte an dieser Stelle Herrn Prof.Dr.sc.techn. H. Löffler, TU Dresden, für seine Unterstützung bei der Entstehung dieses Buches zutiefst danken.

Mein Dank gilt vor allem Frau Dr.-Ing. M. Heiner, IIR Berlin, für die langjährige, produktive Zusammenarbeit, die dieses Buch möglich werden ließ, und für ihre Mitwirkung beim Korrekturlesen des Manuskripts.

In besonderem Maße danke ich Herrn R. Födisch für die sorgfältige Anfertigung der Abbildungen. Ich danke ferner Frl. Dipl.-Math. C. Popien für ihre Hilfe bei der Erstellung des Manuskripts und ihre kritischen Hinweise zu seiner Verbesserung sowie allen Kollegen, die zum Gelingen dieses Buches beigetragen haben.

Des weiteren möchte ich nicht versäumen, mich bei meiner Lektorin Frau Dipl.-Phys. G. Lagowitz für ihr Verständnis und die zahlreichen Hinweise zum Manuskript recht herzlich zu bedanken.

Magdeburg, Herbst 1989

Hartmut König

INHALTSVERZEICHNIS

1. MOTIVATION

Die menschliche Gesellschaft ist durch verteilte Organisationsformen gekennzeichnet. Der Mensch, seine Produktionsstätten und gesellschaftlichen Einrichtungen sind räumlich und geographisch getrennt organisiert. Für ihr Zusammenwirken sind mannigfaltige Wechselbeziehungen materieller und immaterieller Art erforderlich. Das hat zum Aufbau umfangreicher und komplizierter Transport- und Kommunikationssysteme geführt. Dem Austausch von Daten und Informationen kommt dabei eine immer größere Bedeutung zu. Die zunehmende Durchdringung von Rechen- und Nachrichtentechnik in den letzten zwei Jahrzehnten hat mit der Rechner-Rechner-Kommunikation zu einer neuen Qualität in der Realisierung des Daten- und Informationsaustauschs geführt, die revolutionierenden Charakter für die gesamten menschlichen Kommunikationsbeziehungen hat bzw. noch haben wird /Tanenbaum 81/, /Jakubajtis 84,85/, /Löffler 84,87/, /Meier 84/, /Stallings 85/,/Schicker 87/.

War der Aufbau der ersten flächendeckenden Rechnernetze (wide area network, WAN) Ende der sechziger, Anfang der siebziger Jahre auf die Erhöhung der Qualität der verfügbaren Rechentechnik durch den Last-, Ressourcen- und Datenverbund gerichtet, so zeichneten sich bald innovative Anwendungen ab, z.B. die rechnergestützten Telekommunikationsdienste (Bürofernschreiben, Mailboxdienst, Telekonferenz u.a.). Der große Bedarf an auszutauschenden Daten führte durch Herauslösen der Kommunikationsnetz-Komponente aus den Rechnernetzen zum Aufbau eigenständiger Datennetze für den Daten- und Informationsaustausch im öffentlichen und nichtöffentlichen Bereich. In zunehmenden Maße wurden solche Netze durch die Einbeziehung zusätzlicher Dienste (z.B. elektronische Post, Faksimile-Dienst u.a.) komfortabler und anwenderfreundlicher gestaltet (value added networks, VAN) /Stallings 85/.

Einen neuen großen Aufschwung erhielt diese Entwicklung durch die lokalen Rechnernetze (local area network, LAN) /Durr 84/, /Löffler 84, 87/, /Jakubajtis 85/, /Stallings 85/, die ab Mitte der siebziger Jahre als Ergebnis des wissenschaftlich-technischen Fortschritts in der Mikroelektronik und in der Nachrichtentechnik entstanden. Jetzt konnte die Daten- und Rechnerkommunikation auch im lokalen Bereich, z.B. in einem Gebäude oder in einer Fabrik, realisiert werden. Daraus ergaben sich qualitativ neue Möglichkeiten für die Gestaltung der Kommunikation in diesem Bereich, die sich in vielfältigen Anwendungen äußern. Hervorzuheben ist ihr Einsatz zur Büroautomatisierung und zur Produktionsvorbereitung, -steuerung und -überwachung (CAD/CAM- und CIM-Prozesse).

Mit den ersten autonomen Rechnernetzen wurde bald der Wunsch nach ihrer Verkopplung laut, um dadurch die Möglichkeiten der Kommunikation und des Daten- und Ressourcenzugriffs weiter zu vergrößern. Diese Entwicklung führte zu Kopplungssystemen (gateway), löste aber vor allem Überlegungen zur Gestaltung einer universellen Kommunikationsarchitektur aus, die die Einbeziehung unterschiedlichster Rechnersysteme gestattet. Diese Überlegungen mündeten im OSI-Referenzmodell (open systems interconnection / reference model, OSI/RM) /ISO 7498/. Damit war der Startschuß zu einer Entwicklung gegeben, die auf eine weltweite Kopplung von Rechner- und Datennetzen ähnlich dem Telefonnetz abzielt. Wenn dies auch noch ein Fernziel darstellt, so erklärt es doch die immense Bedeutung, die in allen führenden Industrieländern der Technologie der Rechnerkommunikation beigemessen wird. Unterstützt wird diese Tendenz zur intensiven Verkopplung von Rechnern durch den Trend zur Digitalisierung der Nachrichtenübertragung, die eine Integration von Nachrichten- und Datenübertragungsdiensten ermöglicht. Mit dem dienstintegrierten digitalen Netz (integrated services digital network, ISDN) ist ein Projekt zur Schaffung eines weltweiten Telekommunikationsnetzes erarbeitet worden, das von der Daten- bis zur Sprach- und Bildübertragung unterschiedlichste Kommunikationsdienste umfassen soll /Stallings 85/,/Bocker 87/.

Alle diese Entwicklungen werden natürlich nicht ohne Auswirkungen auf die Informatik selber bleiben. So wird der Rechner als Einzelsystem zunehmend abgelöst. Die Forderung nach "Netzfähigkeit", d.h. nach der Fähigkeit, in ein Daten- und Rechnernetz eingebunden werden zu können, wird eine Standardanforderung an die Gestaltung moderner Rechner werden. Der Trend zur umfassenden Vernetzung wird zu einer weiteren Integration der Forschungen zu flächendeckenden und lokalen Rechnernetzen sowie zum ISDN führen; aber auch andere Gebiete der Informatik, z.B. die Datenbanken, die automatisierten Informationssysteme, die Betriebssysteme und die Programmiersprachen, werden von den Erfordernissen der Rechnerkommunikation und der verteilten Verarbeitung zunehmend stärker berührt. Nicht zuletzt wird diese Entwicklung Konsequenzen für die Ausbildung von Informatikingenieuren haben, die umfassender als bisher in die Wirkprinzipien der Daten- und Rechnerkommunikation eingeführt werden müssen.

Die Arbeiten zur Daten- und Rechnerkommunikation in der DDR wurden mit dem Rechnernetz DELTA /Meier 84/,/Heymer 84b/ eingeleitet. Ihm folgte der Aufbau verschiedener lokaler Rechnernetze. Das an der TU Dresden, Sektion Informationsverarbeitung, entwickelte lokale Rechnernetz LOTUNET /Loeffler 86/ war eines der ersten seiner Art in der DDR. Gegenwärtig wird mit den Arbeiten zum Aufbau eines öffentlichen Datennetzes, der Neu- und Weiterentwicklung lokaler Rechnernetze sowie anderer Rechner- und Datennetze und ihrem praktischen Einsatz, z.B. zur Steuerung von CAD/CAM- und CIM-Prozessen, der breite Einsatz der Daten- und Rechnerkommunikation vorbereitet.

Grundlage der Kommunikation in Daten- und Rechnernetzen sind die Kommunikationsprotokolle - kurz Protokolle. Sie beschreiben die Art und Weise, wie die Einrichtungen eines Daten- oder Rechnernetzes zur Erfüllung einer übergeordneten Aufgabenstellung miteinander kommunizieren.

Der Entwicklung von Kommunikationsprotokollen wird gegenwärtig international eine große Bedeutung beigemessen. Untersuchungen dazu gehören zu den Forschungsprogrammen aller führenden Rechnerhersteller, vieler nationaler und internationaler Organisationen, z.B. der ISO (International Organization for Standardization), der IFIP (International Federation of Information Processing) und des CCITT (Commité Consultatif International Téléphonique et Télégraphique), und sie sind Bestandteil übernationaler Forschungsprogramme wie des westeuropäischen SEDOS/ESPRIT-Programms. In den sozialistischen Staaten werden Untersuchungen zu Kommunikationsprotokollen im Rahmen der Gemeinsamen Spezialistensektion Rechnernetze des ESER und SKR (GSS RN) und des Komplexthemas 4 zu neuen Rechnergenerationen durchgeführt. Das große Interesse, das den Kommunikationsprotokollen entgegengebracht wird, äußert sich darüber hinaus in einer, gemessen an der Spezifik des Problems, sehr großen Anzahl von Publikationen. Seit 1981 werden jährlich vom IFIP-TC6, Arbeitsgruppe 6.1., Workshops, seit 1987 Symposien zur Protokollentwicklung durchgeführt, auf denen über den aktuellen Arbeitsstand berichtet wird /Rayner 81/, /Sunshine 82a/, /Rudin 83a,87a,b/, /Yemini 85/,/Diaz 86/,/Bochmann 86a/,/Sabnani 88/, /Brinksma 89/. Aber auch auf vielen Tagungen zu Rechnerkommunikationsnetzen wird der Protokollproblematik besondere Aufmerksamkeit gewidmet /Williams 80/, /Csaba 81,86/,/Schoemaker 82,86/,/Schindler 83/,/Heger 85/,/Schumny 86/, /Boyanov 89/. Ausdruck dieser Bedeutung der Kommunikationsprotokolle ist nicht zuletzt die Einführung des Terminus "protocol engineering" in den englischen Sprachgebrauch in Anlehnung an analoge Bezeichnungen anderer Technologierichtungen /Piatkowski 83/.

Woraus erklärt sich das große Interesse an der Protokollproblematik?

- Kommunikationsprotokolle sind die Grundlage für die Funktion von Daten- und Rechnernetzen. Der Umfang der bei der Kommunikation zu bewältigenden Aufgaben zwingt zum Aufbau von Protokollhierarchien, die die Kommunikationsarchitektur des Netzes bilden. Die Gestaltung der Kommunikationsarchitektur und der in ihr enthaltenen Protokolle ist das entscheidende Moment der Daten- und Rechnerkommunikation.

- Kommunikationsprotokolle sind zur Absicherung der ihnen zugeordneten Übertragungsfunktionen hohen Anforderungen an Zuverlässigkeit und Realzeitverhalten unterworfen.

- Kommunikationsprotokolle sind komplexe, nur schwer überschaubare Gebilde. Ihre Entwicklung wirft in allen Phasen eine Menge ungelöster Fragen und Probleme auf.

- Kommunikationsprotokolle binden für ihre praktische Realisierung große Bearbeiterkapazitäten zumeist über einen Zeitraum von mehreren Jahren. Der Rationalisierung ihres Entwicklungsprozesses wird deshalb besondere Aufmerksamkeit geschenkt.

- Kommunikationsprotokolle unterliegen wie kaum ein anderer Bereich der Informatik der internationalen Standardisierung, ohne die die angestrebte weltweite Daten- und Rechnerkommunikation nicht realisierbar sein wird.

- Kommunikationsprotokolle werden häufig geographisch getrennt realisiert, im Extremfall ohne bzw. mit nur geringem Kontakt zwischen den Entwicklern. Das fertige Produkt muß zuverlässig mit den entfernten Komponenten zusammenarbeiten. Durch die prinzipiell angestrebte Einbeziehung unterschiedlicher Rechnersysteme ergeben sich weiterhin eine Fülle von Detailproblemen durch die Anpassung an die Realisierungsumgebung.

Nicht ohne Einfluß auf das große Interesse für die Kommunikationsprotokolle dürften auch die Förderung der Forschungsarbeiten durch die Rechnerhersteller sowie die nationalen und internationalen Forschungsprogramme sein. Ein weiterer Aspekt ist die Rückwirkung auf andere Gebiete der Informatik, besonders auf die Software-Technologie. Die Anwendung auf die Probleme der Kommunikationsprotokolle gilt vielfach als Fallbeispiel für die Erprobung neuer Methoden und Prinzipien in der Software-Technologie /Bochmann 81/,/Gotzhein 85/.

Man kann ohne Übertreibung sagen, daß die Entwicklung und Realisierung von Kommunikationsprotokollen in ihrer ganzen Komplexität eine Herausforderung an die Informatik darstellt.

Der Aufbau von Daten- und Rechnernetzen verlief in der Vergangenheit oft schneller als die Schaffung theoretischer Grundlagen und deren Anwendung in Form moderner Arbeitsmittel für die Protokollentwicklung. Viele der zu dieser Problematik veröffentlichten Arbeiten tragen nur experimentellen Charakter. In den letzten Jahren ist jedoch ein verstärkter Trend zur Bereitstellung anwendbarer Werkzeuge zu verzeichnen /Bochmann 87/. Es ist zu erwarten, daß die Anwendung solcher Arbeitsmittel in den nächsten Jahren zu einem bestimmenden Element eines schnellen und rationellen Aufbaus von Rechnernetzen wird.

Die folgenden Kapitel wollen in den Problemkreis Kommunikationsprotokolle einführen. Sie sollen den Leser zu selbständigen, vertiefenden Arbeiten auf diesem Gebiet befähigen und ihn bei möglichen Entscheidungsfindungen unterstützen. Zugleich werden damit auch prinzipielle Grundkenntnisse über die Funktionsweise von Rechnernetzen vermittelt. Im 2. Kapitel wird der Leser schrittweise in den Protokollmechanismus eingeführt. Er wird mit solchen Grundbegriffen wie Dienst, Protokoll, Schicht und Schichtenarchitekturen vertraut gemacht. Besondere Aufmerksamkeit wird dabei der Darstellung des OSI-Referenzmodells gewidmet. Verbunden damit ist eine Erläuterung von Grundelementen der Beschreibung von Kommunikationsprotokollen sowie der wichtigsten Protokollfunktionen. Die Darstellung wird anhand des Alternierenden Bit-Protokolls und des ISO-Transportprotokolls mit Beispielen untersetzt. Das 3. Kapitel ist den relevanten Phasen der Protokollentwicklung gewidmet. Ausgehend vom Protokollebenszyklus werden die Phasen Entwurf, Spezifikation, Verifikation, Implementierung und Testung ausführlicher behandelt. Dieses Kapitel vermittelt dem Leser neben den unterschiedlichen Ansätzen und Methoden zugleich auch einen Überblick über den aktuellen Stand der internationalen Forschung auf dem Gebiet der Kommunikationsprotokolle. Das 4. Kapitel schließt das Buch mit einer Diskussion der derzeitigen Möglichkeiten und Grenzen der rechnergestützten Protokollentwicklung ab.

2. PRINZIP

Dieses Kapitel gibt eine Einführung in die Funktionsweise von Kommunikationsprotokollen. In ihm werden wichtige Begriffe und Wirkprinzipien von Kommunikationsprotokollen vorgestellt. Dabei wird versucht, durch Bezugnahme auf Kommunikationsabläufe im täglichen Leben das Verständnis des Protokollmechanismus zu fördern sowie Analogien zu diesen Abläufen aufzuzeigen. Verbunden damit wird eine methodische Einführung in die Elemente und Prinzipien der Beschreibung von Kommunikationsprotokollen.

Die Begriffe und Wirkprinzipien, die im folgenden erläutert werden, sind, wie auch die zu ihrer Beschreibung eingeführten Sprachelemente, am OSI-Referenzmodell der ISO orientiert, das sich immer stärker als das bestimmende Architekturmodell für die Kommunikationsbeziehungen in Daten- und Rechnernetzen durchsetzt. Wir gehen jedoch erst am Ende dieses Kapitels näher auf dieses Modell ein. Der Grund dafür ist methodischer Natur. Die Erfahrungen des Autors aus zahlreichen Vorträgen und Vorlesungen belegen, daß eine Top-down-Entwicklung und -Betrachtung der Protokollabläufe das Verständnis des Protokollmechanismus erleichtert. Deshalb soll abweichend von der üblichen Darstellungsweise die Kommunikationsarchitektur erst zum Schluß betrachtet werden.

Bei der Behandlung der Protokollbeschreibung verwenden wir Elemente der Protokollbeschreibungssprache PDL (Protocol Description Language), die vom Autor entwickelt wurde /König 85,86a,b,87c/, als Beispielsprache. PDL wurde als Spezialsprache für die Protokollbeschreibung entworfen. Sie zeichnet sich durch ein Mehrebenenkonzept, das eine differenzierte Betrachtung der Dienst-, Protokoll- sowie Implementierungsspezifikation gestattet, und im Gegensatz zu anderen Spezifikationssprachen durch eine starke Anlehnung an die Begriffswelt des OSI-Referenzmodells (Wahl der Schlüsselwörter, Spezifikationsstruktur) aus, was dem methodischen Anliegen der folgenden Einführung entgegenkommt. Zugleich soll damit auch eine "Bezugssprache" für die Vorstellung und die Diskussion der ISO- und CCITT-Sprachen ESTELLE, LOTOS und SDL im Abschnitt 3.3. geschaffen werden, die auf verschiedenen Beschreibungsmodellen basieren und die Anforderungen der Protokollbeschreibung in unterschiedlichem Maße erfüllen.

Das Kapitel ist so aufgebaut, daß zu den Hauptbegriffen Dienst, Protokoll und Schicht zuerst das Prinzip und danach die Beschreibung erläutert werden, wobei dem Leser, der sich nur über die prinzipielle Wirkungsweise informieren möchte, empfohlen wird, die Abschnitte, die sich der Beschreibung widmen, beim ersten Lesen zu überblättern. Ergänzt werden diese Abschnitte jeweils durch ein Beispiel. Wir verwenden hierfür das Alternierende Bit-Protokoll, das auf /Barlett 69/ zurückgeht. Das Alternierende Bit-Protokoll stellt ein relativ einfaches und überschaubares Protokoll dar, das eine Reihe typischer Protokollelemente enthält. Infolgedessen wird es vorzugsweise in Vorträgen und wissenschaftlichen Arbeiten verwendet. Es werden aber auch praktische Anwendungen nachgewiesen. Seine Verwendung hier erfolgt ebenfalls aus methodischen Gesichtspunkten. Als Fallbeispiel für den praktischen Nachweis wissenschaftlicher Ergebnisse genügt es zweifellos nicht.

Die folgende Einführung muß sich auf die wesentlichen Aspekte des Protokollmechanismus beschränken. Für einen umfassenderen Überblick wird auf die Dokumente der ISO /ISO 7498/ sowie auf weitere Beschreibungen, z.B. in /Zimmermann 80/,/Jakubaitis 84,85/, /Löffler 84,87/, /Görgen 85/, /Stallings 85/, verwiesen.

2.1. DIENSTE

2.1.1. PRINZIP

Ein Rechnernetz stellt dem Nutzer einen Satz von Kommunikationsdiensten, oder kurz Diensten (services), bereit, mit deren Hilfe er z.B. Abfragen von Datenbanken oder eine Kommunikation mit anderen Partnern realisieren kann. Diese Dienste sind in ihrem Charakter mit den Dienstleistungen der Post, wie Fernsprechdienst, Briefzustelldienst, Telegrammdienst u.a., vergleichbar.

Bei der Inanspruchnahme eines solchen Dienstes wird dem Nutzer kaum bewußt (und er muß dies auch nicht unbedingt wissen), daß der Prozeß, der z.B. seine Kommunikationsanforderung am Terminal bedient, unter dem Betriebssystem des zugehörigen Rechners (i.allg. als Wirts- oder Hostrechner bezeichnet) läuft. Bis auf die z.Z. noch wenigen Ausnahmen, in denen ein netzweites verteiltes Betriebssystem bereitgestellt wird, behält der Hostrechner sein eigenes Betriebssystem bei. Die Aufgaben zur Kommunikation mit anderen Rechnern übernimmt die Netz- bzw. Kommunikationssoft-

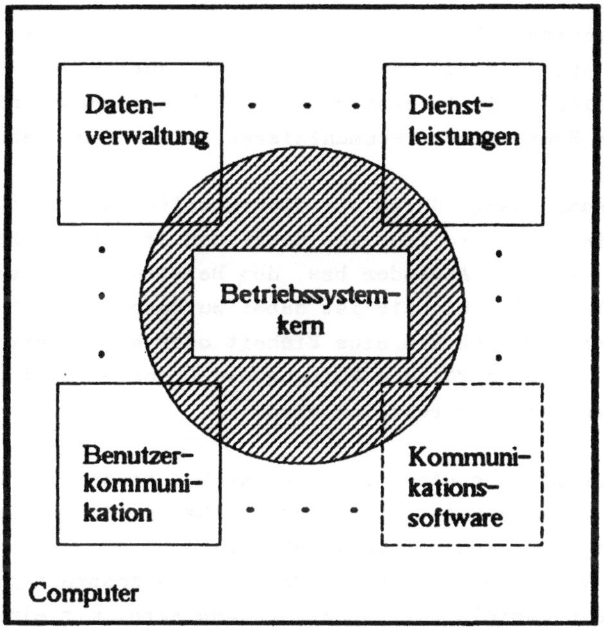

Abb. 2.1/1: Betriebssystem-Kommunikationssoftware

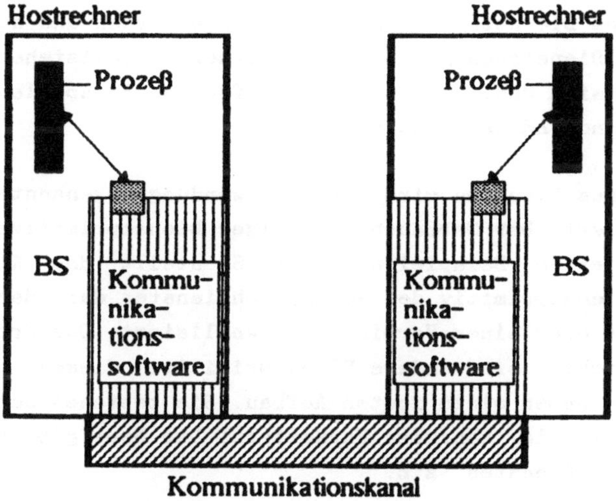

Abb. 2.1/2: Zugriff zur Kommunikationssoftware

ware, die, so gesehen, Betriebssystemsoftware im erweiterten Sinne darstellt (siehe Abb. 2.1/1). Die unmittelbaren Nutzer der Dienste eines Rechnernetzes sind somit in erster Linie Rechenprozesse, die mit Prozessen auf anderen Hostrechnern kommunizieren sollen (vgl. Abb. 2.1/2).

In diesem Zusammenhang führen wir die im weiteren häufig verwendeten Begriffe des Dienstnutzers (service user) und des Diensterbringers (service provider) für den Anwender bzw. den Bereitsteller eines Dienstes (siehe Abb. 2.1/3) ein. Wichtig ist dabei zu beachten, daß das Netz als der Diensterbringer sich als eine Einheit oder als abstrakte Maschine repräsentiert, während für die Nutzung des Dienstes zwei getrennt fungierende Dienstnutzer erforderlich sind.

Für die Inanspruchnahme eines Dienstes stehen spezielle Dienstzugangspunkte (service access point, SAP) zur Verfügung. Ein Dienstzugangspunkt kann z.B. mit einem Postamt verglichen werden, das einen Punkt darstellt, an dem verschiedene Dienste der Post in Anspruch genommen werden können. Andere Beispiele für Dienstzugangspunkte, mit einem geringeren Leistungsumfang, sind das Telefon für den Fernsprechdienst oder der Briefkasten für den Briefzustelldienst. Die Wechselwirkung bzw. die Kommunikation zwischen den Dienstnutzern erfolgt dann dadurch, daß Nachrichten an einem Dienstzugangspunkt übergeben werden und nach der Übertragung an dem Dienstzugangspunkt des Partners bereitstehen. Den Dienstzugangspunkten sind dabei analog den angeführten Beispielen eindeutige, sie kennzeichnende Adressen zugeordnet.

Die Nutzung eines Dienstes wird unter Verwendung sogenannter Dienstprimitive realisiert. Der Gebrauch derartiger Dienstprimitive ist auch in den oben zitierten Beispielen üblich. So stellt das Klingeln eines Telefons ein Dienstprimitiv des Fernsprechdienstes dar, das das Anliegen eines Gesprächs oder einer Verbindung signalisiert. Das Freizeichen oder das Besetztzeichen sind andere Dienstprimitive dieses Dienstes. Die Dienstprimitive haben einen festen Aufbau. Sie bestehen aus einem Namen, einem Typ und i.allg. mehreren Parametern. Der Name gibt Auskunft über die Funktion des Dienstes, z.B.

CONNECT für Verbindungsaufbau,
DISCONNECT für Verbindungsabbau,
DATA für Datentransfer.

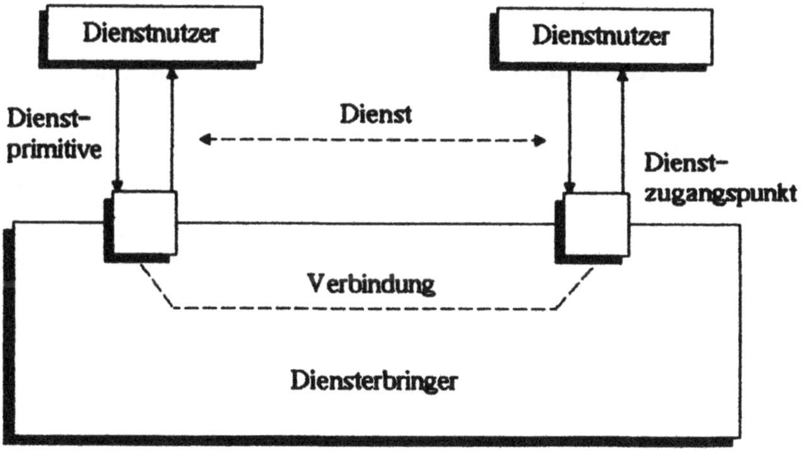

Abb. 2.1/3: Modell eines Dienstes

Der Typ kennzeichnet die Funktion des Dienstprimitivs. Es werden vier Typen unterschieden:

request - Anfordern eines Dienstes an einem Dienstzugangspunkt,

indication - zugehörige Anzeige am Partner-Dienstzugangspunkt,

response - Antwort auf ein indication-Primitiv am Partnerzugangspunkt,

confirm - Bestätigung einer Diensterbringung am anfordernden Dienstzugangspunkt.

Dienstprimitive vom Typ request und response werden stets vom Dienstnutzer aktiviert, während indication- und confirm-Primitive durch den Diensterbringer ausgelöst werden.

In den Parametern werden die durch die Dienstprimitive zu übergebenden Informationen, z.B. Nutzdaten, Adressen oder Optionen, aufgeführt.

Die Verwendung der Dienstprimitive ist nicht zufällig, sondern an einen bestimmten zeitlichen Ablauf gebunden. Auch hier bestehen wieder Analogien zur Nutzung alltäglicher Kommunikationsdienste,z.B. zum Fernsprechdienst, bei dem durch die Folge von Dienstprimitiven "Hörer abnehmen - Freizeichen erwarten - Nummer wählen - Ruf- oder Besetztzeichen erwar-

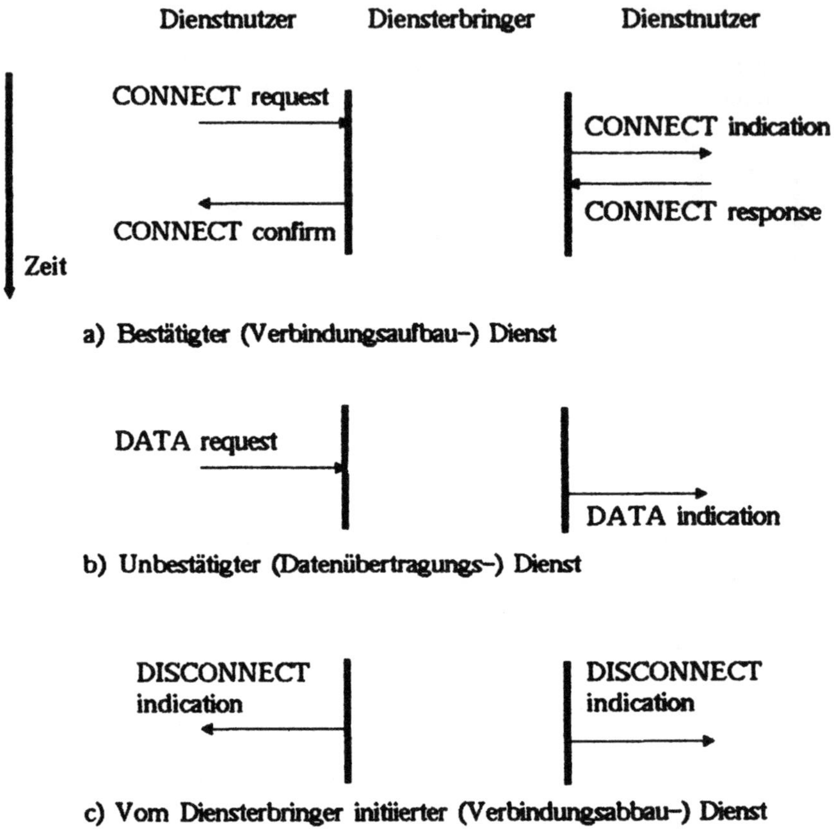

Abb. 2.1/4: Beispiele für Dienstarten, dargestellt als Zeitablaufdiagramm (Die in a) verwendeten Begriffe dienen als Erläuterung. b) und c) zeigen die übliche Darstellungsweise.)

ten" der Beginn eines Telefonats eingeleitet wird. Für die Beschreibung dieser Abhängigkeiten sind die Zeitablaufdiagramme (time sequence diagram) eine häufig verwendete Darstellung. Die Zeitablaufdiagramme legen die zeitliche Reihenfolge des Auftretens der Dienstprimitive an den Dienstzugangspunkten unter Verwendung einer nach unten gerichteten Zeitachse fest. Abbildung 2.1/4 zeigt drei der möglichen Kombinationen.

Dienste werden in verbindungsorientierte und verbindungslose unterteilt.

Die verbindungsorientierten Dienste realisieren die Kommunikation über eine logische Verbindung, die zwischen den Dienstnutzern an den Dienstzugangspunkten existiert (siehe Abb. 2.1/3). Eine solche logische Verbindung kann z.B. mit der Nutzung einer Wechselsprechanlage verglichen werden, bei der durch Drücken der Taste die Verbindung zu einem festen Partner gegeben ist. Die Kommunikation mittels eines verbindungsorientierten Dienstes ist in drei Phasen bzw. (Teil-) Dienste [1] unterteilt:

Verbindungsaufbau,
Datentransfer,
Verbindungsabbau.

Abbildung 2.1/4a)zeigt als Beispiel das Zeitablaufdiagramm für den Teildienst Verbindungsaufbau. Die Nutzung eines verbindungsorientierten Dienstes erfordert einen gewissen Mehraufwand, der sich aus dem Auf- und Abbau der Verbindung sowie ihrer Überwachung während des Datentransfers ergibt. Verbindungsorientierte Dienste werden demzufolge vor allem bei häufigem und umfangreichem Datenaustausch und/oder bei einer dynamischen Festlegung bestimmter Parameter (z.B. Dienstqualität) genutzt. An einem Dienstzugangspunkt können mehrere Verbindungen zu anderen Dienstzugangspunkten realisiert werden (siehe Abb. 2.1/5). Die Verbindungen werden an den Dienstzugangspunkten durch Verbindungsendpunkt-Identifikatoren (connection-end-point-identifier, CEP-identifier) unterschieden. Diese Verbindungsendpunkt-Identifikatoren können mit den Tasten der Wechselsprechanlage verglichen werden, die jeweils eine andere Verbindung repräsentieren. Ein anderes Beispiel sind die Postverteilerkästen in Sekretariaten.

[1] Kommunikationsdienste können aus mehreren Teil- oder Unterdiensten bestehen, ähnlich wie zum Fernsprechdienst neben dem eigentlichen Telefongespräch auch der Zeitdienst, der Telegrammdienst und die Auskunftsdienste gehören. Es ist häufig üblich, die Teilfunktion dieser Dienste nicht speziell zu betonen, sondern sie ebenfalls allgemein als Dienste zu bezeichnen (vgl. /ISO 8072/). Diese Gepflogenheit soll, wenn keine gesonderte Unterscheidung erforderlich ist, im weiteren beibehalten werden.

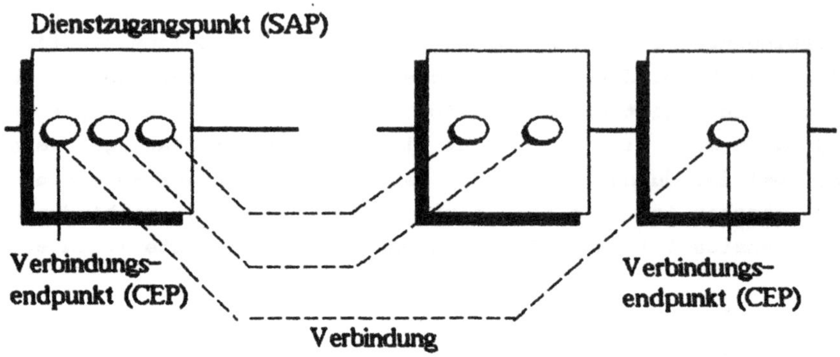

Abb. 2.1/5: Verbindungsendpunkte

Bei verbindungslosen Diensten erfolgt der Datenaustausch ohne eine solche vorherige Koordinierung der Kommunikationspartner. Diese Dienstform wird vor allem beim Austausch kurzer Nachrichten bzw. bei einer geringen Nachrichtenhäufigkeit angewendet. Verbindungslose Dienste sind einfacher in ihrer Realisierung, da der Mehraufwand für den Verbindungsauf- und abbau sowie für ihre Unterhaltung entfällt. Dafür muß eine geringere Sicherheit der Datenübertragung in Kauf genommen werden. Ein typischer Vertreter einer verbindungslosen Kommunikation im täglichen Leben ist der Briefzustelldienst der Post.

Neben der funktionellen Bereitstellung des Dienstes können an den Diensterbringer auch Anforderungen hinsichtlich der Qualität des Dienstes gestellt werden. Dazu zählen quantitative Aussagen über einzuhaltende Leistungsparameter, wie beispielsweise die Durchsatzrate, die Übertragungsdauer, die zulässige Fehlerwahrscheinlichkeit u.a. Die Festlegung der Qualität eines Dienstes (quality of service, QOS) kann z.B. beim Verbindungsaufbau zwischen den Dienstnutzern und dem Diensterbringer verhandelt werden.

Abschließend verweisen wir noch darauf, daß die obige Darstellung der Nutzung der Dienste über Dienstprimitive lediglich eine abstrakte Beschreibung der Wechselwirkung an den Dienstzugriffspunkten darstellt, die nichts über ihre konkrete Realisierung aussagt. Die Gestaltung der Schnittstelle bzw. des Interfaces zwischen dem Dienstnutzer und Diensterbringer bleibt der konkreten Implementierung überlassen und muß in der Interfacebeschreibung niedergelegt werden. Der Austausch der Daten an dieser Schnittstelle erfolgt i.allg. in Form von Interface-Dateneinheiten (interface data unit). In einer Interface-Dateneinheit können mehrere Dienstprimitive oder nur Teile eines Primitivs sowie Steuerinformationen (interface control information) zur Koordinierung der Wechselwirkung zwischen Dienstnutzer und -erbringer zusammengefaßt werden. Die Größe der Interface-Dateneinheiten wird lokal bestimmt und muß somit bei verschiedenen Realisierungen nicht notwendig gleich sein. Wir gehen auf die Interface-Dateneinheiten im folgenden nicht weiter ein, da sie i.allg. bei der Dienst- und Protokollspezifikation nicht betrachtet werden, sondern erst bei der Implementierung stärker in den Mittelpunkt rücken.

2.1.2. BESCHREIBUNG

Für den Nutzer eines Dienstes ist es erforderlich, exakt zu wissen, wie er den Dienst in Anspruch zu nehmen hat. Unkorrektheiten in der Dienstnutzung können eine mögliche Ursache für Störungen und Fehler in der Arbeit eines Rechnernetzes sein.

Die Aufgabe, die Anforderungen an einen Dienst und die Art und Weise seiner Nutzung zu beschreiben, obliegt der Dienstspezifikation. Die Bedeutung der Dienstspezifikation, wie generell des Dienstkonzepts, wurde erst relativ spät erkannt /Bochmannn 80b,82a/,/Vissers 86/. Das findet u.a. seinen Ausdruck in dem bevorzugten Gebrauch des Begriffs Protokollspezifikation, in den man die Dienstspezifikation implizit einschließt. Auch eine moderne Spezifikationssprache wie ESTELLE /ISO 9047/ weist Mängel bezüglich der Dienstdarstellung auf (vgl. Abschnitt 3.3.2.3.).

Die Dienstspezifikation konzentriert sich auf die funktionelle Darstellung der Kommunikationsabläufe an den Dienstzugangspunkten. Leistungsparameter, das Vorhandensein mehrerer Verbindungen und die Adressierung werden dabei nicht betrachtet.

In unserer Beispielsprache wird für die Dienstspezifikation eine gesonderte Sprachebene S (S = Service) eingeführt (siehe Abb. 2.1/6).

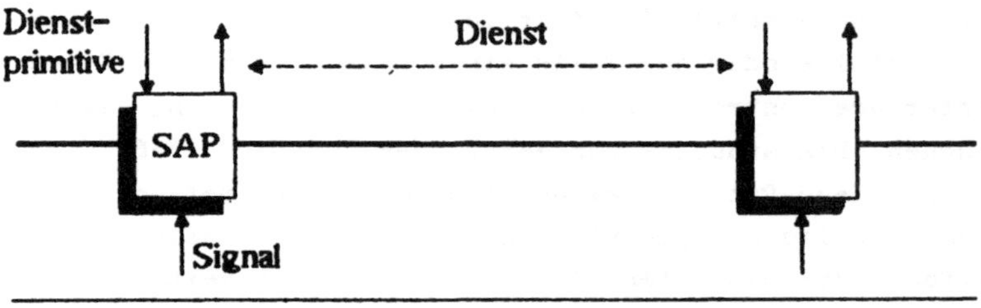

Abb. 2.1/6: Beschreibungsprinzip der Sprachebene S

Die Dienstspezifikation setzt sich aus mehreren **sap**-Spezifikationen zusammen, die das Kommunikationsverhalten an den Dienstzugangspunkten festlegen. Die **sap**-Spezifikation lehnt sich an das Port-Konzept verteilter Prozesse an /Bochmann 83b/ und ist in ihrem Wesen mit einer (abstrakten) Datentyp-Definition vergleichbar. Sie spezifiziert den Typ des Dienstzugangspunkts, nicht aber seine Inkarnationen (Exemplare). Die **sap**-Spezifikation hat folgenden Aufbau:

```
sap name
    nutzungsspezifikation
    kontextspezifikation
#sap,
```

wobei die **sap** . . . **sap**-Klammerung weggelassen werden kann, wenn, wie das häufig der Fall ist, nur ein Typ eines Dienstzugangspunkts existiert.

Die Nutzungsspezifikation soll angeben, wie die Dienste in Anspruch zu nehmen sind. In ihr müssen alle bereitgestellten Dienste und die sie repräsentierenden Dienstprimitive aufgeführt werden (siehe Beispiel 2.1/1). Die Dienstprimitive sind durch ihre Bezeichnung und die zugehörigen Parameter, einschließlich des Datentyps, zu spezifizieren. Sie sollen dabei je nachdem, ob sie vom Dienstnutzer oder -erbringer aktiviert werden, in **asked**- und **responded**-Primitive unterschieden werden. Für die Datentypen sollen auf diesem Betrachtungsniveau die gleichen Festlegungen gelten, wie sie aus einer Sprache wie PASCAL bekannt sind, wobei zusätzlich die axiomatische Einführung problembezogener elementarer Datentypen, z.B. address, octet, data u.a., gestattet sei. Wir wer-

```
service
  CONNECTION ESTABLISHMENT:
    asked CONNECT request(called address,
                          calling address: address,
                          qos: octet,
                          user_data: data
                         ),
          CONNECT indication(. . .)
    responded CONNECT response(. . .),
              CONNECT confirm(responding address: address,
                              qos: octet,
                              user_data: data
                             )
  DATA TRANSFER:
    asked DATA request(user_data: data)
    responded DATA indication(user_data: data)
```

Beispiel 2.1/1: Nutzungsspezifikation

den auf das Problem der Spezifikation der Datentypen noch gesondert im Zusammenhang mit der Diskussion der abstrakten Syntaxnotation ASN.1 im Abschnitt 3.3. eingehen.

Die Kontextspezifikation soll der Darstellung der Abhängigkeiten zwischen den Diensten, den Dienstprimitiven und ihren Parametern dienen. Dadurch wird festgelegt, welche Formen der Wechselwirkung bzw. Kommunikation zwischen Dienstnutzer und Diensterbringer an den Dienstzugangspunkten (dieses Typs) zugelassen werden. Übrigens sind die oben eingeführten Zeitablaufdiagramme eine andere, graphische Form der Kontextspezifikation.

Die Kontextspezifikation wird durch das Schlüsselwort **where** eingeleitet. Sie setzt sich aus mehreren Teilspezifikationen zusammen (siehe Beispiel 2.1/2). Hauptbestandteil der Kontextspezifikation sind sogenannte "Kontextregeln".

Eine Kontextregel soll einen bestimmten Kommunikationsablauf an einem Dienstzugriffspunkt beschreiben. Sie entspricht den in der Literatur vorgeschlagenen "lokalen Regeln" /Bochmann 80b,83a/. Einer Kontextregel

```
service
                                            {Nutzungsspezifikation}

where                                       {Kontextspezifikation}
  role sap_role: (initiator,responder,sender,receiver)
  state connection: (open, open in progress,closed,closed in progress)
  relation (1) <=> (2);
           (3) <=> (5);
           (4) <=> (6)
  par event
    CONNECT request(,?destination,,):                  {Regel 1}
            sap_role:=initiator;
            initiator.CONNECT request ==> responder
            connection:=open in progress
            wait event
              initiator <== responder.CONNECT response:
                    response CONNECT confirm(!destination,,);
                    connection:=open ¦
              initiator <== responder.DISCONNECT request:
                    response DISCONNECT indication();
                    connection:=closed ¦
              signal : response DISCONNECT indication()
                     connection:=closed
            #wait ¦

    responder <== initiator.CONNECT request:           {Regel 2}
            sap_role:=responder
            connection:=open in progress
            response CONNECT indication
            wait event
              CONNECT response:
                    connection:=open
                    responder.CONNECT response ==> initiator ¦
              DISCONNECT request:
                    connection:=closed
                    responder.DISCONNECT request ==> initiator
            #wait ¦
```

Beispiel 2.1/2: Kontextspezifikation (Fortsetzung nächste Seite)

```
DATA request and connection=open:                              {Regel 3}
          sap_role::=sender
          sender.DATA request ==> receiver |


receiver <== sender.DATA request:                              {Regel 5}
          sap_role::=receiver
          response DATA indication |
  . .
#par
```

Beispiel 2.1/2: Kontextspezifikation (Fortsetzung)

sind eine oder mehrere komplementäre Regeln zugeordnet, die das Kommunikationsverhalten am Partnerzugangspunkt darstellen. Die Zuordnung der Regeln zueinander wird in der **relation**-Spezifikation angegeben. Die so miteinander verknüpften Regeln können als eine "globale Regel" im Sinne von /Bochmann 80b,83a/ verstanden werden. (Eine explizite Einführung lokaler und globaler Regeln als gesonderte Spracheinheiten erweist sich jedoch als nicht günstig, da nicht immer eine eindeutige Trennung zwischen der Beschreibung lokaler und globaler Relationen möglich ist /Bochmann 82a/,/Oniszeit 86/).

Im Zusammenhang mit der Beschreibung eines Kommunikationsablaufs in einer solchen Kontextregel müssen wir eine Reihe von Begriffen und Sprachelementen einführen. Da diese Elemente z.T. auch bei der Protokollspezifikation in den folgenden Abschnitten sowie in ähnlicher Form in den im Abschnitt 3.3. vorzustellenden Spezifikationssprachen enthalten sind, ist ihre ausführliche Darstellung hier gerechtfertigt.

Eine Kontextregel in unserer Beispielsprache besteht aus einem auslösenden Ereignis und dem zugeordneten Folgeverhalten. Als auslösende Ereignisse können auftreten: das Anliegen eines Dienstprimitivs vom Dienstnutzer (**asked**-Ereignis), das Bewirkt-Ereignis, das unten noch erläutert wird, sowie ein nicht weiter spezifiziertes internes Ereignis beim Diensterbringer (**signal**-Ereignis). Letzteres ist erforderlich, um Ausnahmezustände beim Diensterbringer zu signalisieren, die i.allg. zum Abbruch der Kommunikation zwingen. Die auslösenden Ereignisse können mit der Abfrage von Zustandsvariablen verknüpft werden, die über bestimmte Zustände bei der Diensterbringung informieren, z.B., ob eine Verbindung auf- oder abgebaut wird bzw. besteht. Diese Zustandsvariablen müssen zuvor in der **state**-Deklaration vereinbart werden (siehe Beispiel 2.1/2).

Die Darstellung des Folgeverhaltens ist sequentiell. Sie beginnt grundsätzlich mit der Festlegung der Rolle, die der Dienstzugangspunkt in diesem Kontext inne hat. Damit wird angezeigt, ob er eine aktive oder eine passive Rolle im globalen Kontext einnimmt, z.B., ob er Auslöser eines Verbindungsaufbaus ist bzw. nur auf ihn reagiert oder ob er Sender bzw. Empfänger einer Nachricht ist. Die möglichen Rollen müssen zuvor in der **role**-Deklaration eingeführt werden. Für die Beschreibung des Folgeverhaltens stehen fünf Anweisungen zur Verfügung: die Bewirkt-, die Warte- (**wait event**), die Antwort- (**response**), die bedingte (**if**) und die leere (**skip**) Anweisung . Die letzten beiden Anweisungen sind aus höheren Programmiersprachen bekannt, so daß wir hier nur auf die ersten drei näher eingehen.

Das Anliegen eines Dienstprimitivs bewirkt i.allg., wie das oben in Verbindung mit den Zeitablaufdiagrammen bereits diskutiert worden ist, innerhalb einer endlichen Zeit eine Reaktion am Partnerzugangspunkt. Zur Darstellung dieses Sachverhalts soll eine spezifische Anweisung dienen, die wir als Bewirkt-Anweisung bezeichnen. Sie hat die Form

eigener sap.dienstprimitiv ==> partner sap ,

wobei für die Dienstzugangspunkte die aktuellen **role**-Bezeichner eingesetzt werden, z.B.

initiator. CONNECT request ==> responder .

(Diese Anweisung kann wie folgt interpretiert werden:"Das Anliegen eines CONNECT request-Primitivs am Initiator(-SAP) führt innerhalb einer endlichen Zeit zu einer Reaktion am Responder(-SAP)".)

Das Gegenstück zur Bewirkt-Anweisung ist das Bewirkt-Ereignis, das syntaktisch einen symmetrischen Aufbau hat:

responder <== initiator.CONNECT request .

(Als Interpretation können wir hier verwenden: "Das Anliegen eines CONNECT request am Initiator(-SAP) führt in einer endlichen Zeit zu folgender Reaktion (gemeint ist das zugeordnete Folgeverhalten) am Responder(-SAP)".)

Durch die Bewirkt-Anweisung und das Bewirkt-Ereignis wird die Wechselbeziehung zwischen den Abläufen an den Partnerdienstzugangspunkten hergestellt, wobei aus der Sicht der Dienstspezifikation uninteressant ist, wie diese zustande kommt. Auf diese Weise können wir bestimmte zeitliche Abhängigkeiten zwischen den Kommunikationsabläufen an den Partnerzugangspunkten analog den oben diskutierten Zeitablaufdiagrammen spezifizieren (vgl. Beispiel 2.1/2).

Der Bewirkt-Anweisung folgt häufig der Übergang in einen Wartezustand, der das Warten auf das Eintreffen bestimmter Ereignisse vom Dienstnutzer bzw.-erbringer symbolisiert. Der Wartezustand wird durch die **wait event**-Anweisung beschrieben, die eine Erweiterung des Konzepts der geschützten Regionen /B. Hansen 78/,/König 87c/ darstellt. Sie hat folgende Form:

```
wait event
    ereignis 1: aktion 1  ¦
    ereignis 2: aktion 2  ¦
         . . .
    ereignis N: aktion N
 #wait
```

In der **wait event**-Anweisung werden die Ereignisse aufgeführt, deren Eintreten in dieser Situation erwartet wird. Es sind dies ebenfalls das Anliegen eines Dienstprimitivs, das Bewirkt- und das **signal**-Ereignis, die uns bereits als auslösende Ereignisse für die Kontextregeln bekannt sind. Jedem Ereignis ist eine Anweisungsfolge (Aktion) zugeordnet, die ausgeführt wird, wenn das Ereignis eintritt. Es wird stets die Anweisungsfolge des zuerst eingetroffenen Ereignisses ausgeführt. Liegen gleichzeitig mehrere Ereignisse an, so ist die Auswahl zufällig. Nach der Ausführung der ausgewählten Aktion ist die **wait event**-Anweisung beendet (d.h., die anderen Anweisungsfolgen werden nicht ausgeführt, auch wenn die zugeordneten Ereignisse eingetroffen sind).

Mittels der **response**-Anweisung wird das Auslösen eines Dienstprimitivs vom Diensterbringer an den Dienstnutzer zur Information über den Stand der Diensterbringung dargestellt:

response dienstprimitiv (parameter).

Das zu übermittelnde Dienstprimitiv ist ein **responded**-Dienstprimitiv im Sinne der Nutzungsspezifikation. Mit dem Dienstprimitiv werden die zugeordneten Parameter übermittelt.

Die eingeführten Sprachelemente gestatten die Beschreibung eines konkreten Kommunikationsablaufs an einem Dienstzugangspunkt, bestehend aus einem auslösenden Ereignis und dem zugeordneten Folgeverhalten. Wie oben angedeutet, bestehen zwischen einzelnen Kontextregeln Beziehungen, die in der **relation**-Spezifikation zum Ausdruck gebracht werden. Das ist jedoch nicht die einzige Wechselbeziehung zwischen den Kommunikationsabläufen. Weiterhin gilt es zu berücksichtigen, daß bestimmte Ereignisse gleichzeitig eintreten können bzw. während der Reaktion auf ein Ereignis ein neues angezeigt wird, das Einfluß auf die laufende Reaktion nimmt. Zur Darstellung dieses Sachverhalts führen wir eine weitere Anweisung, die **par event**-Anweisung, ein, die als "Klammer" die Kontextregeln umfaßt (vgl. Beispiel 2.1/2). Die **par event**-Anweisung hat den gleichen syntaktischen Aufbau wie die **wait event**-Anweisung und eine ähnliche Funktion. Sie beschreibt ebenfalls das Warten auf Ereignisse. Im Unterschied zur **wait event**-Anweisung werden alle den Ereignissen zugeordneten Aktionen nach deren Eintreffen parallel zueinander ausgeführt, wobei bei wiederholtem Eintreten des gleichen Ereignisses, die Ausführung der zugeordneten Aktion erst möglich ist, wenn die Reaktion auf das zuvor eingetroffene Ereignis beendet ist. Die **par event**-Anweisung wird niemals verlassen.

Abschließend weisen wir auf einen weiteren, sehr wesentlichen Bestandteil der Dienstspezifikation hin: die Spezifikation der Relationen zwischen den Parametern der Dienstprimitive /Bochmann 83c/. Mittels dieser Spezifikation wird angezeigt, ob und wie sich bestimmte Parameter im Laufe der Kommunikation ändern. Wir deuten nur kurz die hier verwendete Lösung an. So kann z.B. durch die ?-/!-Spezifikation die Identität von Parametern in verschiedenen Dienstprimitiven festgelegt werden. Die Verwendung dieser Spezifikation in Regel 1 von Beispiel 2.1/2 bestimmt, daß die Werte der Parameter called address und responding address der Primitive CONNECT request bzw. CONNECT confirm (vgl. Beispiel 2.1/1) gleich sein müssen. (Die ?-Spezifikation kann dabei mit einer impliziten Variablen-Deklaration verglichen werden, der der aktuelle Wert des Parameters zugewiesen wird, und die !-Spezifikation mit einem logischen Ausdruck, in dem der Wert der angegebenen Variablen mit dem des Parameters verglichen wird.) Weiterhin besteht u.a. noch die Möglichkeit der Indizierung von Parametern zur Festlegung der Reihenfolge bei der Übergabe von Dateneinheiten an den Dienstzugangspunkten.

2.1.2. BEISPIEL

Wir wollen nun die eingeführten Elemente der Dienstspezifikation am Beispiel des Alternierenden Bit-Protokolls demonstrieren. Infolge der häufigen Verwendung des Protokolls sind ganz natürlich unterschiedliche Varianten entstanden. Die hier verwendete wurde /Bruckner 83/ entnommen. Sie wird im folgenden kurz vorgestellt, wobei wir uns in den einzelnen Abschnitten auf die jeweils relevanten Teilaspekte beschränken; in diesem Abschnitt auf die Darstellung des Dienstes. (Die Darstellungen des Alternierenden Bit-Protokolls enthalten gewöhnlich keine Dienstspezifikation. Die Einführung eines Dienstes ist eine vom Autor vorgenommene methodisch motivierte Erweiterung des Protokolls, um eine durchgängige Behandlung in den verschiedenen Beschreibungsebenen zu ermöglichen.)

Das Alternierende Bit-Protokoll stellt einen sicheren Datenübertragungsdienst über ein unsicheres Medium bereit. Es werden die Dienstprimitive AB-sendeauftrag, AB-empfangsanzeige und AB-sendebestätigung unterschieden (siehe Abb. 2.1/7). Ein zu sendender Datenblock wird mit AB-sendeauftrag an den Diensterbringer übergeben. Empfangsseitig wird die Ankunft und Übergabe des Datenblocks durch das Primitiv AB-empfangsanzeige angezeigt. Die erfolgreiche Übertragung wird dem Sender durch AB-sendebestätigung signalisiert. Erst dann darf er neue Daten an die AB-Schicht übergeben. Der Empfänger ist dahingehend stets empfangsbereit.

Abb. 2.1/7: Zeitablaufdiagramm für AB-Dienst

```
service DATEN-TRANSFER:
   asked AB-sendeauftrag(daten: datenblock)
   responded AB-sendebestaetigung;
             AB-empfangsanzeige(daten: datenblock)
where
  role sap_role: (sender,empfaenger)
  relation  1 <=> 2
  par event
    AB-sendeauftrag(?block[i]):                            {Regel 1}
              sap_role::=sender;
              sender.AB-sendeauftrag ==> empfaenger
              wait event
                 sender <== empfaenger.AB-empfangsanzeige:
                               response AB-sendebestaetigung
              #wait
              with AB-sendebestaetigung fuer block[i-1]
                     eingetroffen ¦
    empfaenger <==  sender.AB-sendeauftrag:                {Regel 2}
              sap_role::=empfaenger
              response AB-empfangsanzeige(!block[i])
  #par
```

2.2. PROTOKOLLE

2.2.1. PRINZIP

Wir wenden uns nun der Bereitstellung des Dienstes durch den Diensterbringer zu. Diese obliegt den Einrichtungen (entities). Andere gebräuchliche Bezeichnungen sind Instanz und Entität. Eine Einrichtung ist ganz allgemein ein aktives Objekt des Diensterbringers, über dessen innere Struktur und Realisierung nichts weiter ausgesagt wird. Als eine Einrichtung kann z.B. ein Rechenprozeß fungieren.

Die Einrichtungen bedienen die Dienstzugangspunkte. Dabei gilt, daß ein Dienstzugangspunkt genau einer Einrichtung zugeordnet ist. Hingegen kann eine Einrichtung gleichzeitig mehrere Dienstzugangspunkte bedienen (siehe Abb. 2.2/1). Die konkrete Zuordnung der Dienstzugangspunkte wird über deren Adressen in einem Adreßverzeichnis (directory) festgelegt.

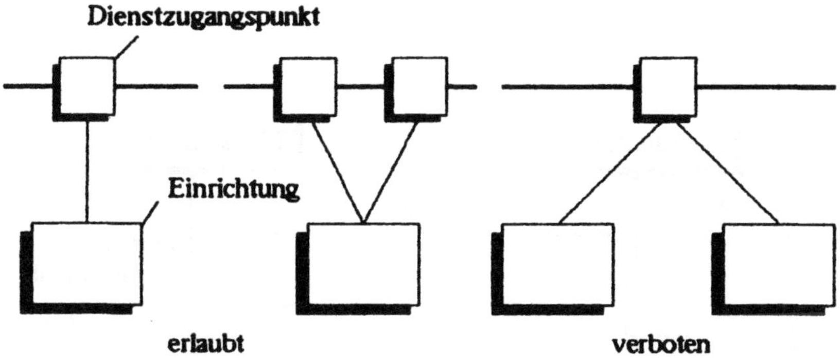

Abb. 2.2/1: Zuordnungsregeln Dienstzugangspunkte-Einrichtungen

Die Einrichtungen sind in diesem Verzeichnis durch ihre Identifikatoren, die sogenannten Titel, repräsentiert (vgl. Abschnitt 2.5.).

Eine Einrichtung nimmt die an einem Dienstzugangspunkt anliegenden Aufträge (Dienstprimitive) entgegen, analysiert sie und tritt zur Erbringung des Dienstes mit der Einrichtung in Wechselwirkung, der der Dienstzugangspunkt des Kommunikationspartners zugeordnet ist (siehe Abb. 2.2/2). Diese Wechselwirkung erfolgt durch den Austausch von Nachrichten bzw. Dateneinheiten. Der Ablauf dieser Wechselwirkung bzw. Kommunikation wird durch ein Protokoll beschrieben. Ein Protokoll ist eine Verhaltenskonvention. Es legt die zeitliche Folge der Kommunikation zwischen den diensterbringenden Einrichtungen fest und bestimmt das Format (Syntax und Semantik) der auszutauschenden Dateneinheiten.

Die Arbeitsweise einer Einrichtung kann z.B. mit einem Postamt verglichen werden, das die ihm zugeordneten Briefkästen leert und die Weiterleitung an das Zielpostamt realisiert, das dann den Brief im Briefkasten des Empfängers ablegt. Analog könnte die Funktion der Einrichtung auch an einem Fernsprechamt erklärt werden, das die Anmeldung zu einem Ferngespräch entgegennimmt und durch einen Dialog (Abwicklung eines Protokolls) mit dem Partneramt die gewünschte Verbindung herstellt.

Die Nachrichten, die die wechselwirkenden Einrichtungen austauschen, werden als Protokolldateneinheiten (protocol data unit, PDU) bezeichnet. Ihr Aufbau ist durch das Protokoll festgelegt und den Kommunikationspartnern bekannt. Es werden innerhalb eines Protokolls verschiedene Typen von Protokolldateneinheiten unterschieden.

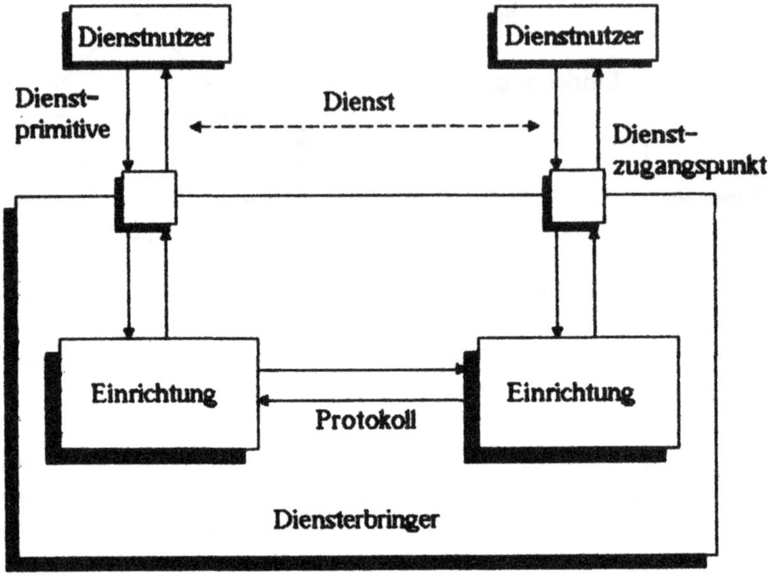

Abb. 2.2/2: Dienst und Protokoll

Protokolldateneinheiten sind gewöhnlich als Bitfolgen mit Signifikanz der einzelnen Positionen kodiert, um ihre eindeutige Interpretation in Rechnern mit unterschiedlichen Datenformaten zu gewährleisten.

Die Protokolldateneinheiten nehmen die vom Dienstnutzer zur Weiterleitung an den Kommunikationspartner übergebenen Daten auf. Für die Nutzerdaten gilt das Prinzip der Transparenz (Durchsichtigkeit), d.h., der Inhalt der übergebenen Dateneinheiten (sie werden als Dienstdateneinheiten (service data unit, SDU) bezeichnet) ist dem Diensterbringer, analog dem Briefgeheimnis, nicht zugänglich. Die Dienstdateneinheit muß unverändert am Partnerdienstzugangspunkt übergeben werden. Deshalb werden die Dienstdateneinheiten bei der Überführung in eine Protokolldateneinheit durch Voran- und Nachstellen weiterer Informationen (protocol control information, PCI) ergänzt, die den Protokollablauf steuern (vgl. Abb. 2.2/3). Die Protokollsteuerinformationen werden auf der Empfängerseite vor der Bereitstellung der Dienstdateneinheiten am Dienstzugangspunkt des Kommunikationspartners wieder entfernt.

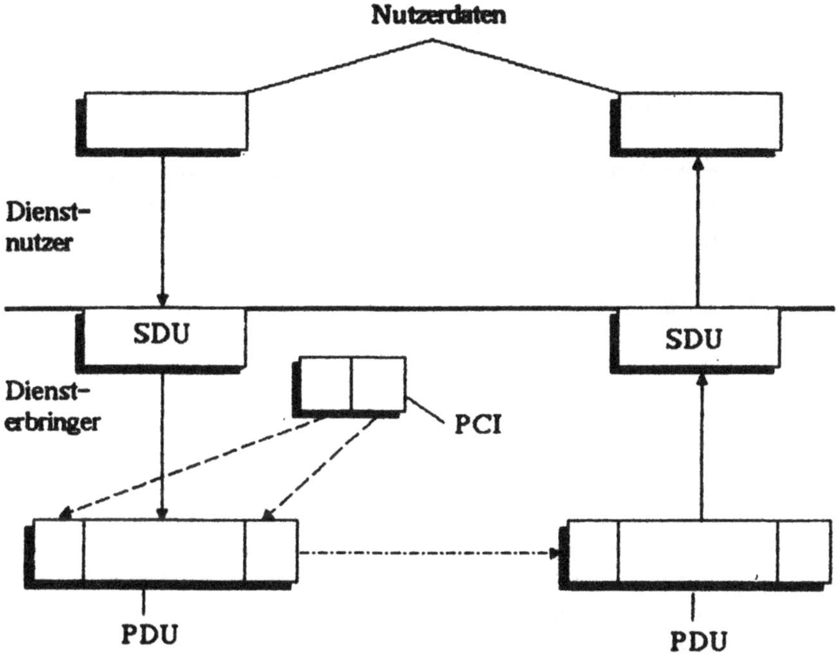

Abb. 2.2/3: Dienst- und Protokolldateneinheiten

Die Einrichtungen haben die Aufgabe, die Kommunikation zwischen den Dienstnutzern entsprechend der vereinbarten Dienstqualität abzusichern. Dazu werden vielfältige Protokollaktivitäten bzw. -funktionen genutzt. Wir gehen auf einige dieser Funktionen im Abschnitt 2.5. noch ausführlicher ein, wollen aber hier bereits einen Eindruck vermitteln, welcher Art diese Funktionen sind. So kann z.B. festgelegt werden, daß die erfolgreiche Übertragung einer Protokolldateneinheit von der Empfänger-Einrichtung durch Rücksenden einer Quittung zu bestätigen ist. Bleibt diese Quittung aus, so muß die Übertragung wiederholt werden. Zur Überwachung solcher Protokollabläufe können Zeitkontrollen verwendet werden. Der Ablauf des vorgegebenen Zeitlimits führt zu einem sogenannten Timeout, der der Einrichtung das Einleiten einer entsprechenden Folgereaktion signalisiert. Eine Einrichtung kann weiterhin mehrere vom Dienstnutzer übergebene Dateneinheiten zu einer Protokolldateneinheit zusammenfassen (wie z.B. ein Brief nicht allein, sondern in einem Postsack mit anderen Briefen gemeinsam befördert wird) oder sehr große Dateneinheiten in kleinere zerlegen, die dann getrennt an die Partnereinrichtung gesandt und dort wieder zusammengesetzt werden. Eine andere wichtige Protokollfunktion ist die Flußsteuerung. Sie gewährleistet einen abgestimmten Austausch von Protokolldateneinheiten zwischen den Einrichtungen, der verhindert, daß eine langsamer arbeitende Einrichtung mit Anforderungen überhäuft wird, die sie dann nicht mehr bearbeiten kann.

Weiterhin hat eine Einrichtung alle zwischen den Dienstzugangspunkten bestehenden Verbindungen zu realisieren. Über jede dieser Verbindungen läuft das gleiche Protokoll ab. Sie beeinflussen sich jedoch gegenseitig nicht. (Die praktischen Konsequenzen dieses Sachverhalts werden im Abschnitt 3.5. erläutert.)

2.2.2. BESCHREIBUNG

Die Art und Weise, wie die Einrichtungen den spezifizierten Dienst zu erbringen haben, ist Gegenstand der Protokollspezifikation. In ihr werden die Regeln für die Wechselwirkung zwischen den Einrichtungen festgelegt. Sie beschreibt damit u.a., wie die Einrichtungen auf anliegende Dienstprimitive oder eintreffende Protokolldateneinheiten reagieren. Die Protokollspezifikation interessiert den Dienstnutzer nicht mehr. Sie bildet die Grundlage für die Realisierung des Diensterbringers, ohne jedoch dessen konkrete Implementierung vorzuschreiben.

In unserer Beispielsprache werden für die Protokollspezifikation zwei Sprachebenen, D und A, verwendet werden. Die Sprachebene D (D=Design) beschreibt die Wechselwirkung zwischen den Einrichtungen unter Annahme einer virtuellen Kommunikation (siehe Abb. 2.2/4), was dem bislang erläuterten Umfang des Protokollmechanismus entspricht. Auf sie konzentrieren wir uns im folgenden.

Die Sprachebene bildet einen Zwischenschritt, der dem besseren Verständnis der prinzipiellen Protokollabläufe dienen soll. Mit einer solchen Vorgehensweise können der schrittweise Protokollentwurf wie auch die Einarbeitung in vorliegende Spezifikationen unterstützt werden.

Die D-Spezifikation setzt sich aus vier Teilen zusammen: der Dienstspezifikation, die unverändert aus der Ebene S übernommen wird, der Spezifikation der Protokolldateneinheiten (**message**-Spezifikation), der Aufli-

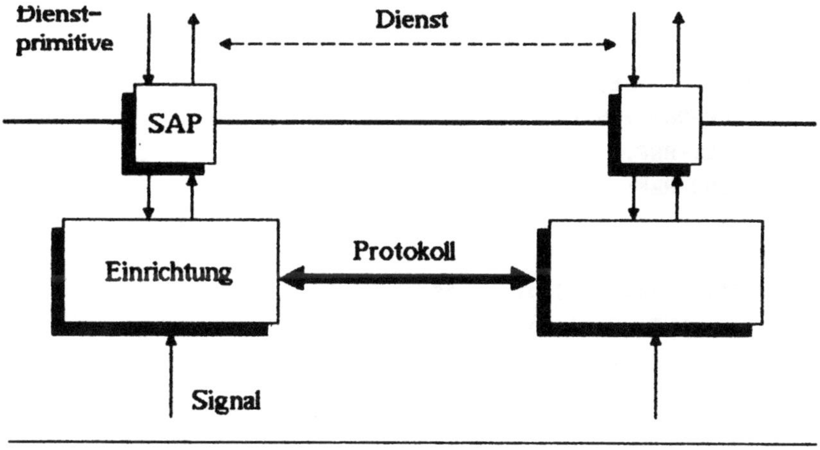

Abb. 2.2/4: Beschreibungsprinzip der Ebene D

stung der zu realisierenden (Teil-) Protokolle (**protocol**-Spezifikation) und der Spezifikation der Einrichtungen (**entity**-Spezifikation) (siehe Beispiel 2.2/1).

Die **message**-Spezifikation umfaßt die für die Protokollbeschreibung wichtige Festlegung der Formate der zwischen den Einrichtungen auszutauschenden Protokolldateneinheiten. In ihr werden alle Protokolldateneinheiten aufgelistet, unabhängig von den (Teil-) Protokollen, denen sie zugeordnet sind. Die Darstellung der Nachrichtenformate erfolgt analog der Typfestlegung für die Parameter der Dienstprimitive in einer PASCAL-ähnlichen Form. Die Verwendung einer solchen Notation unterstützt die Lesbarkeit, widerspricht aber der bereits erwähnten bit-orientierten Festlegung der Datenformate. Wir verwenden in unserer Beispielsprache hierfür ein mehrstufiges Beschreibungsprinzip, das erst auf der letzten Sprachebene zu einer bit-genauen Darstellung zwingt. Die Diskussion im Abschnitt 3.3. zeigt, daß alle Spezifikationssprachen vor diesem Problem stehen. Eine umfassende Lösung ist nur durch ein differenziertes Herangehen möglich, das sowohl das problem-orientierte Denken während der Entwurfsphase als auch die verbindliche Festlegung für die Implementierung unterstützt.

```
service                    {Die Dienstspezifikation bleibt unverändert}
message
  CR: record(LI: octet,
             CR-Code: bits,
             DST-REF,
             SRC-REF: address,
             . . .
            ),
 DT: record(DATA: array [] of octet,
                 EOT: Boolean
                  . . .
                )
  . . .
protocol
  CONNECTION ESTABLISHMENT: establish_i <=> establish_r;
  DATA TRANSFER: transfer_s <=> transfer_r
entity BE
  primitive CONNECT request, DATA request
  message CR to BE,
          DT from BE
  protocol part establish_i, establish_r,
                transfer_s,transfer_r
  condition protocol_error
  par event
    CONNECT request: establish_i |            {Aufruf benannter Proto- }
    CR <-- BE: establish_r |                  {koll-Teile              }
    DATA request: transfer_s |
    DT <-- BE: transfer_r |
    protocol_error: error_reaction |
    . . .
    error undefined PDU: ignore               {Unbenannter Protokoll-T.}
  #par
#entity {BE}
```

Beispiel 2.2/1: **message**-, **protocol**- und **entity**-Spezifikation

Den Hauptbestandteil der D-Spezifikation bilden die **entity**-Spezifikationen, die das Kommunikationsverhalten der Einrichtungen festlegen, wobei, wie in der **sap**-Spezifikation, wiederum nur der Typ der Einrichtung spezifiziert wird.

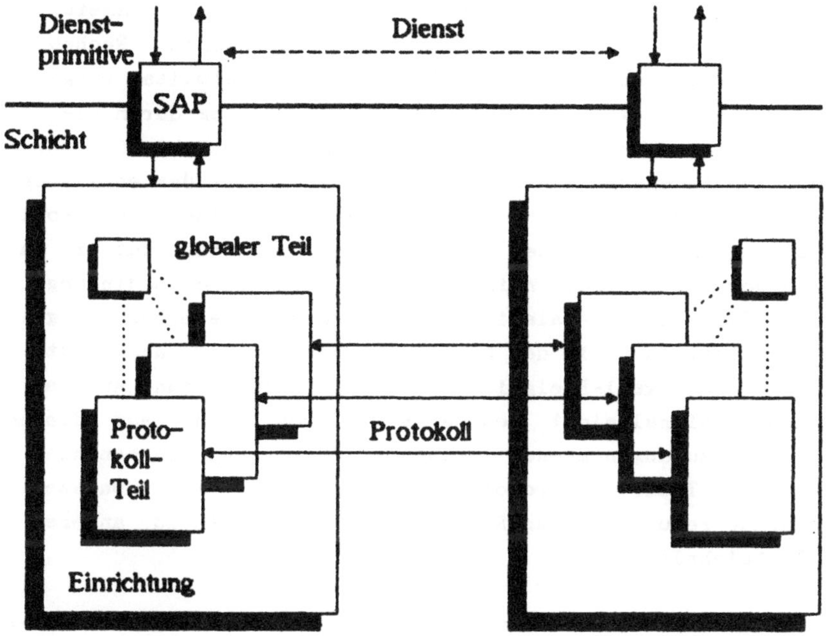

Abb. 2.2/5: Protokoll-Teile

Das Kommunikationsverhalten der zu spezifizierenden Einrichtungen wird über sogenannte Protokoll-Teile (**protocol part**) dargestellt. Ein solcher Protokoll-Teil beschreibt einen bestimmten Kommunikationsablauf der Einrichtung. Protokoll-Teile verschiedener Inkarnationen der Einrichtungen bilden ein Protokoll (vgl. Abb. 2.2/5). Im einfachsten Fall setzt sich ein Protokoll aus zwei Protokoll-Teilen zusammen, z.B. dem Sender und dem Empfänger; meistens sind es jedoch mehrere. Zur Veranschaulichung dieses Prinzips kann man sich ein Gespräch vorstellen. Die Bemerkungen jedes einzelnen Gesprächspartners werden durch einen Protokoll-Teil aufgezeichnet. Zusammengesetzt geben sie dann den wahren Gesprächsverlauf wieder.

Die Festlegung, welche Protokoll-Teile ein Protokoll bilden, wird in der **protocol**-Spezifikation getroffen. In ihr werden alle Protokolle aufgeführt, die durch die kommunizierenden Einrichtungen realisiert werden. Die **protocol**-Spezifiktion stellt übrigens eine Untersetzung der **relation**-Spezifikation der Ebene S dar. Analog können die Protokoll-Teile als Verfeinerung der Kontextregeln betrachtet werden.

Die Protokoll-Teile einer Einrichtung werden parallel ausgeführt. Wir tragen damit einer wichtigen Eigenschaft der Einrichtung Rechnung, auf das nichtdeterminierte Eintreffen der Ereignisse simultan reagieren zu können. Sprachlich wird dieser Sachverhalt wiederum durch die im Abschnitt 2.1. eingeführte **par event**-Anweisung ausgedrückt. Die **par event**-Anweisung ist die einzige Anweisung des Aktionsteils der **entity**-Spezifikation. Auslösende Ereignisse für die Ausführung eines Protokoll-Teils können sein das Anliegen eines Dienstprimtivs vom Dienstnutzer, das Eintreffen einer Protokolldateneinheit, das Setzen einer Bedingung (siehe unten), ein Timeout sowie als interne Ereignisse das **error**-Ereignis, mit dem Fehlersituationen in der Arbeit der Einrichtung angezeigt werden können, und das **signal**-Ereignis, das einen Fehlerzustand auf dem Übertragungskanal signalisiert. Letzteres ist auch bei der auf diesem Beschreibungsniveau angenommenen virtuellen Übertragung in manchen Fällen notwendig (z.B. Transport-Protokoll Klasse 0 /ISO 8073/, /Oniszeit 86/), da die daraus resultierenden Reaktionen Konsequenzen für andere Protokoll-Teile beinhalten.

Die Protokoll-Teile können entweder unmittelbar in die **par event**-Anweisung integriert (unbenannte Protokoll-Teile) oder getrennt von ihnen angeordnet werden (benannte Protokoll-Teile). Die unbenannten Protokoll-Teile sollen vorrangig dazu dienen, kurze Folgereaktionen zu spezifizieren (vgl. Beispiel 2.2/1). Als vorrangige Darstellungsform benutzen wir die benannten Protokoll-Teile. Sie werden in der **par event**-Anweisung lediglich duch ihren Namen repräsentiert, der als Aufruf fungiert (vgl. Beispiele 2.2/1 und 2.2/2).

Die Darstellung des Kommunikationsablaufs innerhalb eines Protokoll-Teils ist sequentiell (siehe Beispiel 2.2/2). Für die Beschreibung des Steuerflusses stehen dazu die aus höheren Programmiersprachen bekannte bedingte Anweisung (**if**), die Auswahlanweisung (**case**) und der Zyklus (**loop**) zur Verfügung. Das Warten auf das Eintreffen von Ereignissen wird wiederum durch die elementare Warte-Anweisung **wait event** dargestellt, die wir im Abschnitt 2.1. kennengelernt haben. Als Ereignisse sind das Anliegen eines Dienstprimitivs, das Eintreffen einer Protokolldateneinheit, das Setzen einer Bedingung und ein Timeout zugelassen.

```
protocol part transf_s(entity receiver)
message DT to receiver
begin
  EOT:=false
  loop
    form next segment;
    DT <:= next segment
    if last segment
      then EOT:=true
    #if
    DT<:=EOT


    DT --> receiver
    exit when last segment
  #loop
end

protocol part transf_r(entity sender)
primitive DATA indication
condition protocol_error
var buffer: data_segments
begin
  if DT uncorrect
    then set protocol_error in BE
         exit protocol
  #if
  . . .
  buffer<:=DT.DATA
  if DT.EOT
    then response DATA indication(buffer)
  #if
end
```

Beispiel 2.2/2: Protokoll-Teile

Die Wechselwirkung mit der Partner-Einrichtung wird über die Sende-Anweisung und das Empfangsereignis dargestellt. Sie haben folgenden Aufbau:

- Sende-Anweisung
  dateneinheit --> empfangende einrichtung ,
- Empfangsereignis
  dateneinheit <-- sendende einrichtung .

In benannten Protokoll-Teilen müssen dabei für die Partner-Einrichtungen fiktive Bezeichnungen eingesetzt werden, z.B.

CR --> responder,
DT <-- sender ,

die zuvor im Kopf des Protokoll-Teils vereinbart werden. Die aktuelle Einrichtung wird beim Aufruf des Protokoll-Teils ähnlich einem aktuellen Parameter zugewiesen. Existiert nur ein Typ einer Einrichtung, so darf diese Angabe entfallen. (Das Konzept der fiktiven Einrichtung ist ein Erfordernis der separaten Darstellung bestimmter Protokollabläufe.) Die gleichzeitige Ausführung mehrerer Protokoll-Teile erfordert mitunter eine interne Kommunikation zwischen ihnen. Dazu wollen wir sogenannte Bedingungen (**condition**) nutzen, die im Deklarationsteil der **entity**-Spezifikation vereinbart werden müssen. Durch sie kann das Eintreten bestimmter Ereignisse in einem Protokoll-Teil einem anderen Protokoll-Teil, dessen Fortschreiten ebenfalls von diesem Ereignis beeinflußt wird, angezeigt werden. Auf das Setzen von Bedingungen kann in der **par event**- und in den **wait event**-Anweisungen gewartet werden. Das Setzen einer Bedingung erfolgt durch die **set**-Anweisung. Der Austausch weiterer Informationen zwischen den Protokoll-Teilen kann über gemeinsame Variable realisiert werden (siehe unten).

Die Bedingungen, wie auch das Konzept der fiktiven Einrichtungen, sind eine sprachliche Konsequenz des in unserer Beispielsprache verwendeten Beschreibungsprinzips und nicht a priori durch die Protokollspezifik bedingt. Wir werden auf analoge Lösungen auch bei den im Abschnitt 3.3. zu behandelnden Spezifikationssprachen treffen.

Für die Darstellung der Kommunikationsabläufe in den Protokoll-Teilen stehen noch weitere Anweisungen zur Verfügung, die wir hier nur kurz nennen, weil ihre Funktion leicht zu verstehen ist. Dazu zählen die bereits eingeführte **response**-Anweisung zum Aktivieren von Dienstprimitiven, die **start-** und **reset**-Anweisung zum Starten und Rücksetzen von Zeitgebern, die **exit protocol**-Anweisung für das vorzeitige Verlassen eines Protokolls oder Protokoll-Teils als Folge von Fehlern im Kommunikationsablauf und die **cancel protocols**-Anweisung, die den Abbruch aller auf einer Verbindung laufenden (Teil-) Protokolle bewirkt.

Außerdem sind sprachliche Mittel zur Darstellung des Aufbaus und der Zerlegung von Protokolldateneinheiten und Dienstprimitiven vorgesehen. Das Problem besteht hier generell in der Vermeidung einer zu implementierungsnahen Darstellung. Wir werden dieses Problem im Abschnitt 3.3. noch ausführlich diskutieren. In der Beispielsprache wird dies u.a. durch den Verzicht auf die Verwendung arithmetischer und logischer Ausdrücke in den Sprachebenen D und A erzwungen. Dafür müssen spezialsprachliche Mittel, wie u.a. die Eintragungsanweisung (<:=), genutzt werden, die das Eintragen von Werten in Datenstrukturen ohne Selektion oder Schnitt darstellen. Wir werden weiterhin Aspekte, die stärker die Implementierung berühren, z.B. die Auswahl konkreter Algorithmen für interne Abläufe der Einrichtung wie die Berechnung von Kontrollsummen, im Sinne der schrittweisen Verfeinerung vorerst mit den Mitteln der natürlichen Sprache auszudrücken.

Den Aktionsteilen der **entity**-Spezifikation und der Protokoll-Teile wird ein Spezifikations- und Deklarationsteil vorangestellt. Im Spezifikationsteil werden die in der jeweiligen Darstellungseinheit auftretenden Dienstprimitive und Nachrichten aufgelistet, in der **entity**-Spezifikation außerdem die zugehörigen benannten Protokoll-Teile. Diese Angaben haben eine Interfacefunktion. Sie sollen die Lesbarkeit und die Durchführung nachfolgender rechnergestützter Analysen erleichtern. Im Deklarationsteil werden Bedingungen, Zeitgeber (mit Angabe des Zeitbereichs) und Variablen vereinbart. Deklarationen in der **entity**-Spezifikation haben globalen Charakter für alle Protokoll-Teile, wobei für die Variablen a priori ein exklusiver Zugriff festgelegt ist. Die Deklaration von Timern und Variablen in den Protokoll-Teilen hat lokalen Charakter, für Variable ist z.T. eine implizite Deklaration im Aktionsteil gestattet.

Weiterhin wird die Möglichkeit der Einführung eines Vorspiels (**prelude**) vorgesehen, das der Spezifikation vorangestellt wird. In ihm können häufig wiederkehrende bzw. umfangereiche lokale Protokollaktionen (Aktionen, die keine Kommunikation beinhalten), ähnlich einer Makrodefinition, zu einer Protokollaktion zusammengefaßt werden.

2.2.3. BEISPIEL

Wir setzen jetzt die im Abschnitt 2.1. begonnene Demonstration der eingeführten Prinzipien und Elemente anhand des Alternierenden Bit-Protokolls mit der Spezifikation des eigentlichen Protokolls fort. Es soll einführend vorgestellt werden.

Eine Einrichtung sendet über ein nicht näher definiertes unzuverlässiges Übertragungsmedium Datenblöcke, die mit einem Steuerbit versehen sind, das abwechselnd 0 bzw. 1 gesetzt wird. Die zu sendenden Daten werden der Einrichtung vom Sender durch AB-sendeauftrag übergeben. Die empfangende Einrichtung überprüft die Korrektheit des Steuerbits. Ist dieses korrekt, werden die Daten mittels AB-empfangsanzeige an den Empfänger übergeben, und eine Bestätigung mit dem nächsten erwarteten Steuerbit wird zurückgesendet. Anderenfalls werden die Daten ignoriert, und die Bestätigung für den vorhergehenden Datenblock wird wiederholt, da sowohl Daten als auch die Bestätigung verloren gehen könnten. Erhält die sendende Einrichtung die Bestätigung für die erfolgreiche Übertragung des Datenblocks, so informiert sie den Sender durch AB-sendebestätigung. Erst dann darf dieser wieder einen neuen Datenblock übergeben. Bleibt die Bestätigung für die erfolgreiche Übertragung aus, so wird die Übertragung des Datenblocks wiederholt. Ein Timeout-Mechanismus, der nach Ablauf einer gewissen Zeit ebenfalls den zuletzt gesendeten Datenblock wiederholt, verhindert einen Deadlock des gesamten Systems.

Die folgende Spezifikation sieht gleichartige Einrichtungen für Sender und Empfänger (Duplex-Übertragung) vor. Als Anfangswert für das Kontrollbit wird 1 angenommen.

```
service                   {Die Service-Spezifikation bleibt unverändert}
message PDE: record(daten: datenblock;kontrollbit: bit);
                                             {Anfangswert kontrollbit:=1}
        QUITTUNG: bit
protocol ALTERNIERENDES BIT-PROTOKOLL: senden <=> empfangen
entity AB-E
  primitive AB-sendeauftrag
  message PDE from AB-E
  protocol part senden, empfangen
```

```
  par event
   AB-sendeauftrag: senden |                          {Auslösen Sende-Teil}
   PDE <-- AB-E: empfangen                          {Auslösen Empfangs-Teil}
  #par
#entity {AB-E}

protocol part senden(entity empfänger)
primitive AB-sendebestätigung
message PDE to empfänger;
        QUITTUNG from empfänger
timer t: 0..60 s
begin
   PDE<:=daten                                             {Eintragen Daten}
   loop
      PDE --> empfänger                                        {Senden PDE}
      start t                                              {Starten Timer}
      wait event                           {Warten auf QUITTUNG o. Timeout}
          QUITTUNG <-- empfänger:
                 if QUITTUNG korrekt                    {Auswerten QUITTUNG}
                   then PDE.kontroll.bit:=QUITTUNG
                        response AB-sendebestätigung
                        exit.                  {Rückkehr par event-Anweisung}
                 #if |
          timeout t: skip                      {Wiederholen der Übertragung}
       #wait
   #loop
end {senden}

protocol part empfangen(entity sender)
primitive AB-empfangsanzeige
message QUITTUNG to sender
var erwartetes Bit: bit
begin
  if kontrollbit korrekt                          {Auswerten Kontrollbit}
    then response AB-empfangsanzeige(PDE.daten);          {Übergabe Daten}
         erwartetes Bit:=neues zu erwartendes Bit    {Neues Kontrollbit}
    else ignorieren PDE                  {Nicht korrekt übertragende PDE}
  #if
  QUITTUNG<:=erwartetes Bit;                             {Bildung QUITTUNG}
  QUITTUNG --> sender           {Senden erwartetes Kontrollbit an Sender}
end {empfangen}
```

2.3. SCHICHTEN

2.3.1. PRINZIP

In diesem Abschnitt beschäftigen wir uns näher mit der Frage, wie die Kommunikation zwischen den diensterbringenden Einrichtungen realisiert wird. Dazu ist es erforderlich, den Begriff der Schicht einzuführen.

Die Vielfalt der Aufgaben, die in einem Rechnernetz zu bewältigen sind, zwingt zu einer logischen Strukturierung in der Funktionsverteilung. Dazu hat sich eine horizontale Aufteilung der Funktionen in eine hierarchische Schichtenstruktur (Schichtenarchitektur) durchgesetzt. In einer Schicht sind, etwas vereinfacht ausgedrückt, alle Einrichtungen im Rechnernetz vereint, die der gleichen funktionellen Zielstellung dienen. Jede Schicht stellt der nächst höheren einen Dienst zur Verfügung. Die Bereitstellung erfolgt genau nach dem Schema, wie es in den vorangegangenen beiden Abschnitten erläutert wurde. Die diensterbringenden Einrichtungen wiederum nutzen für die Realisierung ihrer Kommunikation die Dienste der nächst tieferen Schicht (vgl. Abb. 2.3/1), wobei es sie nicht interessiert, wie dieser Dienst erbracht wird. Eine Einrichtung kann somit zugleich Diensterbringer und Dienstnutzer sein. Das Schichtenprinzip wird übrigens auch bei den im vorangegangenen Abschnitt herangezogenen Beispielen alltäglicher Kommunikation angewendet. So realisiert die Post den Briefzustelldienst unter Inanspruchnahme der Dienste der Eisenbahn, die den Transport an den Bestimmungsort übernimmt.

Zur Vereinfachung der Darstellung und der Sprechweise ist es üblich, eine beliebige Schicht als N-Schicht zu bezeichnen. Eine N-Schicht stellt der nächst höheren Schicht, der (N+1)-Schicht, einen N-Dienst bereit, wobei sie zu dessen Realisierung die Dienste der (N-1)-Schicht nutzt. Analog werden bei der Bezugnahme auf eine konkrete Schicht deren Komponenten, wie Dienstzugangspunkte, Protokolldateneinheiten usw., durch Voranstellen einer abkürzenden Bezeichnung der Schicht gekennzeichnet, z.B. SPDU, NSAP. Wir führen die gebräuchlichen Bezeichnungen für die einzelnen Schichten im Abschnitt 2.4. ein. Entsprechend dieser Gepflogenheit ist es ebenfalls üblich, den Dienstprimitiven die Bezeichnung der jeweiligen Schicht voranzustellen, z.B. T-CONNECT request, N-DATA indication. Wir haben das in den bisherigen Beispielen nicht getan, weil der Schichtbegriff noch nicht eingeführt war. Bei einer nachträglichen Betrachtung dieser Beispiele ist dies zu berücksichtigen.

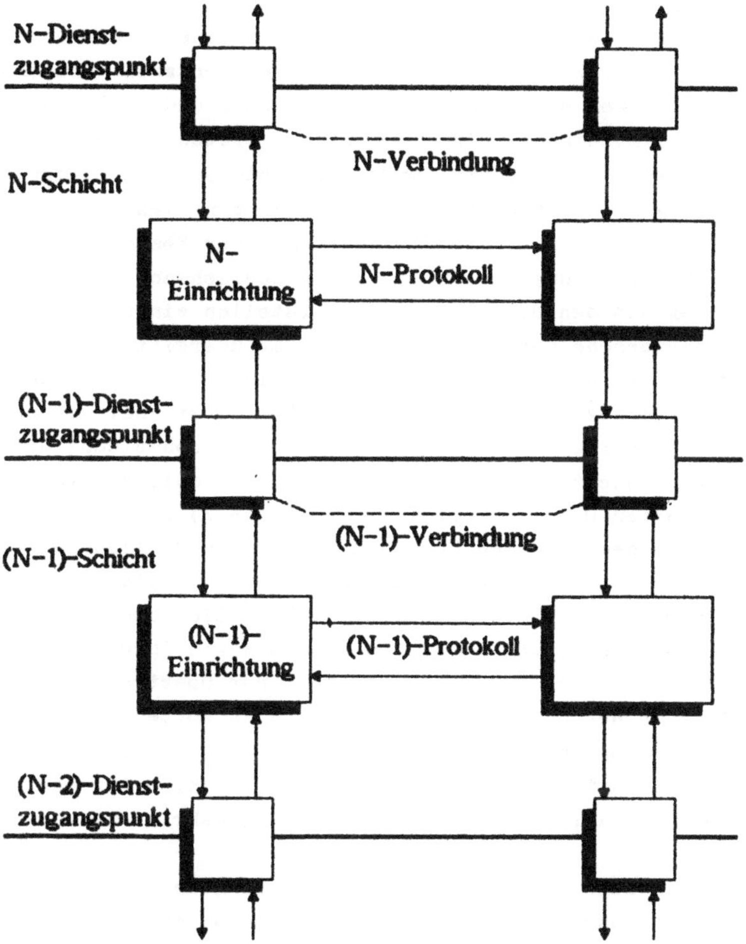

Abb. 2.3/1: Schichtenprinzip

Für die Kommunikationsbeziehungen in einer Schichtenarchitektur bestehen feste Regelungen. Ein Protokoll wird stets nur zwischen Einrichtungen einer N-Schicht abgearbeitet. Diese Einrichtungen werden als paare Einrichtungen (peer entities) bezeichnet. Die paaren N-Einrichtungen können aber nur miteinander kommunizieren, indem sie die Dienste der (N-1)-Schicht nutzen. Andere Möglichkeiten der Kommunikation zwischen den Einrichtungen existieren nicht.

In /Tanenbaum 81/ wird das Wirkprinzip der Mehrschichtenkommunikation am Beispiel eines Disputs zweier Philosophen in Afrika und Asien sehr anschaulich dargestellt. Wir geben dieses Beispiel wegen seiner hohen Anschaulichkeit hier wieder. Es handelt sich um eine 3-Schichten-Kommunikation (vgl. Abb. 2.3/2). Der Leser stelle sich zwei Philosophen vor (paare Einrichtungen der Ebene 3), die in Kenia und in Indonesien beheimatet sind und miteinander in einen Disput treten wollen. Da sie keine gemeinsame Sprache beherrschen, engagieren sie je einen Übersetzer (paare Einrichtungen der Ebene 2). Diese wiederum nehmen Verbindung zu jeweils einem Techniker (paare Einrichtungen der Ebene 1) auf, die die technische Realisierung der Übertragung übernehmen. Der afrikanische Philosoph beginnt den Disput mit dem Aufstellen einer These, die er in seiner Muttersprache Suaheli formuliert. Er übergibt diese These über das Interface 2/3 seinem Übersetzer, der sie in eine Transfersprache, z.B. Englisch, Französisch oder Deutsch, übersetzt. Sein Übersetzerkollege in Asien übersetzt dann diese These ins Indonesische und gibt sie über das Interface 2/3 seinem Philosophen. Ein solches Vorgehen setzt einen gesonderten Dialog (Protokoll der Ebene 2) zwischen den Übersetzern voraus, in dem sie sich über die zu benutzende Transfersprache einigen bzw. im weiteren Verlauf mögliche unterschiedliche Interpretationen einzelner Wörter oder Sätze ausgleichen. Die Übersetzer übergeben die in der Transfersprache notierten Thesen sowie ihre eigenen Nachrichten über das Interface 1/2 den Technikern zur Übertragung und erhalten auf dem gleichen Weg die für sie bestimmten Antworten. Auch hier ist ein gesonderter Dialog zwischen den Technikern erforderlich (Protokoll der Ebene 1), um die Art der Kommunikation, z.B. Funk, Brief oder Telegramm, festzulegen sowie ihre Aufrechterhaltung zu gewährleisten.

Wir heben noch einmal die wichtigsten der eingangs erläuterten Prinzipien der Schichtenkommunikation anhand dieses Beispiels hervor. Die Kommunikation zwischen den Akteuren unseres Beispiels erfolgt nur horizontal zwischen gleichrangigen, paaren Partnern (Einrichtungen). Zu ihrer Realisierung werden die Dienste der nächsttieferen Schicht genutzt, wobei die Art und Weise ihrer Bereitstellung nicht relevant ist. So interessiert die Philosophen überhaupt nicht, ob ihre Thesen durch Funk oder durch Brief übermittelt werden. Andererseits schlagen Probleme der Kommunikation in den unteren Schichten nicht oder nur z.T. auf die oberen Ebenen durch. Einen Zusammenbruch der Funkverbindung zwischen Afrika und Asien z.B. müssen die Philosophen nicht bemerken, falls die Störung nicht derart ist, daß jede weitere Kommunikation unmöglich wird. Die Protokolle in den einzelnen Schichten sind unabhängig voneinander, so-

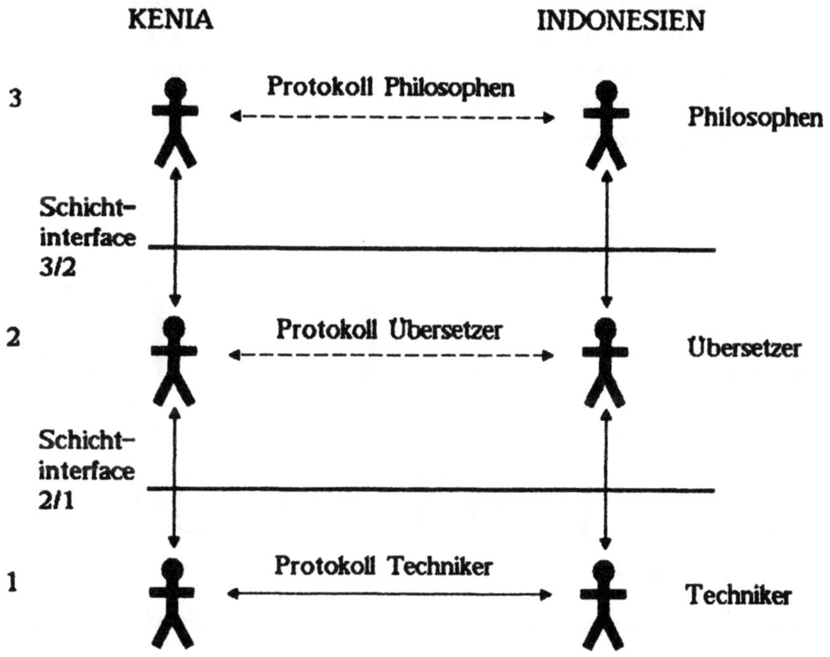

Abb. 2.3/2: Schichtenstruktur zum Philosophenbeispiel

lange die Schichteninterfaces unverändert bleiben. Dementsprechend ist es für die Philosophen ohne Belang, ob die Übersetzer Englisch oder Deutsch als Transfersprache auswählen bzw. ob sie diese Sprache im Verlauf der Kommunikation ändern. Die Übersetzer und Techniker wiederum interessiert nicht der Inhalt der Thesen, denn diese sind für sie transparent. Das Beispiel macht weiterhin deutlich, daß bereits eine relativ geringe Kommunikation auf der obersten Ebene, Austausch nur einiger Thesen zwischen den Philosophen, umfangreiche Kommunikationsabläufe auf den unteren Ebenen zur Folge haben kann, da für jede Nachricht der höheren Ebene eine sichere Übertragung zu gewährleisten ist.

Wir konzentrieren uns nun auf die Probleme, die sich aus der Abbildung der virtuellen Kommunikation zwischen den paaren Einrichtungen auf die Dienste der darunterliegenden Schicht ergeben.

Eine N-Einrichtung greift auf die (N-1)-Dienste an (N-1)-Dienstzugangspunkten zu. Für die Zuordnung zu den (N-1)-Dienstzugangspunkten gelten ähnliche Regelungen, wie sie im Abschnitt 2.1. für die Beziehung N-Einrichtung zu N-Dienstzugangspunkten erläutert worden sind (siehe Abb. 2.3/3). Eine N-Einrichtung darf mehrere (N-1)-Dienstzugangspunkte nutzen. Ein (N-1)-Dienstzugangspunkt hingegen kann nur von einer N-Einrichtung in Anspruch genommen werden.

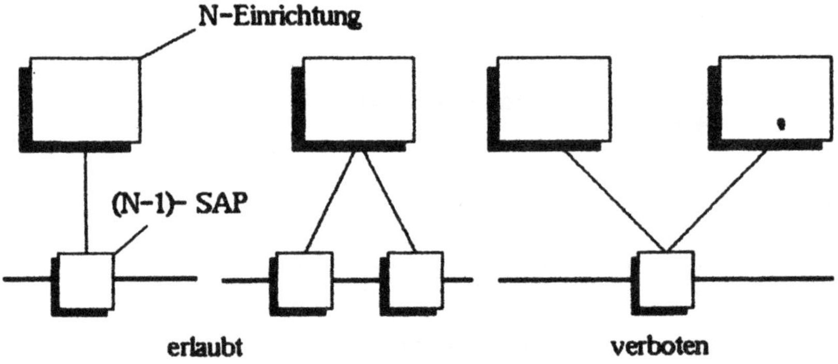

Abb. 2.3/3: Zuordnungsregeln N-Einrichtung zu (N-1)-Dienstzugangspunkt

Die Zuordnung der N-Einrichtungen zu den (N-1)-Dienstzugangspunkten wird ebenfalls im N-Adressenverzeichnis definiert. Damit wird zugleich eine Abbildung (mapping) zwischen den N-Adressen, die von der N-Einrichtung bedient werden, und den (N-1)-Adressen vorgenommen. Es werden drei Abbildungsarten unterschieden /Zimmermann 80/: die Eins-zu-Eins-Abbildung, die hierarchische Abbildung, bei der die N-Adresse aus der (N-1)-Adresse und einem N-Suffix gebildet wird, und die Abbildung mittels einer Zuordnungstabelle. Diese drei Typen sind in Abbildung 2.3/4 dargestellt.

Eine N-Einrichtung muß sich zur Realisierung der Kommunikation mit der paaren Partner-Einrichtung an die Möglichkeiten des (N-1)-Dienstes (Leistungsumfang, Dienstqualität) anpassen. Dazu sind Abbildungsfunktionen innerhalb eines Protokolls erforderlich. Bei einem verbindungsorientierten (N-1)-Dienst beispielsweise müssen Aktivitäten zum Aufbau, zur Verwaltung und zum Abbau von (N-1)-Verbindungen vorgesehen werden (vgl. Abb. 2.3/1). Dabei können zur Absicherung einer effektiven Übertragung solche Protokollfunktionen wie das Multiplexen und das Aufspalten angewendet werden (vgl. Abschnitt 2.5.).

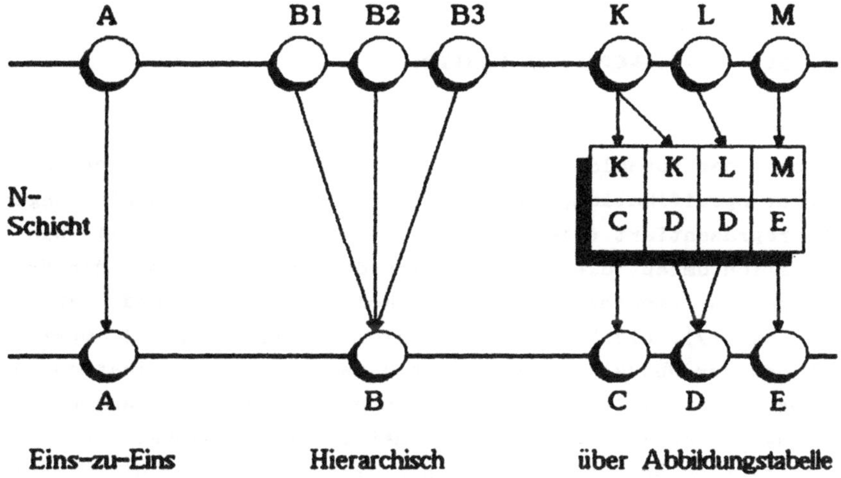

Abb. 2.3/4: Abbildung von N- auf (N-1)-Adressen

Das Prinzip der Transparenz der Nutzerdaten, auf das wir im Abschnitt 2.2. eingegangen sind, führt in einer Schichtenarchitektur zu einer ständigen Vergrößerung der Protokolldateneinheiten in den unteren Ebenen. Die in der N-Schicht ergänzten Protokollsteuerinformationen werden in der (N-1)-Schicht als (transparente) Nutzerdaten betrachtet (vgl. Abb. 2.2/2) und müssen folglich durch Voran- und/oder Nachstellen von (N-1)-Protokollsteuerinformationen ergänzt werden (siehe Abb. 2.3/5). Bei zu großen Protokolldateneinheiten wird, wie wir später sehen werden, zum Zwecke einer effektiven und sicheren Übertragung eine Segmentierung bei Wahrung des Transparenzprinzips vorgenommen.

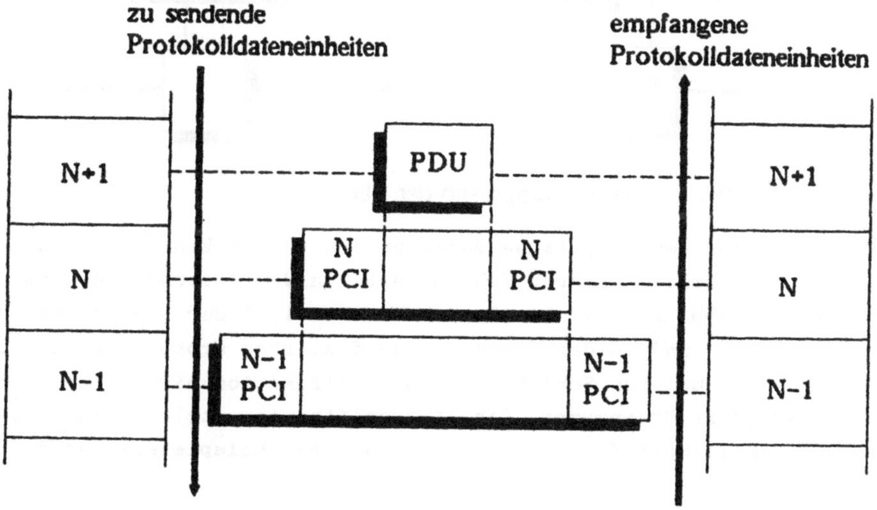

Abb. 2.3/5: Aufbau der Protokolldateneinheiten in einer Schichtenarchitektur

2.3.2. BESCHREIBUNG

Den Rahmen der formalen Beschreibung in unserer Beispielsprache bildet die **layer**-Spezifikation, die im Sinne der obigen Ausführungen eine Schicht repräsentiert (siehe Abb. 2.3/6 und Beispiel 2.3/1). Die **layer**-Spezifikation umfaßt die Spezifikation der Dienste (**sap**), der Protokolldateneinheiten (**message**), der Protokolle (**protocol**) und der Einrichtungen (**entity**). Die benannten Protokoll-Teile (**protocol part**) werden aus Gründen der Übersichtlichkeit nach der **layer**-Spezifikation angeordnet. Das Vorspiel (**prelude**) wird, wenn vorhanden, vorangestellt. Die Verwendung der Schicht als Rahmenstruktur für die Dienst- und Protokollspezifikation entspricht der üblichen Praxis, nach der diese Spezifikationen schichtenorientiert bereitgestellt werden (vgl. hierzu Abschnitt 3.3.)

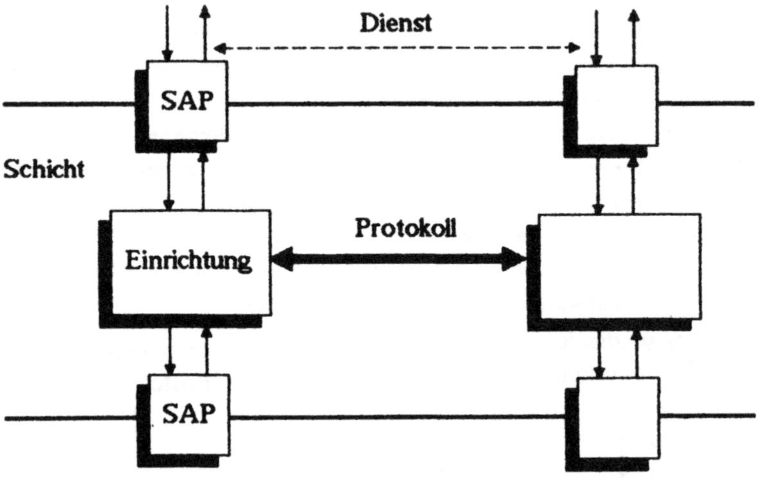

Abb. 2.3/6: Beschreibungsprinzip der Ebene A

Die Abbildung der Wechselwirkung zwischen den paaren Einrichtungen auf die Dienste der nächst tieferen Schicht wird in der Sprachebene A dargestellt (siehe Abb. 2.3/6). Die Sprachebene A dient der Anpassung des zuvor entworfenen und in der Ebene D spezifizierten Protokolls an die Erfordernisse der unteren Schicht. Die D-Spezifikation wird dabei weitgehend unverändert übernommen. Eine A-Spezifikation stellt eine vollständige Protokoll-Spezifikation im Sinne unserer Beispielsprache dar.

Die Sprachebene A unterscheidet sich von der Ebene D hauptsächlich durch die Einführung einer **sap handler**-Spezifikation innerhalb der **entity**-Spezifikation (vgl. Abb. 2.3/6). Die **sap handler**-Spezifikation, die nach dem **entity**-Aktionsteil anzugeben ist, beschreibt das Verhalten der Einrichtung bei der Nutzung der (N-1)-Dienste. Sie bildet die Sende-Anweisungen in den Protokoll-Teilen auf (N-1)-Dienstprimitive ab und umgekehrt anliegende Dienstprimitive der (N-1)-Schicht in Ereignisse der **par event** und **wait event**-Anweisungen der Einrichtung bzw. der Protokoll-Teile.

Der SAP-Handler wird stets parallel zum **entity**-Aktionsteil ausgeführt. (Er könnte prinzipiell in die **par event**-Anweisung integriert werden. Auf Grund seiner spezifischen inhaltlichen Bedeutung gegenüber den Protokoll-Teilen soll seine Beschreibung jedoch logisch getrennt angeordnet werden.)

Die **sap handler**-Spezifikation hat eine ähnliche Struktur wie die **entity**-Spezifikation (siehe Beispiel 2.3/1). Sie besteht aus einem Spezifikations- und Deklarationsteil und einem Aktionsteil. Der Spezifikations- und Deklarationsteil enthält die Beschreibung der Schnittstelle zur (N-1)-Schicht sowie die Vereinbarung lokaler Variablen und Timer. Die (N-1)-Schnittstelle wird analog zur **sap**-Spezifikation der N-Schicht dargestellt, indem die SAPs und die zu nutzenden Dienstprimitive dieser Schicht angeführt werden. Auf die Angabe der Parameter wird dabei verzichtet. Der Aktionsteil besteht wieder aus einer **par event**-Anweisung. Als Ereignisse sind zugelassen: das Senden einer Nachricht und das Setzen einer Bedingung (**condition**), die durch eine Sende- oder **set**-Anweisung in den Protokoll-Teilen ausgelöst werden, sowie das Anliegen eines Dienstprimitivs der unteren Schicht. Die zugeordneten Folgereaktionen beschreiben die Überführung der Protokolldateneinheiten sowie anderer Informationen in die Dienstprimitive der (N-1)-Schicht bzw. umgekehrt die Auswertung anliegender Dienstprimitive. Weitere typische Funktionen, die in die **sap handler**-Spezifikation eingeordnet werden müssen, sind der Auf- und Abbau von (N-1)-Verbindungen sowie das Multiplexen und Aufspalten von Verbindungen.

Für die Darstellung des Folgeverhaltens stehen im wesentlichen die bereits vorgestellten Anweisungen zur Verfügung. Zusätzlich werden noch die **ask**- und **set event**-Anweisung eingeführt. Die **ask**-Anweisung beschreibt das Aktivieren eines Dienstprimitivs der (N-1)-Schicht. Sie bildet das Gegenstück zur **response**-Anweisung. Die **set event**-Anweisung dient zum Setzen von Ereignissen in den **par event**- und **wait event**-Anweisungen des **entity**-Aktionsteils und der Protokoll-Teile. Durch sie kann das Eintreffen von Nachrichten angezeigt werden, z.B.

set event CC <-- TE .

Das Setzen eines Ereignisses bewirkt, daß dieses in den genannten Anweisungen als eingetreten gilt und die zugeordnete Aktion ausgelöst wird.

Die Separierung des Abbildungsteils, wie sie hier vorgenommen wird, ist nicht zwingend für die Strukturierung einer Spezifikation. Sie erweist sich jedoch für das Verständnis der Spezifikation als sehr vorteilhaft und wird in der Praxis häufig angewendet /Bochmann 83a/, /Scollo 86/, /Serre 86/ (vgl. ebenfalls Abschnitt 3.5.2.). Die Einführung einer analogen **sap handler**-Spezifikation zur (N+1)-Schnittstelle erweist sich auf dieser Betrachtungsebene als nicht erforderlich, da die in den Protokoll-Teilen durch **response** ausgelösten Dienstprimitive unverändert an die (N+1)-Schicht übergeben werden. Sie ist erst in der Implementierungs-Spezifikation zweckmäßig, wenn die Interface-Schnittstelle genauer zu spezifizieren ist (vgl. Abschnitt 3.5.3.).

```
layer T
service
message
  CR: record( .      . ),
  DT: record( .      . ), . . .
protocol
  CONNECTION ESTABLISHMENT: establish_i <=> establish_r;
  DATA TRANSFER: transfer_s <=> transfer_r
entity TE
  primitive T-CONNECT request, T-DATA request
  message CR to TE,
          DT from TE
  protocol part establish_i, establish_r,
                transfer_s,transfer_r
  par event                                 {entity-Aktionsteil}
    T-CONNECT request: establish_i |
    CR <-- TE: establish_r |
    T-DATA request: transfer_s |
```

Beispiel 2.3/1: **sap handler**-Spezifikation (Fortsetzung nächste Seite)

```
    DT <-- TE: transfer_r |                           {entity-Aktionsteil}
    . . .
    error undefined PDU: ignore
  #par
  sap handler                                    {sap handler-Spezifikation}
    service N-DATA request,N-DATA indication
    par event
      --> TE: form SDU                                  {Sende-Ereignis1)}
              if SDU ready
                then ask N-DATA request(SDU)
              #if |
      N-DATA indication: loop                        {responded-Ereignis}
                           separate PDU
                             . . .
                           case PDU of
                             CR: set event CR <-- TE |
                             DT: set event DT <-- TE |
                             undefined: set event undefined PDU
                           #case
                         #loop
    #par
  #sap
#entity {TE}
#layer {T}
```

Beispiel 2.3/1: **sap handler**-Spezifikation (Fortsetzung)

2.3.3. BEISPIEL

Zur Darstellung der Abbildungsfunktion der A-Sprachebene am Alternierenden Bit-Protokoll führen wir eine Schicht C ein, mittels derer die Kommunikation zwischen den Einrichtungen der AB-Schicht realisiert wird. Dem Nutzer der C-Schicht stehen die Dienstprimitive C-sendeauftrag und

[1] Das Sende-Ereignis wird durch die Sende-Anweisungen in den Protokoll-Teilen ausgelöst (vgl. Beispiel 2.2/2). Werden alle Protokolldateneinheiten gleich behandelt, so wird, wie angegeben, nur eine Abbildungsaktion spezifiziert.

C-empfangsanzeige zur Verfügung. Der Einfachheit halber wird angenommen, daß der C-Schicht jederzeit ein Sendeauftrag übergeben werden kann.

```
layer AB-Schicht
  service {Die Service-Spezifikation bleibt unverändert}
  message PDE: record(daten: datenblock;kontrollbit: bit);
          QUITTUNG: bit
  protocol Alternierendes Bit-Protokoll: senden <=> empfangen
  entity AB-E
    primitive AB-sendeauftrag
    message PDE from AB-E
    protocol part senden, empfangen
    par event
      AB-sendeauftrag: senden ¦
      PDE <-- AB-E: empfangen
    #par
    sap handler
      service C-DATEN-TRANSFER:
                 asked C-sendeauftrag
                 responded C-empfangsbestätigung
      par event
        --> AB-E: ask C-sendeauftrag([]) ¦     {Senden PDE oder QUITTUNG}
        C-empfangsanzeige: Analyse der eingetroffenen Daten;   {Empfang}
                           case daten of
                             PDE: set event PDE <-- AB-E ¦
                             QUITTUNG: set event QUITTUNG <-- AB-E
                           #case
      #par
    #sap
  #entity {AB-E}
#layer {AB-Schicht}
```

Ein Vergleich dieser Spezifikation mit der vorangegangenen Version im Abschnitt 2.2. zeigt, daß sich die Erweiterung nur auf den SAP-Handler innerhalb der **entity**-Spezifikation beschränkt. Die anderen Komponenten der **layer**-Spezifikation sowie die Protokoll-Teile senden und empfangen bleiben unverändert.

2.4. SCHICHTENARCHITEKTUREN

Für die Realisierung von Daten- und Rechnernetzen werden i.allg. aufeinander abgestimmte Schichtenarchitekturen verwendet, die die Kommunikationsarchitektur des Netzes bilden. Die Gestaltung der Kommunikationsarchitektur bleibt prinzipiell dem Entwickler des Rechnernetzes überlassen. Sie wird durch unterschiedliche Kriterien bestimmt, z.B. vom Umfang der Dienste, die bereitgestellt werden sollen, vom Typ der einzubeziehenden Rechner, von der Zweckmäßigkeit der Funktionsaufteilung u.a. So findet man bei lokalen Rechnernetzen, bedingt durch die Möglichkeiten der verwendeten Rechner, häufig sehr einfache, nur aus zwei bis drei Schichten bestehende Architekturen, während flächendeckende wie auch leistungsfähigere lokale Rechnernetze fünf bis sieben Schichten aufweisen.

Die Beschreibung der Kommunikationsarchitektur wird in sogenannten Bezugsmodellen niedergelegt, die als "Spezifikation der Kommunikationsarchitektur" aufgefaßt werden können /Bochmann 83a/. Die bekanntesten Beispiele solcher Bezugsmodelle sind das bereits erwähnte OSI-Referenzmodell der ISO /ISO 7498/ und die für die jeweiligen firmenspezifischen Produkte entwickelten Rechnernetzarchitekturen SNA (Systems Network Architecture) und DNA (Digital Network Architecture) der Rechnerhersteller IBM und DEC /Tanenbaum 81/,/Cohen 83/,/Stokes 86/.

Grundsätzlich unterscheidet man bei der Gestaltung der Kommunikationsarchitekturen zwischen geschlossenen und offenen Systemen.

Geschlossene Systeme haben ihren Ausgangspunkt in der Spezifik einer individuellen Lösung, die sie weitgehend unangetastet lassen. Sie sind zumeist das Resultat der Kopplung isoliert arbeitender und spezifisch gestalteter Systeme mittels spezieller Übertragungs- und Anpassungsglieder. Eine Variante sind dabei die herstellerorientierten geschlossenen Systeme, die darauf gerichtet sind, die Hard- und Softwareprodukte eines Herstellers miteinander zu verbinden. Typische Vertreter sind Systeme, die auf den oben genannten Architekturen SNA und DNA von IBM bzw. DEC basieren.

Die Vielfalt existierender Rechnersysteme sowie der ständig fortschreitende Differenzierungsprozeß in der Anwendung rechentechnischer Mittel bedingen aber vor allem den Aufbau heterogener Rechnernetze, die Rechner unterschiedlicher Hersteller mit z.T. auch verschiedenen Betriebssystemen vereinen. Geschlossene Systeme bilden hierfür keine geignete Grundlage, da die Integration herstellerfremder Produkte bzw. die Anpassung an andere Netzlösungen kompliziert und aufwendig ist und deshalb nur in Einzelfällen vertreten werden kann. Die Alternative besteht in der Schaffung offener Kommunikationssysteme.

In offenen Systemen wird die Kommunikation nach einheitlich vorgegebenen Prinzipien geregelt. Der Terminus "offen" bedeutet dabei, daß jedes Rechnersystem, das diese Prinzipien befolgt, offen für die Kommunikation mit anderen (offenen) Rechnersystemen ist und somit in das Netz integriert werden kann. Es ist dabei wichtig zu beachten, daß die offenen Systeme die Koexistenz unterschiedlicher Rechnersystemlösungen anerkennen und nur die Art und Weise ihrer Kommunikation festschreiben.

Die ISO hat mit dem OSI-Referenzmodell (OSI - Open Systems Interconnection) eine Kommunikationsarchitektur für offene Systeme erarbeitet, die Standardempfehlungen für den Aufbau heterogener Rechnernetze umfaßt. Mit dem OSI-Referenzmodell wurden, ausgehend von den Erfahrungen der ersten experimentellen Rechnernetze, die Voraussetzungen geschaffen, Rechner weltweit miteinander zu verkoppeln. Die Anwendung des OSI-Referenzmodells ist nicht auf flächendeckende Rechnernetze beschränkt, für die es ursprünglich konzipiert wurde. Sie ist, unter Berücksichtigung der jeweiligen Spezifik, auch im ISDN /Bocker 87/, und zunehmend für lokale Rechnernetze /des Jardins 86/,/Löffler 87/ zu verzeichnen.

Die Erarbeitung des OSI-Referenzmodells erfolgte durch das Technische Komitee 97, Subkomitee 16, der ISO (ISO/TC 97/SC 16) Ende der siebziger Jahre. 1984 wurde das Modell durch die ISO zum Standard erklärt. Die Aktivitäten der ISO werden durch andere internationale und nationale Organisationen, wie CCITT, IFIP, ECMA, NBS (National Bureau of Standards der USA) u.a., unterstützt. Das OSI-Referenzmodell setzt sich, trotz anfangs mitunter geäußerter Vorbehalte /Cohen 83/, immer mehr durch. Führende Rechnerhersteller, wie IBM und DEC, haben sich zur Orientierung auf das OSI-Referenzmodell bekannt /des Jardins 86/. Man kann deshalb davon ausgehen, daß es für die Zukunft das bestimmende Bezugsmodell sein

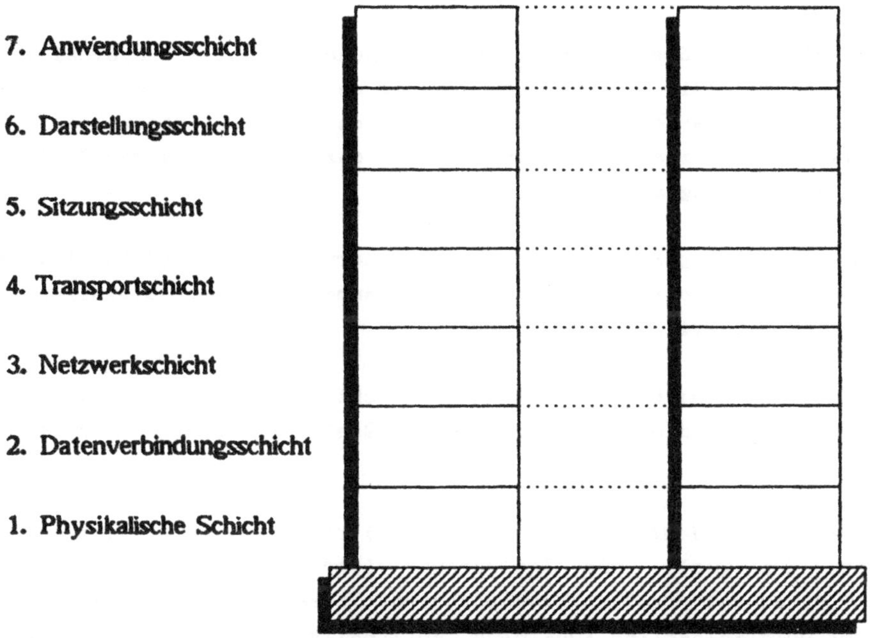

Abb. 2.4/1: Das OSI-Referenzmodell

wird. Aus diesem Grunde haben wir uns von vornherein an die Begriffe und Wirkprinzipien des OSI-Referenzmodells angelehnt. Der Leser ist somit an dieser Stelle mit den Grundelementen dieses Modells vertraut.

Wir erläutern im folgenden die Schichtenstruktur des OSI-Referenzmodells. Entsprechend der mit diesem Buch verfolgten prinzipiellen Einführung in die Wirkungsweise von Kommunikationsprotokollen geben wir hier nur einen kurzen Überblick über die Aufgaben der einzelnen Schichten. Für eine ausführlichere Darstellung der Dienste und Protokolle der Schichten muß auf andere Publikationen verwiesen werden, z.B. auf /Görgen 85/,/Giese 85/,/Löffler 84/. Mit dem Transportprotokoll im Abschnitt 2.6. stellen wir ein Protokoll als Beispiel noch ausführlicher vor.

Das OSI-Referenzmodell unterscheidet sieben Schichten (siehe Abb. 2.4/1). Für ihre Bestimmung wurden spezifische Entwurfsprinzipien erarbeitet (siehe /Löffler 84/), die hier nicht weiter diskutiert werden. Die Schichten sind wie folgt charakterisiert (diesmal mit der untersten Schicht beginnend):

Die *physikalische Schicht* bzw. Bitübertragungsschicht[1] (physical layer, PH[2]) realisiert die konkrete Übertragung der Daten über den Kommunikationskanal. Sie werden bitweise, in Form von Signalen, übermittelt. Die Spezifik der physikalischen Schicht wird durch die hardwaremäßigen Erfordernisse der Signalübertragung geprägt.

Die *Datenverbindungsschicht* bzw. Datensicherungsschicht (data link layer, DL) sichert die korrekte Übertragung zusammenhängender Bitfolgen zwischen den kommunizierenden Rechnern.

Die *Netzwerkschicht* bzw. Vermittlungsschicht (network layer, N) vermittelt den Weg, den die Daten zwischen dem Quell- und Zielrechner im Netz durchlaufen.

Die *Transportschicht* (transport layer, T) realisiert die Kommunikation zwischen dem Quell- und Zielrechner (Ende-zu-Ende-Verbindung). Sie stellt einen universellen Transportdienst bereit, der den Dienstnutzer von der untergelagerten konkreten Netzrealisierung unabhängig macht. Die untersten vier Schichten werden deshalb auch als die übertragungsorientierten Schichten bezeichnet, während die folgenden drei Schichten unter dem Begriff anwendungsorientiert zusammengefaßt werden.

Die *Sitzungsschicht* bzw. Kommunikationssicherungsschicht (session layer, S) dient der inhaltlichen Synchronisation des Dialogs zwischen den Kommunikationspartnern einschließlich seiner Aufnahme und Beendigung.

Die *Darstellungsschicht* (presentation layer, P) sorgt für eine einheitliche Interpretation der Daten unabhängig von ihrer konkreten Darstellung in den verschiedenen Rechnern.

[1] Die z.T. angegebenen alternativen Bezeichnungen sind /Görgen 85/ entlehnt. Sie beinhalten nach Meinung des Autors eine sinnfälligere Charakterisierung des Wesens der Schicht als die bislang gebräuchlichen adäquaten Übersetzungen der englischen Termini.

[2] Zu jeder Schicht wird die verbindliche Abkürzung angegeben, die als Bestandteil der Bezeichnung der Dienstprimitive, der Protokolldateneinheiten und der anderen Schichtelemente verwendet wird (vgl. Abschnitt 2.3.).

Die *Anwendungschicht* (application layer, A) stellt dem Nutzer die von ihm anwendbaren Dienste des Rechnernetzes zur Verfügung, die durch das Zusammenwirken aller Schichten erbracht werden. Die Anwendungsschicht unterscheidet sich von den anderen Schichten insofern, daß sie i.allg. nicht nur einen Dienst, sondern mehrere voneinander unabhängige Anwendungsdienste, wie Filetransfer, entfernte Job-Eingabe, Mailbox-Dienst, Operator-Operator-Kommunikation u.a., anbietet. Diese Dienste werden z.T. durch eine Reihe gemeinsamer Schichtenelemente unterstützt, die z.B. die Verbindungsverwaltung zwischen den Anwendungseinrichtungen realisieren.

Die mit dem OSI-Referenzmodell verfolgte Zielstellung ist selbstverständlich nur dann erreichbar, wenn auch die Protokolle der einzelnen Schichten standardisiert werden. Die ISO hat in Verbindung mit den oben genannten Organisationen für alle Schichten Standardvorschläge erarbeitet, die für die unteren Schichten z.T. bereits offizielle Standards sind. Übersichten zu den Standardisierungsaktivitäten können u.a. /Stokes 86/, /Löffler 87/ entnommen werden.

Die Protokollstandards der einzelnen Schichten sind für eine breite Palette von Anwendungen ausgelegt und enthalten verschiedene Alternativen und Optionen. Für konkrete Rechnernetzentwicklungen wird deshalb in Abhängigkeit von der mit ihrem Einsatz verfolgten Zielstellung eine auf dem projektierten Anwendungsbereich zugeschnittene Protokollarchitektur, ein sogenanntes Protokoll-Profil, definiert. Diese Zusammenstellung erfordert eine Entscheidung zwischen bestehenden Protokollalternativen und ihren Optionen. Ein solches Vorgehen ist unerläßlich, wenn Rechnerkomponenten unterschiedlicher Hersteller in ein Netz eingebunden werden sollen. Sonst können von den Herstellern unterschiedliche Protokoll-Profile zur Bereitstellung eines bestimmten Dienstes implemenentiert werden, die zwar den Standards entsprechen, aber trotzdem nicht zusammenarbeiten. Die derzeit wohl bekanntesten Vertreter für solche zugeschnittenen Protokollarchitekturen sind das MAP- und TOP-Konzept (MAP: Manufacturing Automation Protocol, TOP: Technical and Office Protocol) (vgl. /Ettinger 86/,/S.-Borowka 86,/Löffler 87/). Es handelt sich dabei um spezialisierte am OSI-Refrenzmodell orientierte Kommunikationsarchitekturen für lokale Rechnernetze, die in zukünftigen hochautomatisierten Fabriken für die rechnerintegrierte Produktionssteuerung bzw. in ihrem administrativen Bereich eingesetzt werden sollen. Abbildung 2.4/2 zeigt beide Architekturen. Ausgelöst wurden diese Entwicklungen durch die amerikanischen Konzerne General Motors und Boeing. Beide Konzepte sind in-

<table>
<tr><th>OSI</th><th>MAP</th><th colspan="3">TOP</th></tr>
<tr><td rowspan="3">7</td><td>Basissystemdienste
ACSE ISO 8650/2
Directory-Dienste
Nachrichtentransfer zwischen Steuerungen MMS/RS-511</td><td colspan="3">Basissystemdienste
ACSE ISO 8650/2
Directory-Dienste
Dokumenten-Transfer, Telematik-Dienste, Graphik-Dienste, verteilte Verarbeitung</td></tr>
<tr><td colspan="4">Filetransfer FTAM ISO 8571</td></tr>
<tr><td></td><td colspan="3">virtuelles Terminal VTP
ISO 9041</td></tr>
<tr><td>6</td><td colspan="4">Darstellungsdienst ISO 8822</td></tr>
<tr><td>5</td><td colspan="4">Sitzungsdienst ISO 8327</td></tr>
<tr><td>4</td><td colspan="4">Transportdienst Klasse 4 ISO 8073</td></tr>
<tr><td>3</td><td colspan="4">verbindungsloser Netzdienst ISO 8473</td></tr>
<tr><td>2b</td><td colspan="4">logische Verbindungssteuerung (LLC) ISO 8802/2</td></tr>
<tr><td>2a</td><td>Tokenbus
ISO 8802/4</td><td colspan="2">CSMA/CD
ISO 8802/3</td><td>Tokenring
ISO 8802/5</td></tr>
<tr><td>1</td><td>Breitband,
Koax.
10 Mbit/s</td><td>Basisb.
Koax.
50 Ohm</td><td>Breitb.
Koax.
75 Ohm</td><td>verdr. Zweidrahtleitung
4 Mbit/s</td></tr>
</table>

Abb. 2.4/2: MAP/TOP-Architektur

zwischen quasi zu Standards für diesen Bereich geworden. Ihre praktische Umsetzung wird eines der Hauptanwendungsgebiete der Rechner-Rechner-Kommunikation in den nächsten Jahren sein, das wesentlich zur weiteren Durchsetzung des OSI-Referenzmodells beitragen wird.

2.5. PROTOKOLLFUNKTIONEN

Nachdem wir uns in den vorangegangenen Abschnitten mit den prinzipiellen Abläufen in einer Kommunikationsarchitektur beschäftigt haben, wollen wir uns nun noch einmal näher dem Protokoll als dem Hauptelement der Kommunikationsarchitektur zuwenden. Kommunikationsprotokolle setzen sich aus einer Reihe von Funktionen zusammen, die bestimmte Abläufe der Kommunikation steuern. Welche Funktionen in einem Protokoll auftreten, hängt weitgehend von seiner.Bestimmung ab. Protokolle der höheren Schichten weisen z.T. andere Funktionen auf als die der unteren. Es gibt jedoch eine Reihe von Funktionen, die typisch sind für viele Protokolle (wenn auch in verschiedenen Modifikationen). Auf diese soll hier kurz eingegangen werden. Damit wollen wir dem Leser zugleich auch einen Eindruck von der Komplexität und der Vielfalt der Abläufe in einem Protokoll vermitteln.

Zu den Protokollfunktionen, die wir behandeln wollen, gehören:
- Zerlegen und Zusammensetzen,
- Verketten und Zerlegen,
- Einkapselung,
- Numerieren,
- Verbindungsverwaltung,
- Multiplexen und Aufspalten,
- Flußsteuerung,
- Synchronisation,
- Fehlerkontrolle,
- Adressierung.

Zerlegen und Zusammensetzen

Die Wechselwirkung der Einrichtungen erfolgt, wie bereits dargestellt, durch den Austausch von Protokolldateneinheiten. Die Größe der Dateneinheiten wird durch das Protokoll fixiert. Sie ist häufig in Protokollen der höheren Schichten größer als in denen der unteren Schichten. Deshalb ist man mitunter gezwungen, PDUs der N-Schicht in der (N-1)-Schicht in kleinere (N-1)-PDUs zu zerlegen und getrennt an den Kommunikationspartner zu senden, wo sie wieder zur N-PDU zusammengesetzt und der N-Einrichtung in Form der N-Dienstdateneinheit bereitgestellt werden (siehe Abb. 2.5/1).

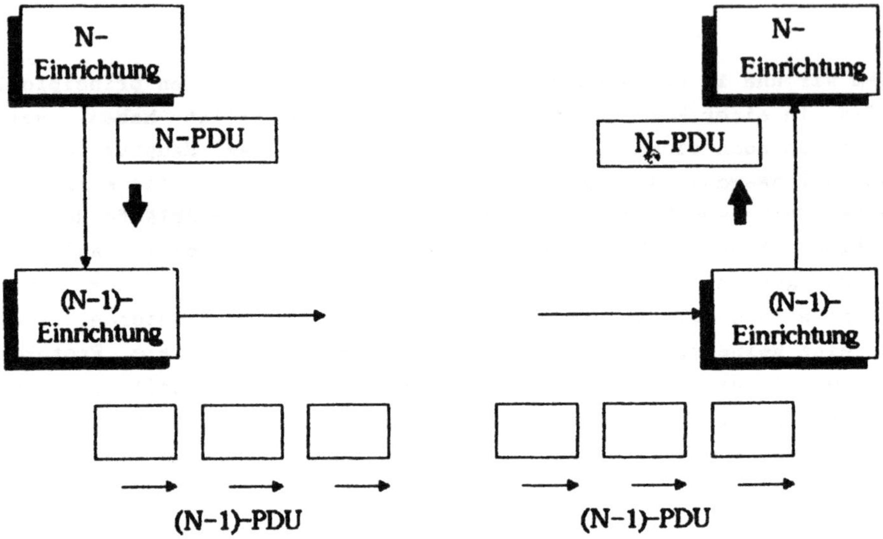

Abb. 2.5/1: Zerlegen und Zusammensetzen

Wichtig ist, daß das Zerlegen und Zusammensetzen von Protokolldateneinheiten das Prinzip der Transparenz nicht berührt, da die Zerlegung unabhängig vom Inhalt der N-Dienst- bzw. Protokolldateneinheit vorgenommen wird.

Es gibt verschiedene Gründe, für die eine Segmentierung notwendig bzw. vorteilhaft ist /Stallings 85/:

- Kommunikations- und Datennetze akzeptieren i.allg. nur PDUs bis zu einer bestimmten Größe,
- Fehlerkontrollmechanismen (siehe unten) sind effektiver bei kleineren PDUs,
- gleichmäßigerer Zugriff zu gemeinsamen Übertragungsmedien mit geringeren Verzögerungszeiten (z.B. in LAN),
- geringerer Pufferbedarf in den empfangenden Einrichtungen infolge kleinerer PDUs,
- günstigere Möglichkeiten für das Einfügen von Kontroll- und Synchronisationspunkten sowie Start-/Stop-Operationen.

Dem stehen eine Reihe von Nachteilen gegenüber:

- Anstieg des Organisationsaufwands, da jede Dateneinheit mit Protokollsteuerinformationen versehen wird,
- Erhöhung des Gesamtaufwands der Fehlerkontrolle infolge der Überwachung vieler kleinerer PDUs (Paketverluste)
- Erhöhung der Anzahl der Interrupts, die die PDUs durch ihr Eintreffen auslösen,
- Belastung der Einrichtungen durch die Bearbeitung einer größeren Anzahl von PDUs.

Welchen Aspekten der Vorrang gegeben wird, hängt von der angestrebten Zielfunktion des Protokolls ab und ist beim Entwurf von Fall zu Fall zu entscheiden.

Das Zerlegen und Zusammensetzen, wie übrigens viele der hier beschriebenen Protokollfunktionen, sind den oben bereits erwähnten lokalen Aktionen einer Einrichtung zuzuordnen, d.h. Aktionen, die der Vorbereitung bzw. Auswertung der Kommunikation der Einrichtung dienen. Sie werden i.allg. in der Protokollspezifikation nur kurz bzw. allgemein ausgedrückt (vgl. Beispiel im Abschnitt 2.2.) und erst in der Implementierungsspezifikation untersetzt und durch konkrete Algorithmen dargestellt.

Verketten und Zerlegen

Das Verketten und Zerlegen stellt das Gegenstück zu der zuvor erläuterten Protokollfunktion dar. Es dient der Erhöhung der Effektivität der Übertragung durch Verkettung und gemeinsame Übertragung mehrerer (i.allg. kleinerer) Protokolldateneinheiten in einer Dateneinheit, die dann beim Empfang entsprechend wieder zerlegt wird. Die Gründe zur Anwendung dieser Funktion ergeben sich aus den oben genannten Nachteilen der Existenz vieler kleinerer Protokolldateneinheiten.

Einkapselung

Unter Einkapselung wird das bei der Erläuterung der Transparenz im Abschnitt 2.2. vorgestellte Prinzip der Ergänzung der Dienstdateneinheiten durch Protokollsteuerinformationen verstanden, die voran- oder nachgestellt werden (vgl. Abb. 2.2/2 u. 2.3/6). Diese Ergänzungen beinhalten vor allem Adressen, Fehlererkennungskodes sowie Informationen zur Steuerung des Protokollablaufs, wie sie sich z.T. aus den folgenden Protokollfunktionen ergeben.

Numerieren

Diese Funktion umfaßt die Zuordnung von Sequenznummern zu Protokolldateneinheiten. Die Numerierung erfolgt i.allg. fortlaufend, modulo eines bestimmten Maximalwerts. Das Numerieren ist nur beim verbindungsorientierten Datentransfer von Interesse und wird zur Flußsteuerung und Fehlererkennung genutzt (siehe unten) bzw. dient der Sicherung der Übertragungsreihenfolge größerer Informationsmengen, z.B. Files oder Texte, durch den Diensterbringer, wenn die (durch Zerlegung erzeugten) PDUs auf verschiedenen Wegen das Netz passieren. Die Sequenznummer gestattet der empfangenden Einrichtung, die ursprüngliche Dateneinheit wiederherzustellen bzw. bei Verlust einer einzelnen PDU, deren erneute Übertragung zu veranlassen.

Verbindungsverwaltung

Die Verbindungsverwaltung stellt in verbindungsorientierten Protokollen ein wesentliches Element der Gestaltung der Kommunikationsabläufe dar. Sie umfaßt i.allg. (in Abhängigkeit vom eingesetzten Protokoll) mehr Aktivitäten, als die drei bereits eingeführten Hauptphasen - Verbindungsaufbau, Datentransfer und Verbindungsabbau - auf den ersten Blick vermuten lassen.

Beim Verbindungsaufbau sind z.B. die Ablehnung des Aufbauwunsches durch den Kommunikationspartner sowie verschiedene Möglichkeiten des Abbruchs der Verbindung zu berücksichtigen. Letzteres gilt übrigens auch für die anderen beiden Phasen (vgl. hierzu auch Abschnitt 2.6.). Ein weiteres sehr wichtiges Element der Verbindungsaufbauphase kann die Festlegung der Qualität des Dienstes sein, die zwischen den Kommunikationspartnern ausgehandelt wird. Die übliche Verfahrensweise ist dabei die, daß der Initiator des Verbindungsaufbaus ein Angebot unterbreitet. Der Partner akzeptiert dieses Angebot oder variiert es, wobei er unter den Werten des Verbindungsinitiators bleiben muß. Diese Festlegung ist dann verbindlich.

Während der Datenübertragungsphase muß die Verbindung gewartet werden. Dazu gehören z.B. das Wiederaufsetzen einer Verbindung infolge des Zusammenbruchs der zugehörigen (N-1)-Verbindung (Resynchronisation) oder das Zuweisen zu einer anderen (N-1)-Verbindung (Reassignment). Derartige Aktivitäten bleiben dem Dienstnutzer verborgen.

Der Verbindungsabbau kann sowohl von einem der Dienstnutzer als auch vom Diensterbringer eingeleitet werden, wenn die Datenübertragung beendet ist, keine Möglichkeiten der Verbindungserhaltung bestehen bzw. Ausnahmesituationen im Protokoll der (N+1)-Dienstnutzer eingetreten sind. In diesem Fall kann es erforderlich sein, eine Verbindung einzufrieren. Darunter versteht man eine zeitlich begrenzte Nichtwiedervergabe der Referenz, die eine Verbindung lokal kennzeichnet. Auf diese Weise wird verhindert, daß noch ausstehende Protokolldateneinheiten der alten Verbindung irrtümlich der neuen zugeordnet werden.

Multiplexen und Aufspalten

Ein anderes mit der Verbindungsverwaltung in Zusammenhang stehendes Problem betrifft die Abbildung der N-Verbindungen auf die (N-1)-Verbindungen. Eine N-Einrichtung muß sich zur Realisierung der Kommunikation mit der paaren Einrichtung an die Möglichkeiten des (N-1)-Dienstes (Leistungsumfang, Dienstqualität) anpassen. Dazu sind Abbildungsfunktionen innerhalb eines Protokolls erforderlich. Bei einem verbindungsorientierten (N-1)-Dienst beispielsweise müssen Aktivitäten zum Aufbau, zur Verwaltung und zum Abbau von (N-1)-Verbindungen vorgesehen werden (vgl. Abb. 2.3/1). Um eine effektive Übertragung zu sichern, kann es notwendig sein, anstelle einer Eins-zu-Eins-Abbildung zwischen der N- und der (N-1)-Verbindung mehrere N-Verbindungen auf eine (N-1)-Verbindung abzubilden (multiplexing) bzw. eine N-Verbindung in mehrere (N-1)-Verbindungen aufzuspalten (splitting) (siehe Abb. 2.5/2)

Flußsteuerung

Die Flußsteuerung wird zur Regelung des Datenflusses zwischen sendender und empfangender Einrichtung eingesetzt. Damit können Unterschiede in der Verarbeitungsgeschwindigkeit und den Speicherungsmöglichkeiten zwischen den Kommunikationspartnern ausgeglichen werden.

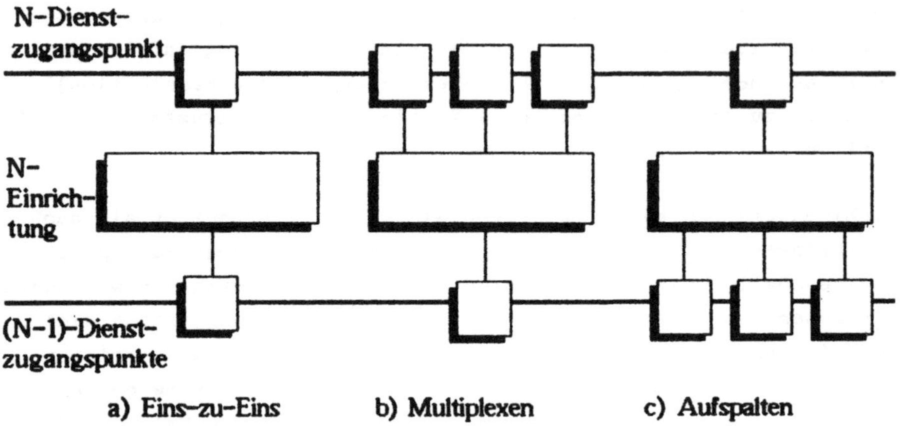

Abb. 2.5/2: Formen der Abbildung von N- auf (N-1)-Verbindungen

Zur Flußsteuerung können verschiedene Methoden angewendet werden. Die einfachste ist ein Start-Stopp-Mechanismus, bei der der Empfänger ein Stopp-Signal aussendet, wenn er nicht mehr in der Lage ist, weitere Dateneinheiten zu verarbeiten. Der gravierende Nachteil dieser Methode besteht darin, daß der Empfänger über eine große Zwischenspeicherkapazität verfügen muß, um weitere Protokolldateneinheiten aufzunehmen, die während der Übertragung des Stopp-Signals noch eintreffen.

Eine andere und wesentlich effektivere Methode ist der Kreditmechanismus. Bei dieser Methode erteilt der Empfänger dem Sender einen Kredit, in dessen Rahmen er uneingeschränkt Protokolldateneinheiten senden kann. Ist der Kredit verbraucht, so muß er die Übertragung einstellen. Im Normalfall werden die Kredite laufend erteilt, so daß die Übertragung nicht unterbrochen wird. Die Annahme und Korrektur der Kreditwerte, die neben dem Senden der Protokolldateneinheiten zu erfolgen hat, ist übrigens ein Beispiel für die gleichzeitige Verarbeitung von Ereignissen durch eine Einrichtung. Die folgende Spezifikation in unserer Beispielsprache stellt diesen Ablauf für den Sender dar.

```
entity sender
primitive DATA request
message PDU, kredit_PDU
condition kredit vorhanden
var kredit: integer
```

```
par
  DATA request: bilden der PDU                                {Senden PDU}
                wait event
                  kredit vorhanden: PDU --> empfänger
                #wait
                kredit:=kredit-1
                if kredit>0
                  then set kredit vorhanden
                #if ¦
  kredit_PDU <-- empfänger: if kredit_PDU korrekt        {Empfang Kredit}
                              then kredit:=neuer kredit
                                   set kredit vorhanden
                            #if
#par
#entity
```

Die Übermittlung der Kredite ist ein wesentliches Element des Datentransfers und muß entsprechend sicher gestaltet werden. Eines der dabei zu lösenden Probleme ist der Verlust von Kreditmeldungen, der zur Blokkierung der Datenübertragung führt, da es den Sender hindert, neue Dateneinheiten zu senden, während der Empfänger annimmt, daß keine Daten zur Übertragung anliegen. Dazu wird vom Empfänger mit dem Absenden des Kredits ein Zeitgeber gestartet. Trifft vor Ablauf der festgesetzten Zeit keine Kreditbestätigung ein, wird die Kreditmeldung wiederholt. Wenn kein Bedarf zur Datenübertragung vorliegt, belastet die wiederholte Kreditmeldung das System nicht.

```
entity empfänger
message PDU, kredit_PDU
condition kreditbestätigung
timer t: 0..20 s
par event
  PDU <-- sender: if ausstehende Kreditbestätigung           {Empfang PDU}
                    then überprüfe Kreditzuordnung PDU
                         if kredit korrekt
                           then set kreditbestätigung
                         #if
                  #if
                                   {Auswertung PDU} ¦
```

```
  forever: loop                                        {Kreditvergabe}
             bestimme neuen kredit
             loop
               kredit_PDU --> sender
               start t
               wait event
                 kreditbestätigung: exit |
                 timeout t: skip          {Wiederholung der Kredit-
                                                     vergabe}
               wait
             #loop
           #loop
#par
#entity
```

Die Kreditbestätiung erfolgt gewöhnlich (wie oben dargestellt) nicht durch Senden einer speziellen Bestätigungsmeldung, sondern wird durch den Empfang einer zugeordneten PDU realisiert. Dazu werden Sequenznummern genutzt, d.h. z.B., ein Kredit sieht den Empfang der PDU 3 bis 6 vor. Dadurch wird auch abgesichert, daß Kredite nicht verdoppelt werden.

Eine spezifische Variante des Kreditmechanismus ist das "sliding window"-Protokoll (gleitendes Fenster). Hier wird zwischen Sender und Empfänger, z.B. während der Verbindungsaufnahme, ein sogenanntes Fenster vereinbart, das einen bestimmten Wertebereich innerhalb der Sequenznummern absteckt. Der Sender hat innerhalb des Fensterbereichs Kredit, den er ausschöpfen kann. Der Empfänger verschiebt durch seine Bestätigung (es wird immer die Nummer der nächsten erwarteten Dateneinheit übermittelt) das Fenster und gibt neuen Kredit. Dabei ist es möglich, daß eine Bestätigung mehrere zuvor gesendete Dateneinheiten quittiert. Abbildung 2.5/3 demonstriert dies für die Fenstergröße 3.

Synchronisation

In bestimmten Fällen der Protokollausführung kann es erforderlich sein, daß sich die kommunizierenden Einrichtungen in definierten Zuständen befinden, z.B. zur Initialisierung, zum Setzen von Kontrollpunkten oder zum Terminieren. Zu diesem Zweck müssen sich die Einrichtungen synchronisieren. Das Problem der Synchronisation besteht darin, daß sich die

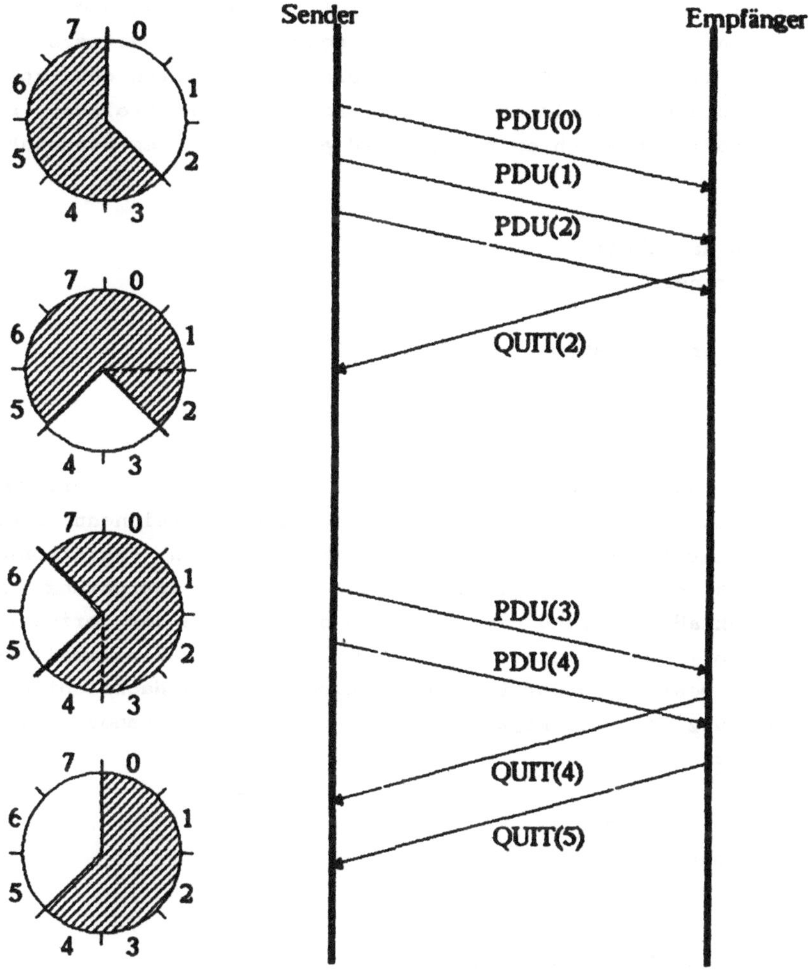

Abb. 2.5/3: Fenster-Mechanismus

Einrichtungen nur über den Empfang von PDUs der Partner-Einrichtung synchronisieren können. Die PDUs benötigen jedoch eine gewisse Zeit für ihre Übertragung. Verluste können nicht ausgeschlossen werden.

Das folgende Beispiel /Stallings 85/ soll dieses Problem veranschaulichen. Zwei Einrichtungen sollen gegenseitig Datenbasen aktualisieren. Ihre Arbeit sollen sie jedoch erst dann beenden, wenn beide ihre Aktualisierung abgeschlossen haben.

Ein erster Lösungsansatz wäre das Aussenden einer Fertigmeldung an den Partner. Diese Lösung versagt aber, wenn die Einrichtung, die die Arbeit zuerst beendet, nicht explizit auf die Nachricht des Partners wartet. Ein erster praktikabler Ansatz wäre demnach das Einführen des expliziten Wartens auf die Fertigmeldung des Partners, wie es nachfolgend gezeigt wird. Diese Form der Synchronisation wird auch als 2-Weg-Handshake bezeichnet.

```
aktualisieren datenbasis
fertig --> partner
wait event
  fertig <-- partner: skip
#wait
  . . .
```

Obige Lösung setzt voraus, daß die Fertigmeldung nicht verlorengeht. Kann dies nicht abgesichert werden, ist sie nicht ausreichend. Auch die Verwendung einer Zeitkontrolle (vgl. Protokollfunktion Fehlerkontrolle) schafft hier keine Abhilfe, da sie jeweils nur eine Einrichtung zu einer Reaktion veranlaßt, während die andere in der Annahme der erfolgreichen Benachrichtigung des Partners ihre Arbeit fortsetzt. Eine mögliche sichere Lösung besteht in der Einführung einer zweiten Nachricht ok, die als Bestätigung für den Empfang der Meldung fertig gesendet wird (3-Wege-Handshake).

```
loop
  aktualisieren datenbasis
  fertig --> partner
  start t
  wait event
    fertig <-- partner: ok --> partner ¦
    ok <-- partner: ok --> partner
                    exit ¦
    timeout t: set error
                   exit protocol
  #wait
  start t
  wait event
    ok <-- partner: exit ¦
    timeout t: exit
  #wait
#loop
```

Keine der beiden Einrichtungen kann terminieren, bevor sie nicht mindestens eine der beiden Nachrichten erhalten hat. Selbst wenn die ok-Meldung verlorengeht, kann aus dem Empfang von fertig die erfolgreiche Beendigung der Arbeit des Partners geschlußfolgert werden.

Dieses Beispiel stellt keine umfassende Lösung für das Synchronisationsproblem dar, sondern soll nur seine Komplexität veranschaulichen.

Fehlerkontrolle

Eine sehr wichtige Funktion ist die Fehlerkontrolle. Darunter sind Methoden und Techniken zu verstehen, die der Erkennung und Beseitigung von Übertragungsfehlern durch Verlust oder Beschädigung von Daten- und Steuerinformationen dienen. Es gibt unterschiedliche Formen der Fehlerkontrolle. Ihr Einsatz variiert von Protokoll zu Protokoll und hängt von deren Spezifik ab.

Zu den am häufigsten verwendeten Techniken, besonders bei Protokollen der unteren Ebenen, gehört die Verwendung von Prüffolgen, die als redundante Information mit der Nutzinformation übertragen werden. Die Prüffolgen werden vom Sender nach verschiedenen Verfahren, z.B. durch Polynombildung oder Modulo-Arithmetiken (vgl. /Löffler 84/,/Schicker 87/), gebildet. Der Empfänger wiederholt diesen Vorgang und vergleicht das Ergebnis mit der Prüffolge. Bei Nichtübereinstimmung wird dem Sender ein Fehler signalisiert.

Ein weiteres wichtiges Element der Fehlerkontrolle ist das gegenseitige Verständigen der Kommunikationspartner über erfolgreiche bzw. fehlerbehaftete Übertragungen. Dies erfolgt durch explizite Bestätigungsmeldungen, durch Quittungen, mit denen der Empfänger die erfolgreiche Übertragung bzw. das Vorhandensein von Fehlern anzeigt. Im letzteren Fall können anstelle der Quittung auch spezielle Fehlermeldungen, z.B. Rückfragen, gesendet werden. Man nennt diese Form der Fehlerkontrolle, bei der der Empfänger aktiv an der Fehlerbehebung mitwirkt, auch aktive Fehlerkontrolle. Der gegenüber steht die passive Fehlerkontrolle, bei der die Überwachung über das Eintreffen der Bestätigung dem Sender obliegt. Das Verhalten der Kommunikationspartner in Fehlersituationen ist verschieden. Es reicht von der Wiederholung der Übertragung über weitere Rückfragen bis hin zur Auflösung bestehender Verbindungen.

Diese Formen der Fehlerkontrolle setzen natürlich das Vorhandensein bestimmter Mechanismen voraus, die ein endloses Warten auf das Eintreffen von Bestätigungsmeldungen sowie das Verdoppeln von Protokolldateneinheiten verhindern. Hierzu werden die Zeitkontrolle und das Numerieren genutzt.

Die Zeitkontrolle dient der zeitlichen Überwachung von Protokollabläufen. Sie hilft Systemverklemmungen (vgl. Abschnitt 3.4.) zu vermeiden. Eine Einrichtung startet einen Zeitgeber i.allg. vor Eintritt in einen Wartezustand.

```
timer t: 0 .. 60 s
start t
    . . .
wait event
   QUITTUNG <-- TE: . . .
   timeout t: Reaktion auf Zeitüberschreitung
#wait
```

Trifft nach Ablauf der angegebenen Zeit das erwartete Ereignis, in unserem Fall die Bestätigungsmeldung, nicht ein, kommt es zu einem Timeout, der als ein Alternativereignis die Einrichtung aus dem Wartezustand herausführt und entsprechend Maßnahmen zur Behandlung dieser Ausnahmesituationen einleitet. Am Rande sei vermerkt, daß die zweckmäßige Bestimmung der Timeouts ein komplizierter Prozeß ist, der Sorgfalt und Erfahrung bedarf.

Die Verwendung von Sequenznummern dient in diesem Zusammenhang der eindeutigen Bestimmung der zu übertragenden Protokolldateneinheiten, besonders der Vermeidung von Verdopplungen. Eine solche Situation tritt ein, wenn eine Bestätigungsmeldung verlorengeht. In diesem Fall wird der Sender nach Ablauf der Wartefrist die Übertragung wiederholen. Der Empfänger wird dann an der Sequenznummer die Dopplung erkennen und die Dateneinheit ignorieren. Die Sequenznummern werden auch häufig analog dem für die Flußsteuerung beschriebenen Verfahren zur Bestätigung der Dateneinheiten herangezogen. Das geschieht zumeist durch Angabe der Nummer der nächsten erwarteten Dateneinheit.

Beispiele für die hier beschriebenen Varianten der Fehlerkontrolle können der Darstellung des Alternierenden Bit-Protokolls im Abschnitt 2.3. entnommen werden.

Adressierung

Zu den zentralen Problemen der Realisierung von Kommunikationssoftware gehört die Bezeichnung bzw. Adressierung ihrer Objekte, die die Zuordnung zu den (Rechner-) Systemen festlegt und damit ihre eindeutige Identifizierung im Netz bestimmt. Dafür werden Namen (Identifikatoren) bzw. Adressen genutzt, die folgenden Objekten zugeordnet werden: Einrichtungen, Dienstzugangspunkten, Verbindungen und Verbindungsendpunkten. Im OSI-Referenzmodell werden für die Bezeichner dieser Objekte unterschiedliche Begriffe verwendet /ISO 7498/, /Löffler 84/, /Zimmermann 80/: bei Einrichtungen Titel, bei Dienstzugangspunkten Adressen, bei Verbindungen Referenzen und für Verbindungsendpunkte Identifikatoren.

Für die Bezeichnung bzw. Adressierung von Objekten gibt es keine einheitliche Lösung. Sie muß für jedes Netz individuell ausgearbeitet werden. Aus diesem Grund spielt die Adressierung, d.h. die konkrete Adressenstruktur, bei der Dienst- und Protokollspezifikation keine Rolle. Sie wird erst in den Phasen Implementierung bzw. Installation/Integration relevant. Im folgenden können wir uns deshalb auf die Darstellung einiger typischer Prinzipien beschränken.

Bezeichner werden in lokale und globale unterschieden. Ein lokaler Bezeichner, z.B. ein lokaler Titel, identifiziert das Objekt nur innerhalb des Systems, ein globaler Bezeichner auch außerhalb, d.h. im gesamten Netz. Mit dieser Unterscheidung trägt man dem Umstand Rechnung, daß in einem heterogenen Netzwerk Systeme unterschiedlicher Hersteller i.allg. differierende Namens- und Adreßkonventionen besitzen. Außerdem wird dadurch die Möglichkeit geschaffen, bewegliche Objekte einzuführen bzw. Objekte gleichzeitig in mehrere Netze zu integrieren.

Der konkrete Aufbau einer Adresse ist, wie bereits angedeutet, netzspezifisch. Die Adresse kann aus einer einfachen Ziffern- oder Zahlenkombination bestehen oder einen hierarchischen Aufbau besitzen, ähnlich der Struktur der Telefonnummern. Eine weitere Form sind Gruppenadressen, die zur Mehrfachadressierung einer Nachricht genutzt werden. Dabei unterscheidet man zwischen Adressen, die mehrere Empfänger (multicast) oder alle (broadcast) adressieren. Eine besondere Funktion erfüllen die Verbindungsreferenzen. Sie reduzieren den Adressierungsaufwand nach Herstellung der Verbindung und vereinfachen die Auswahl eines Weges bzw. einer Verbindung beim Routing und beim Multiplexen.

2.6. ISO-TRANSPORTSCHICHT

Zum Abschluß dieses Kapitels stellen wir mit dem Transportprotokoll ein komplexes Beispiel eines praktisch genutzten Protokolls vor. Das Transportprotokoll, bzw. genauer gesagt die Transportschicht, nimmt innerhalb des OSI-Referenzmodells eine zentrale Stellung ein. Die Transportschicht ist die oberste der vier sogenannten übertragungsorientierten Schichten. Sie bietet einen in seiner Funktionalität einheitlichen Datenübertragungsdienst für lokale und globale Rechnernetze an, der die unterschiedlichen physischen Netzrealisierungen "verdeckt". Das Transportprotokoll ist im Vergleich zu den Protokollen der darunterliegenden Schichten, die vorrangig Punkt-zu-Punkt-Verbindungen realisieren, wesentlich komplexer. Viele der im vorangegangenen Abschnitt vorgestellten Funktionen treffen wir hier wieder.

2.6.1. TRANSPORTDIENST

Der Transportdienst (T-Dienst) /ISO 8072/ gewährleistet eine transparente, sichere und effektive Datenübertragung zwischen zwei T-Dienstnutzern unabhängig von der konkreten Realisierung der Übertragung im Netz. Ein häufig verwendetes Modell zur Beschreibung der Semantik des Transportdienstes ist die in Abbildung 2.6/1 enthaltene Darstellung mittels zweier gegenläufiger Warteschlangen.

Der T-Dienst ist durch folgende Merkmale charakterisiert:

- *Einhaltung der Dienstqualität*
  Wahl einer den optimalen Möglichkeiten beider Partner angepaßten Dienstqualität, die u.a. solche Parameter enthält wie Durchsatz, Übertragungsverzögerung, Übertragungsfehlerwahrscheinlichkeit, Restfehlerrate u.a.
- *Unabhängigkeit von vorhandenen Kommunikationsressourcen*
  Übertragungsmedium, Zugriffsverfahren und Netztopologie beeinflussen ihn nicht.
- *Ende-zu-Ende-Signifikanz*
  Übertragung der Daten zwischen den T-Dienstnutzern in den Endsystemen.

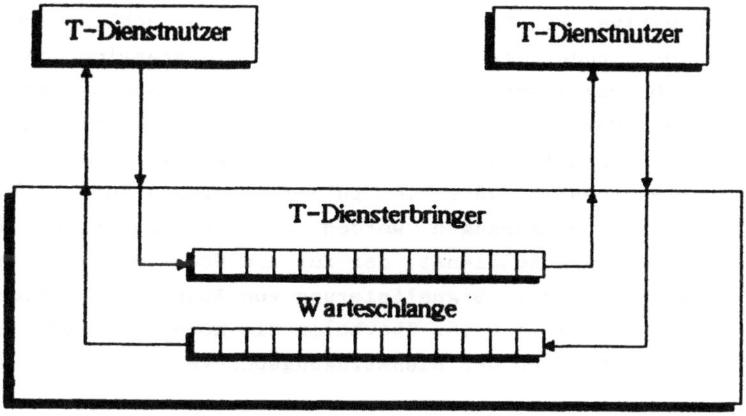

Abb. 2.6/1: Modell des Transportdienstes

- *Transparenz der Datenübertragung*
  Keine Einschränkung bezüglich Inhalt, Format und Kode der zu übertragenden Daten.
- *Adressierung*
  Eindeutige Adressierung aller T-Dienstnutzer auf der Basis eines unabhängigen Adreßraums.

Es wird zwischen einem verbindungsorientierten und einem verbindungslosen Transportdienst unterschieden. Wir beschränken uns hier auf den verbindungsorientierten T-Dienst.

Der T-Dienst unterscheidet die für verbindungsorientierte Dienste typischen Teilphasen. Tabelle 2.6/1 enthält diese Phasen und die zugeordne-

Phase	T-Dienstprimitiv
Verbindungsaufbau	T-CONNECT request T-CONNECT indication T-CONNECT response T-CONNECT confirm
Datenübertragung	T-DATA request T-DATA indication T-EXPEDITED DATA request T-EXPEDITED DATA indication
Verbindungsabbau	T-DISCONNECT request T-DISCONNECT indication

Tab. 2.6/1: T-Dienstprimitive und Phasen der T-Verbindung

ten Dienstprimitive. Die Verbindungsverwaltung, einschließlich der mit ihr gekoppelten Verhandlung der Dienstqualität, entspricht den im Abschnitt 2.5. beschriebenen Funktionen. Die Relationen zwischen den Dienstprimitiven werden in Abbildung 2.6/2 durch Zeitablaufdiagramme dargestellt. (Eine exakte Dienstspezifikation, wie wir sie im Abschnitt 2.1. kennengelernt haben, wäre hier zu umfangreich.) Kurz soll auf die EXPEDITED-Primitive eingegangen werden. Sie repräsentieren einen beschleunigten Datenaustauschdienst, der für die Übertragung kurzer Nachrichten (wenige Byte), z.B. Signalisierung von Ausnahmesituationen, vorgesehen ist. Beschleunigte Daten überholen die normalen Daten, indem sie u.a. in den Warteschlangen der Dienstzugangspunkte vor diesen eingeordnet werden.

2.6.2. TRANSPORTPROTOKOLL

Das Transportprotokoll (T-Protokoll) /ISO 8073/ realisiert den T-Dienst auf der Grundlage des von der Netzwerkschicht bereitgestellten Netzdienstes. Es umfaßt insgesamt 23 Protokollfunktionen (im Standard als Prozeduren bezeichnet), die miteinander kombiniert das Protokoll ergeben. Die Protokollfunktionen sind in Tabelle 2.6/2 zusammengestellt. Die meisten von ihnen sind im letzten Abschnitt erläutert worden.

Das Transportprotokoll unterscheidet fünf Klassen, die jeweils einen unterschiedlichen Satz von Protokollfunktionen umfassen (vgl. Tab. 2.6/2):

Klasse 0: *Simple Class*

Einfachste Klasse. Voll kompatibel zur CCITT-Empfehlung für Teletex. Enthält nur Funktionen zum Verbindungsaufbau und zur Datenübertragung mit Zerlegen und Fehleranzeige. Von der Netzschicht angezeigte Fehler führen zum Verbindungsabbruch (kein Reassignment, keine Resynchronisation). Der Verbindungsabbau erfolgt implizit durch den Abbau der Netzverbindung.

Klasse 1: *Basic Error Recovery Class*

Korrektur von Fehlern, die die Netzschicht anzeigt (ohne Einbeziehung des T-Dienstnutzers). Expliziter Verbindungsabbau. Expreßdatenübertragung. Übertragung von Nutzerdaten während der Verbindungsaufbauphase möglich.

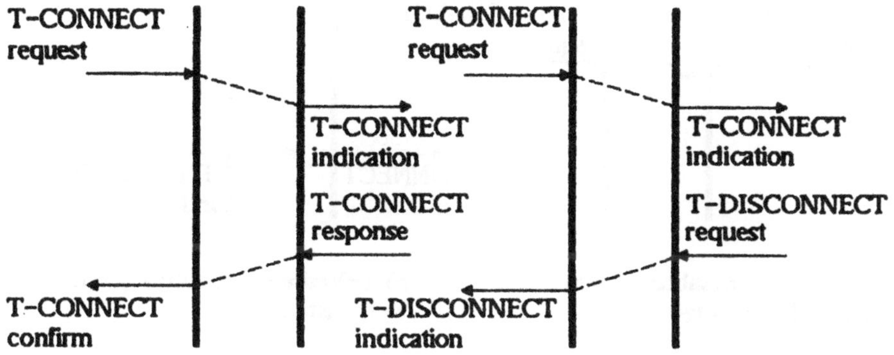

a) Erfolgreicher T-Verbindungsaufbau

b) Ablehnung des T-Verbindungsaufbaus durch T-Dienstnutzer

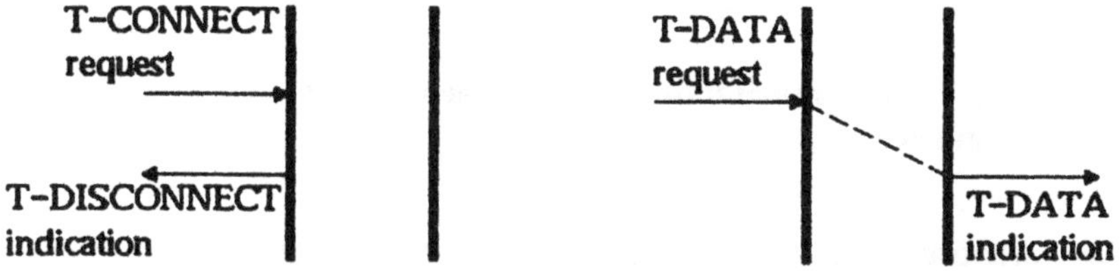

c) Ablehnung des T-Verbindungsaufbaus durch T-Diensterbringer

d) Normale Datenübertragung

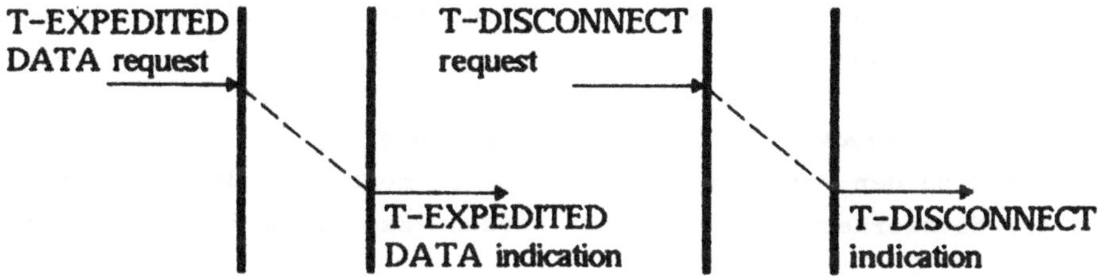

e) Beschleunigte Datenübertragung (Nutzeroption)

f) T-Verbindungsabbau durch T-Dienstnutzer

Abb. 2.6/2: Zeitablaufdiagramme Transportdienst (Fortsetzung nächste Seite)

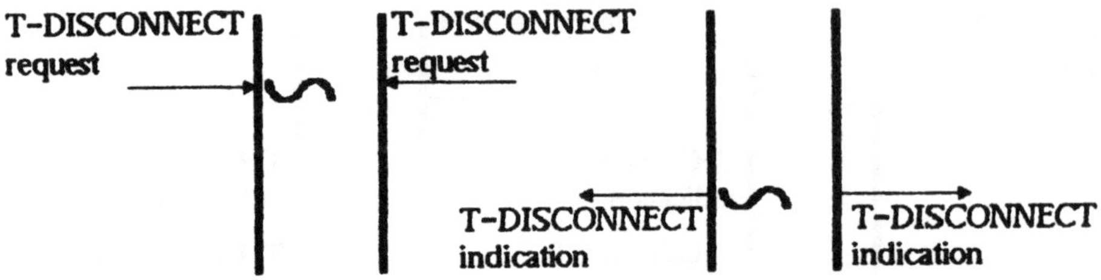

g) T-Verbindungsabbau durch beide T-Dienstnutzer

h) T-Verbindungsabbau durch T-Diensterbringer

i) T-Verbindungsabbau durch T-Dienstnutzer und -erbringer

Abb. 2.6/2: Zeitablaufdiagramme Transportdienst (Fortsetzung)

Klasse 2: *Multiplexing Class*

Multiplexen mehrerer T-Verbindungen auf eine Netzverbindung. Explizite Flußsteuerung und Expreßdatenübertragung (als Option). Abbruch der Verbindung bei Fehleranzeige durch die Netzwerkschicht. Expliziter Verbindungsabbau. Übertragung von Nutzerdaten während Verbindungsaufbauphase möglich.

Klasse 3: *Error Recovery and Multiplexing Class*

Ergänzend zu den Funktionen der Klasse 2 Korrektur der Fehler, die von der Netzwerkschicht angezeigt werden. Explizite Flußsteuerung.

Klasse 4: *Error Detection and Recovery Class*

Umfassende Fehlerkontrolle. Fähigkeit, auf vertauschte, verlorene, duplizierte oder zerstörte Protokolldateneinheiten zu reagieren und Fehler zu korrigieren. Spezielle Mechanismen zur Arbeit mit Kontrollsummen, Timeouts, zur Inaktivitätskontrolle und zur Wiederherstellung der Reihenfolge der Dateneinheiten.

Protokollmechanismus	Variante	0	1	2	3	4
Zuweisen zur Netzverbindung		X	X	X	X	X
Übertragen TPDU		X	X	X	X	X
Segmentieren und Zusammensetzen		X	X	X	X	X
Verketten und Zerlegen			X	X	X	X
Verbindungsaufbau		X	X	X	X	X
Verbindungsablehnung		X	X	X	X	X
Verbindungsabbau	implizit	X				
	explizit		X	X	X	X
Verbindungsabbruch		X		X		
Zuweisen der TPDU zur Transportverbindung		X	X	X	X	X
Numerieren der DT TPDU	normal		X	p 1)	p	p
	erweitert			w 1)	w	w
Beschleunigter Datentransfer	Netzwerk normal		p	X 1)	X	X
	Netzwerk beschleunigt		vw			
Wiederzuweisung nach Fehler			X		X	
Zurückweisung bis Bestätigung der TPDUs	Bestät. empfangen		vw			
	AK		p		X	X
Resynchronisation			X		X	
Multiplexen und Demultiplexen				X	X	X
Explizite Flußsteuerung mit				p	X	X
ohne		X	X	w		
Kontrollsumme Nutzung						p
keine Nutzung		X	X	X	X	w

Tab. 2.6/2: Prozeduren des ISO-Transportprotokolls (entnommen /ISO 8073/)
(Fortsetzung nächste Seite)

Einfrieren der Referenzen			X		X	X
Wiederübertragung bei Time-out						X
Reihenfolgewiederherstellung						X
Inaktivitätskontrolle						X
Behandlung von Protokollfehlern		X	X	X	X	X
Aufspalten und Wiederzusammenfügen						X

Symbolik: X - Prozedur ist stets Bestandteil der Klasse.
p - Nutzung der Prozedur wird verhandelt. Implementierung im System ist Pflicht.
w - Nutzung der Prozedur wird verhandelt. Implementierung im System ist wahlweise.
vw - Nutzung der Prozedur wird verhandelt. Implementierung im System ist wahlweise und hängt von der Verfügbarkeit des entsprechenden Netzdienstes ab.
1) - Nicht anwendbar in Klasse 2 bei Verzicht auf explizite Flußsteuerung.

Tab. 2.6/2: Prozeduren des ISO-Transportprotokolls (entnommen /ISO 8073/) (Fortsetzung)

Die Protokollklasse wird während des Verbindungsaufbaus zwischen den T-Dienstnutzern festgelegt. Grundlage sind die von den T-Dienstnutzern vereinbarten Parameter der Dienstqualität und die Güte des zugrunde liegenden Netzdienstes. Letztere wird durch die Restfehlerrate (Verhältnis der unkorrekt übertragenen, verlorengegangenen und duplizierten TSDU zu der Gesamtzahl der übertragenen TSDU) und die Rate der gemeldeten Fehler charakterisiert. Der Netzdienst wird diesbezüglich in drei Typen /ISO 8072/ eingeteilt:

Typ A: Netzverbindungen mit einer genügend geringen Restfehlerrate und einer akzeptablen Rate von angezeigten Fehlern,

Typ B: Netzverbindungen mit genügend geringer Restfehlerrate, aber einer nicht akzeptablen Rate von angezeigten Fehlern,

Typ C: Netzverbindungen mit ungenügend geringer Restfehlerrate.

TPDU - Transport Protocol Data Unit	T-Protokollklassen				
	0	1	2	3	4
CR - Connection Request TPDU	X	X	X	X	X
CC - Connection Confirm TPDU	X	X	X	X	X
DR - Disconnect Request TPDU	X	X	X	X	X
DC - Disconnect Confirm	-	X	X	X	X
DT - Data TPDU	X	X	X	X	X
ED - Expedited Data TPDU	-	X	1)	X	X
AK - Data Acknowledgment	-	2)	1)	X	X
EA - Expedited Data Acknowledment TPDU	-	X	1)	X	X
RJ - Reject TPDU	-	X	-	X	-
ER Error TPDU	X	X	X	X	X

Symbolik: X - TPDU wird in der Protokollklasse verwendet
- - TPDU wird in der Protokollklasse nicht verwendet
1) - TPDU wird nicht verwendet, wenn die Operation 'ohne explizite Flußsteuerung' gesetzt ist
2) - TPDU wird nicht verwendet, wenn die Operation 'Empfangsbestätigung' gesetzt ist

Tab. 2.6/3: T-Protokolldateneinheiten

Die Klassen 0 und 2 sind für Netzverbindungen vom Typ A, die Klassen 1 und 3 für Verbindungen vom Typ B und die Klasse 4 für den Typ C vorgesehen. (Die Klasse 4 wird deshalb auch vorzugsweise oberhalb eines verbindungslosen Netzdienstes eingesetzt (vgl. MAP/TOP-Architektur in Abb. 2.4/2).

Bezüglich der Kompatibilität zwischen den Protokollklassen gilt folgende Regelung /ISO 8073/: Die Funktionalität der Protokollklasse 1 schließt die Funktionalität der Klasse 0 ein und die Funktionalität der Klasse 3 bzw. 4 entsprechend die der Klasse 2. Eine höhere Funktionalität kann beim Verbindungsaufbau auf eine niedere heruntergehandelt werden.

Weiterhin werden Empfehlungen zur Implementierung der Klassen gegeben. Dementsprechend wird zu den Klassen 0 und 2 ausgesagt, daß eine von beiden oder beide zu implementieren sind. Werden weitere Klassen implemen-

- **Protokollklassen 0 und 1:**

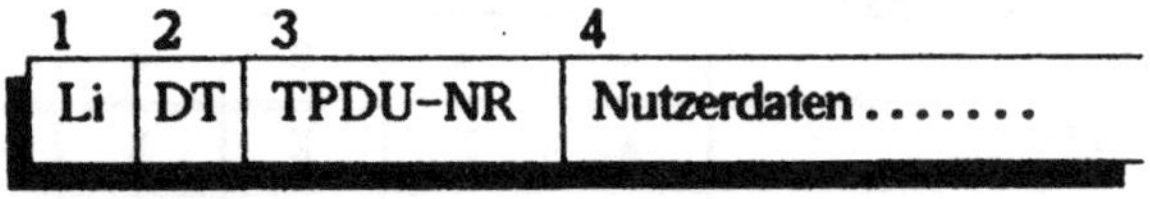

- **Protokollklassen 2, 3 und 4:**

einfaches Datenformat

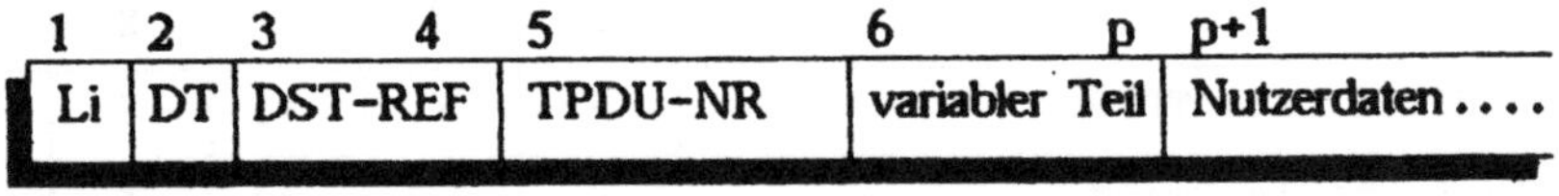

erweitertes Datenformat

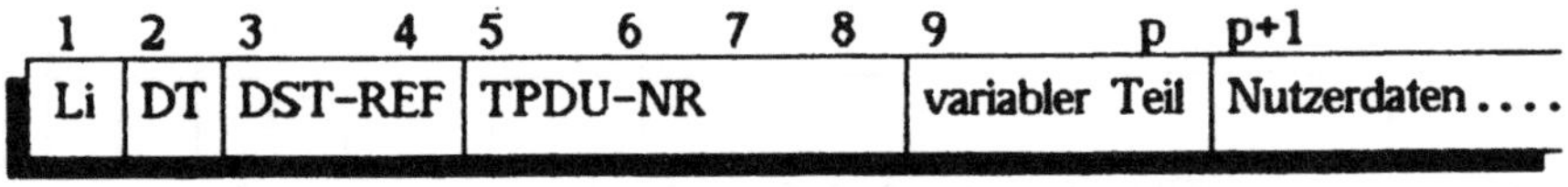

<u>Symbolik:</u>

Li	-	Längenidentifikatorfeld der TPDU
DT	-	Data TPDU Code
DST-REF	-	Feld der Zieladresse
TPDU-NR	-	TPDU Nummernfeld
p	-	die Ziffern oberhalb der Data TPDU geben die Nummer des jeweiligen Oktetts und somit die Größe des Protokollkopfes einer TPDU an. Ein Oktett besteht aus 8 bit.

Abb. 2.6/3: Struktur der Transport-Protokolldateneinheit /IS8073/

tiert, so ist für die Klassen 3 und 4 die Klasse 2 zu realisieren, für die Klasse 1 entsprechend die Klasse 0.

Das Transportprotokoll nutzt zehn verschiedene PDU-Typen, wobei, bezogen auf die Klassen, ebenfalls eine Differenzierung eintritt (siehe Tab. 2.6/3). Der prinzipielle Aufbau der TPDU ist am Beispiel der DATA-PDU in Abbildung 2.6/3 dargestellt. Das Längenkennzeichen gibt die Länge des Kopfes der PDU in Oktett (8 Bit) an. Der feste Teil des Kopfes enthält die ständig auftretenden Parameter der TPDU, u.a. den TPDU-Kode. Länge und Struktur des Kopfes werden durch den TPDU-Kode, die Protokollklasse und einen Formatparameter (normal oder erweitert) bestimmt. Der variable Teil umfaßt die wahlfrei auftretenden Parameter.

Der konkrete Protokollverlauf in den einzelnen Klassen ist viel zu umfassend, als daß wir ihn hier wiedergeben könnten. Wir beschränken uns deshalb auf die auszugsweise Darstellung des Verbindungsaufbaus der Klasse 0 in unserer Beispielsprache, um dem Leser einen Eindruck von den Abläufen in einem realen Protokoll zu vermitteln. Dabei steht vor allem der prinzipielle Ablauf im Vordergrund. Einige Details werden vereinfacht dargestellt.

```
layer OSI-Transportschicht Klasse 0
service
  T-CONNECTION ESTABLISHMENT:
  asked T-CONNECT request(CALLED_ADDRESS,
                          CALLING_ADDRESS: TSAP_address;
                          EXPIDITED_DATA_OPTION: boolean;
                          QUALITY_OF_SERVICE: QOS_type
                          TS_USER_DATA: octets
                         );
        T-CONNECT response(RESPONDING ADDRESS: TSAP_address;
                           QUALITY_OF_SERVICE: QOS_type;
                           EXPIDITED_DATA_OPTION: boolean;
                           TS_USER_DATA: octets
                          );
  responded T-CONNECT indication(  {wie T-CONNECT request}  );
            T-CONNECT confirm(  {wie T-CONNECT response}  );
  .  .  .
  T-CONNECTION RELEASE:
       .  .  .
  responded T-DISCONNECT indication(REASON: reason_code;
                                    TS_USER_DATA: octets
                                   )
message CR: record(LI: octets;        {Länge des Kopfes}
                   CR_CODE: 1110;        {Bit 8-5 des 2. Oktetts }
                   CDT: 0..15;           {Anfangskredit; =0 Kl. 0}
                   DST_REF,              {Destination-Ref.; =0   }
                   SRC: TC reference;    {Quell-Reference        }
                   CLASS: 0..4           {Protokollklasse        }
            option(
              CALLED_TSAP,CALLING_TSAP: TSAP_address;
              TPDU_SIZE: 7..11           {Max. TPDU-Länge in Oktetts}
                  ));
        CC: {Aufbau analog CR}
```

```
        DR: record(LI: octets;
                   DR_CODE: 1000;
                   DST_REF,SRC_REF: TC_reference;
                   REASON: 0..3;  {Grund des Verbindungsabbaus bzw.  der
                                   Ablehnung des Aufbauwunsches
                                   0 - Grund nicht spezifiziert
                                   1 - Überlastung des TSAPs
                                   2 - T-Nutzer nicht mit TSAP verbunden
                                   3 - Adresse unbekannt}
              option(ADDITIONAL_INFORMATION: information
                                                {durch Nutzer definiert}
                   ));
   .  .  .
protocol ESTABLISHMENT: establish_i <=> establish_r;
         PROTOCOL ERROR: error_detector <=> error_causer;
   .  .  .
entity TE
  primitive T-CONNECT request,T-CONNECT response,
  message CR, . . . from TE;
          CC, . . . to TE
  protocol part establish_i,establish_r,error_detector,error_causer,
                  .  .  .
  condition protokoll_fehler,zuweisung,keine_zuweisung
                .  .  .
  var T-Verbindung: array [] of record( . . . )
                                      {Verwaltung der T-Verbindungen}
  par event
    T-CONNECT request:  establish_i    |
    CR <-- TE:          establish_r    |
        .  .  .
    protokoll_fehler:   error_detector|

  #par
  sap handler nc_handler   {Wird separat nach den Protokoll-Teilen
                            angeordnet}
#entity {TE}
#layer {ISO-Transportschicht Klasse 0}
```

```
protocol part establish_i(entity responder)
primitive T-CONNECT confirm,T-DISCONNECT indication
message CR to responder,
        CC from responder
condition zuweisung,erfolgreiche_zuweisung,keine_zuweisung
timer t1: 0..                     {Timeoutgrenze wird später festgelegt}
begin
  if keine ressourcen für T-Verbindung vorhanden
    then REASON<:= diensterbringer_abhängiger_grund
         response T-DISCONNECT indication
         exit protocol
  #if
  vergebe freie SRC-Referenz für T-Verbindung
  set zuweisung                   {Zuweisung N-Verbindung in SAP-Handler}
  wait event
    erfolgreiche_zuweisung: skip |
    keine_zuweisung: REASON<:=diensterbringer_abhängiger_grund
                     response T-DISCONNECT indication
                     exit protocol
  #wait
  CR --> responder
  start t1
  wait event
    CC <-- responder: response T-CONNECT confirm |
    timeout t1: response T-DISCONNECT indication
                exit protocol
  #wait
end {establish_i}

protocol part establish_r(entity initiator)
primitive T-CONNECT indication,T-CONNECT response,T-DISCONNECT request
message DR,CC to initiator,
        CR from initiator
condition protokoll_fehler
begin
  if CR nicht korrekt
    set protokoll_fehler
        exit protocol
  #if
```

```
  if keine ressourcen für T-Verbindung vorhanden
    then REASON<::=diensterbringer_abhängiger_grund
         DR --> initiator
         exit protocol
  #if
  QOS<::=CR.QOS
  response T-CONNECT indication
  wait event
    T-CONNECT response: CC --> initiator |
    T-DISCONNECT request: REASON<::=dienstnutzer-abhängiger-grund
                          DR --> initiator
                          freigeben ressourcen
  #wait
end {establish_r}

sap handler nc_handler
service
  N-CONNECTION ESTABLISHMENT:
  asked N-CONNECT request,N-CONNECT response
  responded N-CONNECT indication,N-CONNECT confirm
  N-DATA TRANSFER:
  asked N-DATA request
  responded N-DATA indication
  .  .  .
par event
  zuweisung: bestimme parameter für N-CONNECT request
             ask N-CONNECT request                 {Aufbau N-Verbindung}
             wait event
               N-CONNECT confirm: weise T-Verb. der N-Verb. zu
                                  set erfolgreiche zuweisung |
               N-DISCONNECT indication: set keine_zuweisung
             #wait |
   .  .  .
  --> TE: ask N-DATA request([]) |                        {Senden TPDU}
   .  .
#par
#sap {nc-handler}
```

3. ENTWICKLUNG

Dieses Kapitel ist der Entwicklung von Kommunikationsprotokollen gewidmet. Ausgehend von einem die Spezifik der Kommunikationsprotokolle berücksichtigenden Lebenszyklusmodell sollen die wichtigsten Entwicklungsphasen vorgestellt und diskutiert werden. Damit wird ein Überblick über aktuelle Forschungsschwerpunkte auf diesem Gebiet verbunden.

3.1. ENTWICKLUNGSPHASEN

Kommunikationsprotokolle werden zum größten Teil durch Software realisiert, die wir im weiteren als Kommunikationssoftware bezeichnen. Ihre Erstellung erfolgt prinzipiell in den für die Softwareentwicklung typischen Abläufen /Schumann 84/, /Rothhardt 87/. Sie ist jedoch durch eine Reihe von Besonderheiten geprägt, die sich aus der Spezifik der Kommunikationsprotokolle (vgl. 1. Kapitel) ergeben.

Die Spezifik der Kommunikationsprotokolle widerspiegelt sich z.T. unmittelbar im Lebenszyklus. Sie prägt aber vor allem den Charakter einzelner Entwicklungsphasen. Abbildung 3.1/1 zeigt in Anlehnung an /Drobnik 86/ und /Sajkowski 85/ ein Lebenszyklusmodell für die Entwicklung von Kommunikationsprotokollen. Es umfaßt die Phasen zwischen der Analyse der Problemstellung und der Fertigstellung des Produkts. Die weiteren Phasen, die die Anwendung (Einführung, Dauerbetrieb, Wartung) betreffen, wollen wir hier nicht betrachten. Fragen der Projektplanung bleiben ebenfalls unberücksichtigt, da sie sich nicht prinzipiell von der herkömmlichen Software-Entwicklung unterscheiden. Sie sind aber für die Entwicklung von Kommunikationssoftware wichtig, da diese im Regelfall von größeren Bearbeiterkollektiven erstellt wird.

Wir wollen im folgenden die hauptsächlichen Entwicklungsphasen kurz charakterisieren.

Während der *Problemanalyse* werden die Anforderungen der Nutzer an den Dienst, d.h. sein Umfang und seine Leistungsparameter, bestimmt. Das Ergebnis ist die Anforderungsdefinition,die zumeist nicht formalisiert ist.

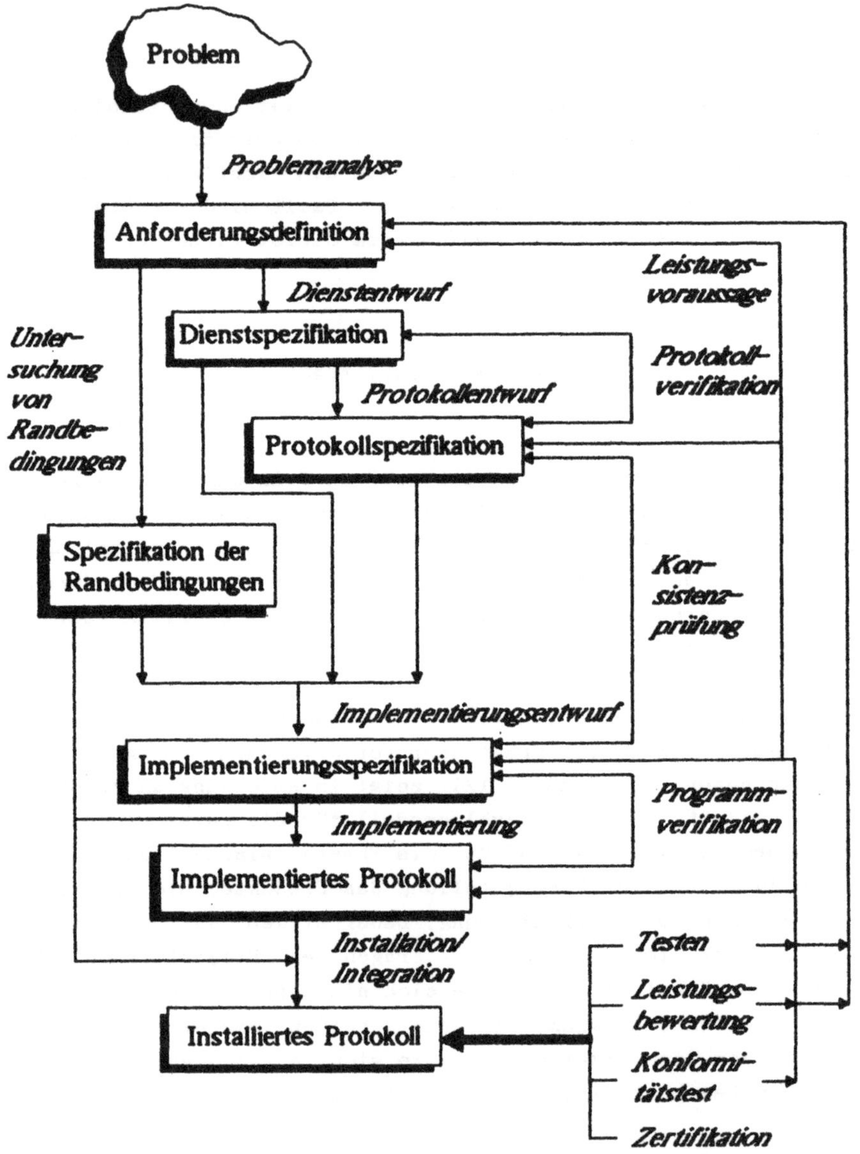

Abb. 3.1/1: Entwicklungsphasen von Kommunikationsprotokollen

Die anschließende Entwurfs- und Spezifikationsphase unterteilt sich in drei Teilabschnitte, die den Entwurf und die Spezifikation der Dienste, der Protokolle und der Implementierung umfassen. Die *Dienstspezifikation* formuliert die Anforderungen, die der Dienst an der Dienstschnittstelle (Dienstzugangspunkte) zu erfüllen hat. Die *Protokollspezifikation* legt fest, wie der Dienst durch die diensterbringenden Einrichtungen bereitzustellen ist, ohne deren Implementierung vorzuschreiben. Dienst- und Protokollspezifikation bilden die Referenzspezifikationen für die weiteren Entwicklungsphasen. Die *Implementierungsspezifikation* faßt die Anforderungen zusammen, die sich aus der Umsetzung der abstrakten, problembezogenen Kommunikationsstruktur (Dienst- und Protokollspezifikation) in eine realisierungsbezogene Softwarestruktur ergeben. Hierzu zählen z.B. die Modulstruktur und die Schnittstellenbeschreibungen. In die Implementierungsspezifikation fließen ebenfalls die Randbedingungen ein, die bei der Implementierung zu berücksichtigen sind. Sie müssen vor dem Implementierungsentwurf analysiert werden. Das sind vor allem die Eigenschaften des Rechners, auf dem die Implementierung erfolgt, z.B. die Hardwareunterstützung, die Betriebssystemschnittstelle, vorhandene Programmiersprachen sowie anderweitige Softwareunterstützung.

In der *Implementierungsphase* wird auf der Grundlage der Implementierungsspezifikation die eigentliche Kommunikationssoftware erstellt. Daran schließt sich ihre Umsetzung in ladbare Programmodule und die *Installation* auf dem Teilnehmerrechner an. Bei der Installation können *Integrationsmaßnahmen* in die bestehende Schichtenarchitektur erforderlich sein. Dies kann auch andere Schichten betreffen und u.U. Neugenerierungen erzwingen. Danach stehen der Dienst bzw. das Protokoll zur Nutzung bereit.

Die Ergebnisse der einzelnen Phasen werden entwicklungsbegleitend überprüft. Folgende Maßnahmen kommen zur Anwendung: Protokollverifikation, Programmverifikation, Protokolltestung, Leistungsvoraussage und -bewertung.

Die *Protokollverifikation* weist die Korrektheit, Vollständigkeit und Konsistenz des entworfenen Protokolls, repräsentiert durch seine Spezifikation, nach. Man unterscheidet spezielle und allgemeine Protokollverifikation. Die spezielle Protokollverifikation untersucht, ob das entworfene Protokoll mit dem spezifizierten Dienst in Einklang steht. Die allgemeine Protokollverifikation überprüft die logische Konsistenz des Entwurfs.

Die (klassische) *Programmverifikation* kann bei der Überprüfung der Übereinstimmung des implementierten Protokolls mit der Implementierungsspezifikation eingesetzt werden. Bei der Verwendung deskriptiver Spezifikationsmethoden (Methoden, die auf logischen Theorien aufbauen (vgl. Abschnitt 3.3.1.)) besteht außerdem die Möglichkeit, die Konsistenz der Implementierungsspezifikation zur Dienst- und Protokollspezifikation nachzuweisen /Drobnik 86/.

Die *Protokolltestung* dient dem Nachweis, daß das implementierte Protokoll der Spezifikation genügt. Eine spezielle Form der Protokolltestung ist der *Konformitätstest*, mit dem die Erfüllung nationaler oder internationaler Standards durch die Implementierung getestet wird. Ist die Erfüllung des Standards nachgewiesen, so kann sich die *Zertifikation* anschließen. Die Zertifikation ist ein administrativer Akt, in welchem dem Produktentwickler durch ein nationales oder internationales Gremium die Erfüllung des Standards für sein Produkt in Form eines Zertifikats bestätigt wird.

Die *Leistungsvoraussage* dient der Bestimmung der quantitativen Parameter des Protokolls vor dessen Implementierung. Das geschieht auf der Grundlage einer empirischen Modellbildung oder durch Ableitung eines Modells aus der Spezifikation.

Die *Leistungsbewertung* analysiert die quantitativen Parameter des implementierten Protokolls durch Messungen und Modellierung.

Die Validierungsmaßnahmen stellen Rückkopplungen zwischen verschiedenen Entwicklungsphasen her, die i.allg. ein mehrmaliges Durchlaufen bestimmter Phasen implizieren, bis alle Bedingungen für den Übergang zur nächsten Entwicklungsphase erfüllt sind.

Das fertige Kommunikationsprotokoll muß wie jede andere Software dokumentiert werden. Es empfiehlt sich, diese Dokumentation ebenfalls entwicklungsbegleitend zu erstellen.

Nach der allgemeinen Charakterisierung der Entwicklungsphasen wollen wir uns nun stärker der Spezifik dieses Lebenszyklus zuwenden.

Vergleicht man diesen Lebenszyklus mit herkömmlichen Software-Lebenszyklusmodellen, so fällt zuerst das Vorhandensein mehrerer Spezifikationsebenen auf. Der Anforderunsspezifikation der üblichen Modelle entspricht dabei in ihrem Charakter die Dienstspezifikation. Sie legt die Anforderungen an den zu erbringenden Dienst fest. Für die Spezifikation von Kommunikationsprotokollen reicht das aber nicht aus. Vielmehr ist auch die Art und Weise festzulegen, wie dieser Dienst zu erbringen ist. Diese Aufgabe übernimmt die Protokollspezifikation. Sie hat einen anderen Charakter als die übliche Softwarespezifikation. Die Protokollspezifikation stellt die (abstrakte) Implementierung der Dienstspezifikation dar /Bochmann 80a/. Daraus erklärt sich z.T. die besondere Bedeutung, die dieser Spezifikation zugemessen wird. Aus dem soeben Gesagten leitet sich ebenfalls die Entstehung einer spezifischen Protokollverifikation ab. Die Notwendigkeit einer Implementierungsspezifikation ergibt sich aus der Tatsache, daß Dienst- und Protokollspezifikation eine Reihe von Entscheidungen offen lassen, die erst auf der Implementierungsebene geklärt werden. Diese betreffen z.B. die Auswahl von Algorithmen zur Realisierung lokaler Aktionen in den diensterbringenden Einrichtungen. Auch die Berücksichtigung der Spezifik des jeweiligen Teilnehmerrechners (Implementierungsumgebung) erfordert eine solche Spezifikationsebene.

Bei der Betrachtung des Lebenszyklus ist weiterhin zu beachten, daß die Mehrzahl der Protokolle, die heute in Rechnernetzen oder zur Datenkommunikation zum Einsatz kommen, von internationalen Standardisierungsorganisationen entworfen werden. Sie liegen in Form von zumeist informellen Dienst- und Protokollspezifikationen vor. Der Protokollentwickler ist somit vorrangig mit den nachfolgenden Phasen des Entwicklungsprozesses konfrontiert.

Aus der großen Rolle, die internationale Standards im Protokollentwicklungsprozeß spielen, erklärt sich auch die Notwendigkeit und Bedeutung der Entwicklungsschritte Konformitätstest, Leistungsvoraussage und -bewertung sowie Zertifikation. Der Konformitätstest ist hierbei der unerläßliche Nachweis, daß das implementierte Protokoll den internationalen Standard erfüllt. Er ist eine wichtige Voraussetzung für die Einhaltung und Durchsetzung internationaler Protokollstandards. Leistungsvoraussage und -bewertung dienen entsprechend ihrer Stellung im Entwicklungsprozeß der Bestimmung der Leistungsparameter des Protokolls, deren Festlegung und Einhaltung ebenfalls ein Erfordernis internationaler Standardisierung ist. Die Zertifikation als ein weiterer Schritt zur Durchsetzung dieser Standards beinhaltet die offizielle Bestätigung der Qualität des Endprodukts, daß seinen Marktwert entscheidend mitbestimmen wird.

In den folgenden Abschnitten wollen wir uns jenen Entwicklungsphasen ausführlicher zuwenden, die vor allem durch die Spezifik der Protokollentwicklung geprägt sind. Es sind dies die Phasen Entwurf, Spezifikation, Verifikation, Implementierung und Testung.

3.2. ENTWURF

Der Protokollentwicklungsprozeß unterscheidet mehrere Entwurfsphasen. Dazu gehören der Dienst-, der Protokoll- und der Implementierungsentwurf. Aber auch die Problemanalyse wollen wir im erweiterten Sinn zum Entwurf zählen. Diese Phasen stellen wichtige und sehr schöpferische Abschnitte des Protokollentwicklungsprozesses dar, die maßgeblich die Qualität des Endprodukts mitbestimmen. Trotz dieser Bedeutung findet man derzeit in der Literatur relativ wenig Publikationen, die sich dieser Problematik widmen. Das findet seine Erklärung vor allem in der Tatsache, daß für die meisten z.Z. erforderlichen Kommunikationsprotokolle ausgearbeitete Entwürfe vorliegen, so daß im Vergleich zu anderen Entwicklungsphasen kein so starker aktueller Bedarf an Forschungsarbeiten besteht. Die Art und Weise, wie diese Protokolle entworfen wurden, ist weitgehend unbekannt. Die Erhöhung der Effektivität und Qualität der Entwicklung von Kommunikationsprotokollen ist aber nur durch eine ganzheitliche Sicht des Lebenszyklus möglich. Unter diesem Blickwinkel sollten Fragen des Protokollentwurfs stärker diskutiert werden /Choi 85/, /König 87c,89a/,/Freudenmann 87/.

Die Notwendigkeit der Untersuchung des Protokollentwurfsprozesses ergibt sich aus folgenden Gesichtspunkten:

1. Es wird stets einen Bedarf an eigenen Protokollen geben, z.B. für spezielle Netzkonfigurationen, für die Entwicklung von Gateways sowie vor allem im Applikationsbereich.

2. Standardprotokolle werden nicht selten aus unterschiedlichsten Gründen für bestimmte Realisierungen eingeschränkt oder erweitert. Derartige Modifikationen sind Entwurfsentscheidungen, die den gesamten Entwicklungsprozeß beeinflussen.

3. Der Protokollentwurf konzentriert sich bei der momentan vorherrschenden Realisierung standardisierter Protokolle vor allem auf die letzte Entwurfsphase, den Implementierungsentwurf. In dieser Phase werden ebenfalls wichtige und komplexe Entscheidungen getroffen. Die Vorgehensweise beim Implementierungsentwurf ist gewöhnlich ad hoc und folgt keiner festen Entwurfsstrategie. Das Vorhandensein ausgearbeiteter Entwurfsmethoden, z.B. auf der Basis einer schrittweisen Verfeinerung, könnte auch in dieser Phase zu einer systematischen und damit effizienten Vorgehensweise führen.

4. Die Beherrschung einer Entwurfsmethodik ist außerdem ein Erfordernis der Dynamik der Umwelt. Darunter sind mögliche Änderungen während der Entwicklung (Produktionsanforderungen, Hard- und Softwarekomponenten) und während der Nutzung (Übertragung von Protokollen auf neu einzubeziehende Rechner, neue Anforderungen an den Funktions- und Leistungsumfang) zu verstehen.

Letztlich ist natürlich zu berücksichtigen, daß Kommunikationssoftware eine spezielle Form verteilter Software ist, deren Entwurf es prinzipiell zu beherrschen gilt.

Ausgehend von diesen Überlegungen wollen wir einige Methoden für den Protokollentwurf aus der Literatur kurz charakterisieren.

Die Qualität eines Softwareprodukts wird bekanntlich durch den Entwurf wesentlich mitbestimmt. Hier auftretende Fehler erfordern später einen großen Korrekturaufwand. Die in der Literatur für den Protokollentwurf vorgeschlagenen Methoden zielen daher darauf ab, durch eine systematische Vorgehensweise ausgehend von der Anforderungsdefinition zu korrekten Protokollen zu gelangen /Sidhu 82/,/Choi 85/, d.h., sie versuchen bereits beim Entwurf solche Eigenschaften wie Vollständigkeit, Deadlock-Freiheit, Livelock-Freiheit, Termination, Lebendigkeit, Beschränktheit u.a. (vgl. Abschnitt 3.4.) abzusichern.

Folgende Vorgehensweisen werden vorgeschlagen:

- *Protokollentwurfsregeln*
  Die Technik der Protokollentwurfsregeln /Zafiropulo 80/,/Bochmann 80c/,/Prinoth 82/,/Sidhu 82/ basiert auf dem Zustandsautomatenansatz. Sie sieht die inkrementelle Synthese von Protokollen vor, die auf der Grundlage eines Satzes von Entwurfsregeln nach einem vorgegebenen Al-

gorithmus zusammengesetzt werden. Die typische Vorgehensweise besteht darin, daß die zwischen den Einrichtungen auszutauschenden Nachrichten spezifiziert werden und die Methode bzw. das zugehörige Werkzeug diese Interaktionen in die Einrichtungen integriert. Protokolle, die auf solche Weise entworfen wurden, weisen die oben angeführten Eigenschaften auf, wobei Unterschiede im Umfang der gewährleisteten Eigenschaften zwischen den verschiedenen Methoden bestehen (vgl. /Sidhu 82/). Aufbauend auf einem solchen Regelwerk, wurde ein interaktives Protokollentwurfssystem mit graphischem Interface entwickelt /Rudin 80/. In /Ramamoorthy 85/ wird ein anderer Ansatz verfolgt. Hier wird vom Entwurf einer lokalen Einrichtung ausgegangen, die mittels Petri-Netzen spezifiziert wird. Aus dieser Spezifikation wird unter Verwendung eines automatischen Protokollsynthezisers die paare Einrichtung konstruiert. Das System wurde u.a. erfolgreich für den Nachvollzug des Entwurfs des CCITT X.21-Protokolls angewendet.

- *Strukturierte Synthese*
  Diese Technik /Choi 85/,/Strom 85/ sieht die Synthese von Protokollen aus zuvor entworfenen kleineren Einheiten (Teilgraphen oder sequentielle Programme) vor. Die Konstruktionseinheiten sind durch exakt spezifizierte Schnittstellen gekennzeichnet, über die sie mit anderen Einheiten verkoppelt werden können. Für die Bestimmung der Einheiten, deren eigene Konstruktion nicht vorgeschrieben wird, können verschiedene Gesichtspunkte dienen, beispielsweise die Phasenunterteilung vieler Protokolle /Chow 85/.

- *Schrittweise Verfeinerung*
  In /Gouda 83/ wird eine Methode zur Konstruktion von Zustandsautomaten durch schrittweise Verfeinerung vorgestellt. Die Verfeinerung erfolgt durch Ersetzen von Knoten durch Teilautomaten nach einer vorgeschriebenen Verfahrensweise. Die Methode wird an dem "X.25 call establishment/clearing"-Protokoll demonstriert.

Für die der ersten Spezifikation folgenden Entwurfsphasen (eine exakte Grenze soll dabei nicht gezogen werden), die auf die weitere Untersetzung des Entwurfs oder bereits auf dessen praktische Realisierung abzielen, wird wie in der konventionellen Software-Entwicklung vor allem die Methode der schrittweisen Verfeinerung angewendet /Gouda 83/, /Freudenmann 87/, wobei die Rechnerunterstützung dieses Prozesses auf der Grundlage des Prinzips der Programmtransformationen /Pepper 84/ angestrebt wird.

In /Freudenmann 87/ werden auf diesem Konzept beruhende Werkzeuge vorgestellt, u.a. für die Anwendung auf ESTELLE, SDL und CIL (vgl. Abschnitt 3.3.).

Abschließend soll noch einmal hervorgehoben werden, daß der Protokollentwurf zu den wichtigsten und schöpferischsten Phasen im Protokollebenszyklus gehört. Obwohl ihm derzeit in der Literatur relativ wenig Aufmerksamkeit gewidmet wird, sollten Fragen des Entwurfs aus den genannten Gründen stärker untersucht werden. Die Beherrschung von Technologien für den Protokollentwurf stellt eine wichtige, komplementäre Möglichkeit der Entwicklung korrekter Protokolle dar. Sie ist weiterhin, bezogen auf den Übergang zwischen den verschiedenen Entwurfsphasen, eine wesentliche Voraussetzung für eine durchgängige rechnergestützte Gestaltung des gesamten Protokollentwicklungsprozesses (siehe 4. Kapitel).

3.3. SPEZIFIKATION

Die Spezifikation ist eine Beschreibung der Anforderungen an die zu realisierenden Dienste und Protokolle. Sie dokumentiert die Ergebnisse der Entwurfsphasen. Zugleich bezeichnet der Begriff der Spezifikation auch den Vorgang ihrer Erstellung.

Die Dienst- und Protokollspezifikation nimmt, wie das Lebenszyklusmodell im Abschnitt 3.1. zeigt, eine Schlüsselstellung im Protokollentwicklungsprozeß ein. Sie dient als Referenzspezifikation, anhand derer alle später auftretenden strittigen Fragen entschieden werden, und bildet die Grundlage für die weiteren Entwicklungsphasen. Veranschaulicht kann sie als die "Bauzeichnung" des Protokollentwicklers interpretiert werden.

In den letzten 10 Jahren wurde der Dienst- und Protokollspezifikation unter allen Phasen des Protokollebenszyklus die größte Aufmerksamkeit entgegengebracht (vgl. /Bochmann 80a,86a/, /Csaba 81,86/, /Rayner 81/, /Sunshine 82a/, /Rudin 83a,87a/, /Yemini 85/, /Diaz 86/,/Sabnani 88/, /Brinksma 89/). Der Grund dafür resultiert neben ihrer Funktion im Protokollentwicklungsprozeß vor allem aus ihrem im Vergleich zur herkömmlichen Software-Spezifikation umfassenderen Charakter. Die Dienst- und

Protokollspezifikation umfaßt, wie bereits im Abschnitt 3.1. dargelegt, die Beschreibung des Dienstes und die Art und Weise seiner Erbringung durch das Protokoll, was einer (abstrakten) Implementierung des Dienstes gleichkommt, d.h., es wird nicht nur das "Was" spezifiziert, sondern auch das "Wie".

Die Forderung nach Standardisierung der Kommunikationsprotokolle verleiht den Anforderungen an die Protokollspezifikation ein zusätzliches Gewicht. Die Verwendung nichtformalisierter (verbaler) Spezifikationen, wie sie heute bei internationalen Standards noch üblich ist, erweist sich als nicht ausreichend /Bochmann 80a/, /Danthine 80/. Diese Spezifikationen sind zwar zumeist leicht verständlich, sie lassen aber häufig mehrdeutige Interpretationen zu. Darüber hinaus sind informale Darstellungen eine unzureichende Grundlage für rechnergestützte Analysen der Protokolle. Deshalb ist die Notwendigkeit formaler Spezifikationen allgemein anerkannt.

Im folgenden werden die wichtigsten und am häufigsten verwendeten Spezifikationsmethoden vorgestellt und diskutiert.

3.3.1. SPEZIFIKATIONSMETHODEN

Das große Interesse an der Protokollspezifikation hat zu einer Vielzahl unterschiedlicher Lösungsansätze geführt. Es ist unmöglich, hier auch nur annähernd alle zu behandeln. Wir konzentrieren uns deshalb auf die am meisten verwendeten Hauptformen. Im nächsten Abschnitt werden wir uns dann einigen darauf aufbauenden Spezifikationssprachen zuwenden.

Bei der Darstellung der Spezifikationsmethoden greifen wir auf die in Tabelle 3.3/1 zusammengestellten Bewertungskriterien /König 87c/ zurück, die gebräuchliche Auffassungen widerspiegeln /Bolt 80/,/Bochmann 80a/, /Gotzhein 85/,/Scollo 86/. Dabei ist zu berücksichtigen, daß die Eignung einer Spezifikationsmethode stark von der Spezifik des jeweiligen Anwendungsgebietes abhängt. Bei Kommunikationsprotokollen spielen vor allem das Vorhandensein mehrerer Spezifikationsebenen und die Notwendigkeit ihrer mehrfachen, verteilten Realisierung eine Rolle.

Anwendbarkeit	Ist die Methode zur Spezifikation von Kommunikationsprotokollen geeignet,d.h., wird sie der Spezifik der Kommunikationsprotokolle gerecht? Sind die Anforderungen grundsätzlich und in angemessener Form spezifizierbar? Welche Anwendungsbreite besitzt die Methode? Kann sie z.B. auf die Protokolle aller Schichten des OSI-Referenzmodells angewendet werden?
Interpretation	Gewährleistet die Spezifikation eine eindeutige, verständliche und gut lesbare Darstellung, die unterschiedliche Interpretationen und daraus resultierende unterschiedliche Realisierungen des Protokolls wenig wahrscheinlich machen? Welchen Grad an Formalität besitzt die Methode?
Natürlichkeit	Ist die Methode dem Aufgabengebiet angepaßt und kann sie die dort auftretenden Erfordernisse abdecken? Enthält sie dem Aufgabengebiet angepaßte Konstruktionen, die die intuitive Denkweise des Menschen widerspiegeln?
Homogenität	Entstammen die Elemente der Spezifikationsmethode derselben Vorstellungswelt und ergänzen sie sich gegenseitig? Basieren die verschiedenen Spezifikationsebenen auf demselben Grundmodell?
Vollständigkeit	Können alle für das Protokoll relevanten Anforderungen mit der Spezifikationsmethode erfaßt werden?
Abstraktion	Besitzt die Methode die Fähigkeit, von unwichtigen Details zu abstrahieren?
Erlernbarkeit	Wie groß ist der Aufwand zum Erlernen der Methode als einer wichtigen Voraussetzung für deren weite Verbreitung?
Entwicklungsunterstützung	Können Elemente der Methode bereits beim Entwurf verwendet werden bzw. unterstützt sie die nachfolgenden Entwicklungsphasen?
Rechnerunterstützung	Kann und wird die Methode durch Software-Werkzeuge unterstützt werden? Welcher Art sind diese Werkzeuge?

Tab. 3.3/1: Kriterien für die Bewertung von Spezifikationsmethoden

In der Literatur findet man unterschiedliche Ansätze zur Klassifikation der Methoden zur Protokollspezifikation /Danthine 80/,/Ecsedi-Toth 83/, /Steinacker 86/,/Drobnik 86/. Abbildung 3.3/1 versucht diese Auffassungen in einem Schema zu vereinen. Den einzelnen Klassen sind typische Methoden und Sprachen als Beispiele zugeordnet. Diese Zuordnung ist aber nicht in allen Fällen, z.B. bei Programmiersprachen und Petri-Netzen, eindeutig möglich.

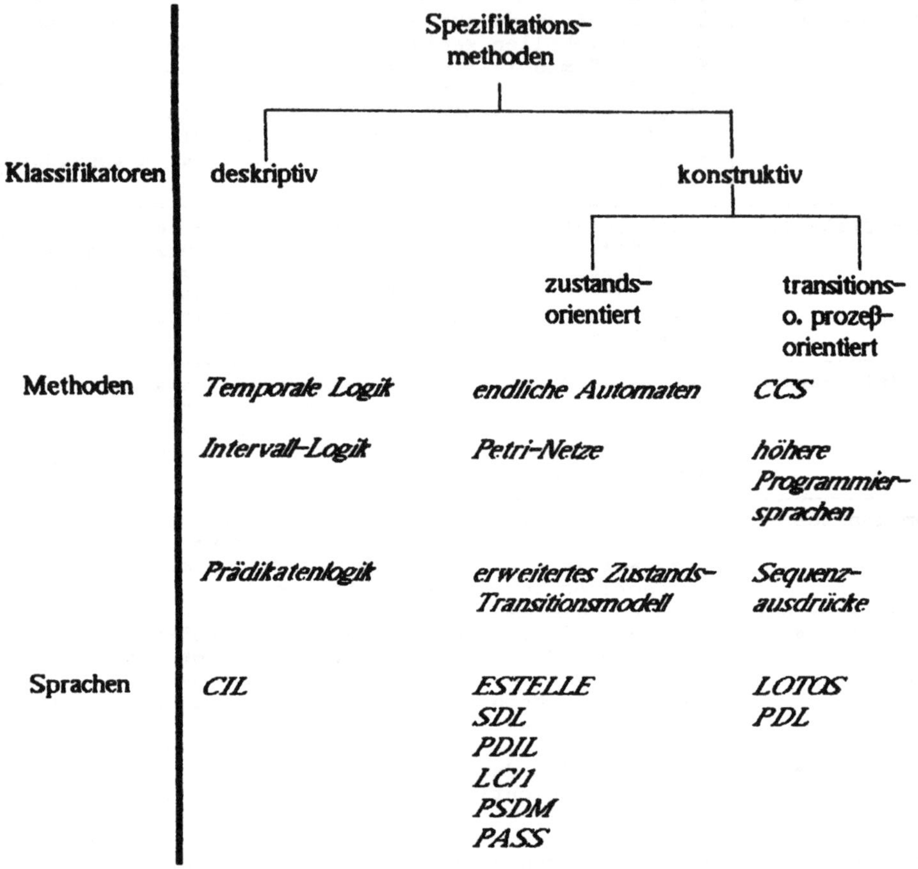

Abb. 3.3/1: Klassifikation der Spezifikationstechniken für die Protokollspezifikation

Die Spezifikationsmethoden können allgemein in konstruktive und deskriptive Methoden unterteilt werden /Drobnik 86/. Konstruktive Methoden stellen Quasi-Implementierungen dar, deren Ausführung durch einen mit dem Grundmodell verbundenen Interpretationsmechanismus die Aussagen der Spezifikation liefern. Mit anderen Worten: Sie spezifizieren ein Protokoll im wesentlichen durch Schreiben eines anderen, i.allg. einfacheren Protokolls /Lamport 83/. Die deskriptiven Methoden unterlegen der Spezifikation keinen spezifischen Interpretationsmechanismus, sondern reflektieren unmittelbar die zu betrachtenden Objekte und deren gegenseitige Beziehung in logischen Formeln.

Die konstruktiven Methoden können weiterhin in zustands- und transitionsorientierte Beschreibungen unterteilt werden /Steinacker 86/,/Koenig 86b/. Letztere werden häufig auch als prozeßorientiert bezeichnet. Die zustandsorientierten Methoden spezifizieren das Protokoll durch die Beschreibung der Zustände, die die Einrichtung bei der Protokollabarbeitung annehmen kann. Die transitionsorientierten Darstellungen konzentrieren die Beschreibung auf die Abfolge der Zustandsübergänge.

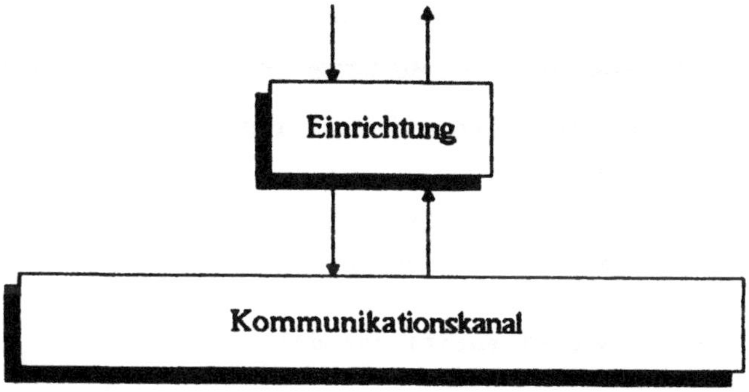

Abb. 3.3/2: Verhaltensorientierte Protokollbeschreibung

Eine weitere Differenzierung kann in bezug auf den Aufbau der Spezifikation vorgenommen werden. Hier kann zwischen verhaltens- und kommunikationsorientierten Beschreibungen unterschieden werden /Ecsedi-Toth 83/, /König 85/. Die verhaltensorientierten Darstellungen (Abb. 3.3/2) beschreiben das Protokoll durch das Verhalten der Einrichtung. Zustandsorientierte Darstellungen sind i.allg. verhaltensorientiert, aber auch prozeßorientierte Darstellungen, z.B. LOTOS-Spezifikationen, können diesen Charakter haben. Kommunikationsorientierte Darstellungen (Abb. 3.3/3) widerspiegeln den Kommunikationsablauf zwischen den Einrichtungen (d.h., beide Partner sind in die Beschreibung einbezogen). Unsere im 2. Kapitel verwendete Beispielsprache erzwingt z.B. eine kommunikationsorientierte Betrachtung.

Die verschiedenen Methoden und Strukturen der Spezifikation stellen freilich nur unterschiedliche Betrachtungsweisen des gleichen Gegenstandes dar und können prinzipiell ineinander überführt werden. Ihre differenzierte Verwendung in verschiedenen Phasen der Protokollentwicklung kann durchaus von Vorteil sein /König 87c/.

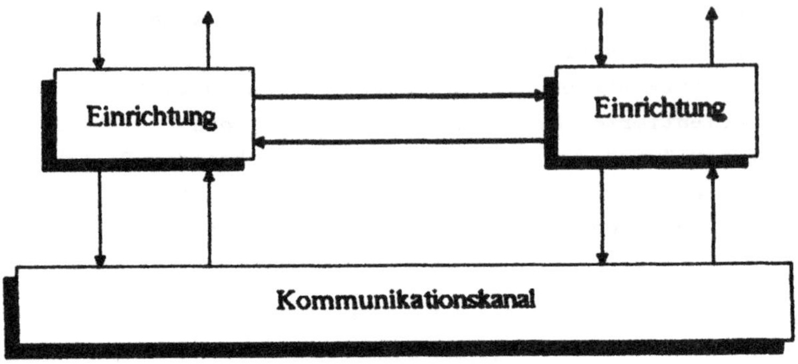

Abb. 3.3/3: Kommunikationsorientierte Protokollbeschreibung

Nachfolgend sollen Methoden und Sprachen zu allen genannten Klassen diskutiert werden. Im einzelnen werden betrachtet:

- das erweiterte Zustands-Transitionsmodell,
- Petri-Netze,
- höhere Programmiersprachen,
- algebraische Methoden,
- deskriptive Methoden,
- hybride Methoden.

Darüber hinaus wurden bzw. werden auch andere Ansätze verfolgt, z.B. die Verwendung von Grammatiken /Harangozo 77/,/Haas 86/, Datenflußsprachen /Bruckner 83/, Interlokutoren /Le Moli 81/, PROLOG /Sidhu 83/,/Logrippo 85/,/Bochmann 86c/, UCLA-Graphen /Razouk 82/ und Sequenz-Ausdrücken /Sunshine 82b/. Diese Ansätze haben aber keine größere praktische Bedeutung erlangt. Einführungen und vergleichende Diskussionen zu Spezifikationsmethoden können /Bochmann 80a/,/Danthine 80/,/Sunshine 82b/, /Löffler 84/,/Venkatraman 86/ entnommen werden.

Erweitertes Zustands-Transitionsmodell

Das erweiterte Zustands-Transitionsmodell (extended state transition model), häufig als erweiterte endliche Zustandsmaschine (extended finite state machine, EFSM) bezeichnet, basiert auf der Kombination endlicher Automaten (finite state automaton, FSA) mit Mitteln höherer Programmiersprachen. Es verallgemeinert die Erfahrungen, die bei der Spezifikation von Protokollen mit endlichen Automaten /Bochmann 78,80a,b/, /Danthine 80/,/Ansart 82a/ gesammelt wurden. Das erweiterte Zustands-Transitionsmodell ist zweifellos die populärste Spezifikationsmethode. Typische Vertreter sind PDIL /Ansart 82a,83/, die NBS-Sprachen /Bolt 80/, /Blumer 82,83/, PSDM /Heymer 84a,b/, LC/1 /Ayache 83/, PASS /Fleischmann 89/ und die von der ISO entwickelte Sprache ESTELLE /ISO 9074/.

Die auf diesem Modell aufbauenden Methoden spezifizieren das Protokoll durch die Beschreibung des Verhaltens der diensterbringenden Einrichtungen mittels eines oder mehrerer Automaten. Eine solche Vorgehensweise ist durchaus natürlich, da das Verhalten einer Einrichtung während der Diensterbringung durch das Warten auf bestimmte Eingaben, durch die Reaktion auf diese, verbunden mit Ausgaben, und den Übergang in Folgezustände gekennzeichnet ist. Das Erlernen der auf diesem Modell beruhenden Methoden bereitet deshalb i.allg. keine Schwierigkeiten. Die Beschreibung erfolgt durch Darstellungsformen, wie sie für endliche Automaten typisch sind, z.B. Zustandsdiagramme, Zustandsübergangsmatrizen oder Entscheidungstabellen (vgl. /Danthine 80/), ergänzt durch programmiersprachliche Darstellungen, die die Aktionen, die zu den Zustandsübergängen führen, spezifizieren. Diese Ergänzung war notwendig, da die rein automatenbezogenen Darstellungsmittel sich hierfür als nicht ausreichend erwiesen haben /Bochmann 80a/.

Das erweiterte Zustands-Transitionsmodell ist eine geeignete Grundlage, das hat die Praxis bewiesen, für die Spezifikation und auch die Implementierung von Protokollen. Die auf ihm beruhenden Methoden können rechnergestützt gestaltet werden. Die Nachteile dieses Ansatzes resultieren vor allem aus der Komplexität der Protokolle. Bei umfangreichen Protokollen steigt die Zahl der Zustände sehr stark an (Dimensionalitätsproblem). Die reinen Automatendarstellungsformen, z.B. die Zustandsdiagramme, werden dadurch sehr umfangreich und sind nur noch schwer zu überschauen. Man ist deshalb, wie bei ESTELLE, dazu übergegangen, vorrangig nur noch die programmiersprachliche Darstellung zu verwenden. Andere Darstellungsformen tragen ergänzenden Charakter. Ihre Verwendung bleibt dem Anwender überlassen. Die erzielten Spezifikationen bestehen im wesentlichen aus einer Aufreihung der Zustände und Transitionen, mehr oder minder strukturiert in Moduln oder Teilautomaten. Sie widerspiegeln nur in geringem Maße die Wechselwirkung zwischen den Einrichtungen, da sie in erster Linie das Eigenverhalten der Einrichtungen beschreiben. Will man die Protokollabläufe erkennen, so muß man die Zustandsübergänge des Automaten verfolgen. Es bestehen hier Analogien zum goto-Programmierstil in der konventionellen Programmierung /Linn 86/,/König 87c/. Dieser Umstand erschwert das Verständnis für die Protokollabläufe und mitunter auch die Validation (vgl. Abschnitt 3.6.). Hierin dürfte auch der Grund zu suchen sein, daß Zustands-Transitionsmodelle für die Dienstspezifikation weniger geeignet sind als prozeß-orientierte Spezifikationen /Bochmann 80b,82a,83c/. Des weiteren wird die Lesbarkeit der Spezifikation und damit das Verständnis für das Protokoll stark durch die Anlage der Spezifikation bestimmt. Diese ist i.allg. nicht vorgeschrieben und wird häufig willkürlich gewählt, entsprechend den individuellen Erfahrungen und Prägungen des Spezifizierers /Bochmann 82a/ (vgl. dazu auch Abschnitt 3.3.2.).

Petri-Netze

Petri-Netze /Reisig 80/ stellen eine andere Form der Transitionsmodelle dar. Ihre Verwendbarkeit für die Protokollspezifikation ist mehrfach nachgewiesen worden /Merlin 76a,b,79/,/Danthine 80/,/Petrenko 80/. Petri-Netze gestatten die Modellierung der Wechselwirkung zwischen parallelen Prozessen und sind somit prädestiniert für die Beschreibung der Wechselbeziehungen zwischen den diensterbringenden Einrichtungen. Sie erlauben sowohl verhaltensorientierte als auch kommunikationsorientierte Darstellungen.

Der Vorzug der Petri-Netze besteht darin, daß sie den Informations- und Kontrollfluß im Protokoll auf einem sehr abstrakten Niveau sichtbar werden lassen, was rechnergestützte Analysen zur Korrektheit des Protokolls ermöglicht. Darüber hinaus kann das Verhalten der Protokolle durch Verfolgen des Markenflusses gut simuliert werden.

Die Verwendung von Petri-Netzen (darunter sollen reine Platz-Transitions-Netze verstanden werden) zur Spezifikation komplexer Protokolle führt zu ähnlichen Problemen wie bei den endlichen Automaten. Das Problem der Komplexität der Netze ist auch hier eines der Haupthindernisse. Weitere Nachteile resultieren aus der Schwierigkeit, alle relevanten Eigenschaften von Protokollen zu beschreiben. Beispielsweise kann die Einhaltung der Reihenfolge von Nachrichten beim Sender und Empfänger nicht spezifiziert werden /Merlin 79/. Es gibt Probleme bei der Identifikation der Nachrichten und Aktionen im Netz sowie bei der Behandlung von Fehlerfällen /Merlin 76b/, /Gotzhein 85/. Dazu sind zusätzliche Informationen erforderlich /Gotzhein 85/. Deshalb werden anstelle reiner Petri-

Netze erweiterte Netze verwendet, wie zeitbewertete Netze /Merlin 76a, b/, /Walter 83/, Entwicklungsnetze /Danthine 80/, numerische Petri-Netze /Billington 83/ und Prädikatennetze /Burkhardt 85/, oder Petri-Netze werden durch programmiersprachliche Beschreibungen ergänzt /Bochmann 77/. Trotz derartiger Ansätze werden Petri-Netze zur (reinen) Spezifikation von Protokollen i.allg. nicht mehr verwendet. Vor allem wohl bedingt durch die Diskrepanz zwischen dem hohen Abstraktionsgrad und der Flut von Details, die bei der Spezifikation komplexer Protokolle zu berücksichtigen sind. Die Bedeutung der Petri-Netze für die Protokollentwicklung wird im Verifikationsbereich gesehen, wo ausgehend von gegebenen Spezifikationen mittels Petri-Netzen Analysen zu ihrer Korrektheit durchgeführt werden /Ayache 83/,/Heiner 89/,/Gotzhein 85/,/Koenig 86b/.

Höhere Programmiersprachen

Der programmiersprachliche Ansatz geht von der Auffassung aus, daß Protokolle spezielle Algorithmen sind, für die Programmiersprachen ein adäquates Beschreibungsmittel darstellen /Bochmann 80a/. Programmiersprachen gestatten eine eindeutige Beschreibung der Protokolle. Besonders die Nachrichtenformate, aber auch sequentielle Aktionen können gut beschrieben werden. Das Problem der Dimensionalität, wie bei den endlichen Zustandsautomaten und den Petri-Netzen, besteht nicht, da die Spezifikationen fortlaufend angeordnet werden können. Vorteilhaft ist, daß Protokolle letztlich durch Programme realisiert werden und die sprachliche Spezifikation ein vorbereitender Schritt zu diesen Programmen darstellt. Das Verständnis programmiersprachlicher Spezifikationen bereitet i.allg. wenig Schwierigkeiten, da Informatiker mit dem Umgang höherer Programmiersprachen vertraut sind. Die rechnergestützte Behandlung der Spezifikationen ist in hohem Maße gegeben, wobei programmiersprachliche Spezifikationen besonders die automatische Ableitung von Protokollimplementierungen begünstigen. Ein anschauliches Beispiel für eine solche Spezifikation ist die Beschreibung der ETHERNET-Protokolle in einer CONCURRENT PASCAL-ähnlichen Darstellung in /Ethernet 80/.

Die Kritik, die an dem programmiersprachlichen Ansatz geübt wird, zielt auf die Gefahr der Überlagerung der Protokollspezifikation mit Details, die hierfür nicht relevant sind. Diese können durch die Sprachregeln selber bedingt sein bzw. aus einer zu implementierungsnahen Beschreibung resultieren. Diese Kritik ist berechtigt, wenn man generell höhere Programmiersprachen betrachtet. Die Eignung einer Sprache für ein spezifisches Anwendungsgebiet wird in erster Linie durch seine Übereinstimmung mit den Entwurfszielen der Sprache bestimmt. Ein Lösungsansatz ist folglich die Entwicklung von Fach- bzw. Spezialsprachen für die Beschreibung von Kommunikationsprotokollen /Lehmann 87/,/König 87c/. (In diesem Zusammenhang ist es ebenfalls zweckmäßig, nicht mehr von programmiersprachlicher, sondern von sprachlicher bzw. sprachlich geführter Spezifikation zu sprechen.) Die Erfahrungen mit PDL (vgl. Abschnitt 3.3.2.4.), das eine solche Fachsprache darstellt, belegen, daß unter Verwendung spezialsprachlicher Mittel geeignete Protokollspezifikationen erzielt werden können. Auch die erfolgreiche Anwendung von ADA /Castanet 86/, OCCAM /Roisin 86/ und CONCURRENT EUCLID /Nakawaji 86/, d.h. Sprachen, die von ihrem Grundkonzept als Sprachen für die Programmierung paralleler bzw. verteilter Prozesse dem Wesen von Protokollen näher sind /König 87b/, beweist dies. Letztlich sind ebenfalls die ISO-Sprachen ESTELLE und mit gewissen Einschränkungen LOTOS (vgl. Abschnitt 3.3.2.3.) Spezifikationsformen, die, obgleich sie auf unterschiedlichen Grundmodellen aufbauen, Protokolle mit spezialsprachlichen Mitteln beschreiben. Die sprachliche Spezifikation ist somit trotz der häufig geäußerten Kritik nach wie vor eine der am meisten angewendeten Formen der Protokollspezifikation.

Algebraische Methoden

Algebraischen Methoden sind auf dem mathematischen Begriff der Algebra beruhende Spezifikationstechniken. Die für Kommunikationsprotokolle verwendeten Methoden orientieren sich an Algebren zur Beschreibung kommunizierender paralleler Prozesse. Die bekannteste ist CCS (Calculus of Communicating Systems) /Milner 80/, die die Grundlage für die ISO-Sprache LOTOS /ISO 8807/ bildet. Wir gehen im nächsten Abschnitt ausführlich auf diese Beschreibungsform ein.

Algebraische Spezifikationen besitzen einen hohen Grad an Formalität. Sie können sowohl zur Dienst- als auch zur Protokollspezifikation benutzt werden und sind bezüglich der Vollständigkeit und Exaktheit der Spezifikation den zuvor erläuterten Ansätzen überlegen. Algebraische Methoden haben eine größere Distanz zur Implementierung als z.B. die endlichen Automaten und die sprachlichen Spezifikationen. Sie lassen dem Implementierer ein Maximum an Freiheit, bleiben jedoch ein ausreichender Leitfaden zur Sicherung der Kompatibilität der Implementierung. Dies wird z.T. als Vorteil angesehen /Rudin 85a/, kann aber für automatische

Ableitungen von Implementierungen z.Z. noch problematisch sein (vgl. Abschnitt 3.3.2.3.). Die hohe Formalität der Spezifikationen führt zwangsläufig auch zu Problemen bei der Nutzerakzeptanz. Es besteht die Gefahr, daß solche Methoden Spezialisten vorbehalten bleiben, sie jedoch bei breiten Anwenderkreisen, die häufig nicht über eine entsprechende mathematische Ausbildung verfügen, auf Ablehnung stoßen. Unterstützt wird dies durch den i.allg. großen Umfang der Spezifikationen, der die Lesbarkeit und eindeutige Interpretation erschwert. Die algebraische Spezifikation stellt, insgesamt gesehen, einen sehr anspruchsvollen Ansatz dar, an den große Erwartungen geknüpft werden /Rudin 85a,87b/. Zweifellos bedarf es aber noch weiterer intensiver Untersuchungen, um die Voraussetzungen für eine breite Anwendung zu schaffen.

Algebraische Methoden werden weiterhin zur Spezifikation der Nachrichtenformate in Protokollen verwendet. Diese beruhen auf der algebraischen Theorie der abstrakten Datentypen. Zur Anwendung kommen vor allem die von der CCITT entwickelte abstrakte Syntax-Notation ASN.1 /ISO 8824/ und ACT ONE /Ehrig 83/. Prinzipiell ist die Verwendung abstrakter Datentypen für die Spezifikation der Nachrichtenformate wie auch der Dienstprimitive nicht erforderlich, da es sich hier um die Beschreibung der auszutauschenden Datenstrukturen (Transfersyntax) handelt, auf die keine Operationen im Sinne abstrakter Datentypen angewendet werden. Sie können, wie das im Abschnitt 2.2. dargestellt wurde, in einer PASCAL-ähnlichen Form beschrieben werden. Ein solches Herangehen ist auch in ESTELLE zu finden. Die Einführung von auf abstrakten Datentypen aufbauenden Notationen erleichtert die Abbildung der auf den verschiedenen Teilnehmerrechnern benutzten Datenformate auf die Transfersyntax und gestattet eine problem-orientiertere Darstellung der Nachrichtenformate anstelle der erforderlichen bit-orientierten Notation. Dadurch werden im besonderen die Erfordernisse der Darstellungsschicht unterstützt (siehe /Görgen 85/). Es ist zu erwarten, daß die Verwendung dieser Notationen sich durchsetzen wird. In LOTOS wurde die Einbeziehung von ACT ONE von Beginn an vorgesehen. Für ESTELLE wurde die Integration von ASN.1 vorgeschlagen /Gaudette 86/.

Deskriptive Methoden

Zu den deskriptiven Spezifikationstechniken zählen Methoden, die auf Theorien der mathematischen Logik basieren, z.B. Temporale Logik /Schwartz 82/,/Hailpern 83/, Intervall-Logik /Schwarz 83/, Prädikatenlogik /Drobnik 83/. Sie gestatten im Vergleich zu den konstruktiven Methoden exaktere Spezifikationen paralleler Abläufe /Lamport 83/. Ein weiterer Vorzug der deskriptiven Methoden besteht in der unmittelbaren Verifizierbarkeit der Spezifikationen (vgl. Abschnitt 3.4.). Die deskriptiven Methoden unterstützen, da sie nur die Problemeigenschaften darstellen, nicht den Entwurf und die Implementierung. Bezüglich der Implementierung sind ähnliche Freiheiten vorhanden, wie sie im Zusammenhang mit den algebraischen Methoden diskutiert wurden. Die deskriptiven Methoden gestatten aber im Unterschied zu den konstruktiven die Überprüfung der Konformität der Implementierung mit der Spezifikation.

Der Einsatz deskriptiver Techniken ist daher nur dann effektiv, wenn der Übergang von den problemnahen zu den realisierungsnahen Entwurfsphasen durch eine für alle Phasen einheitliche Theorie und durch rechnergestützte Entwicklungswerkzeuge unterstützt wird /Drobnik 86/. Ein solches Verfahren wurde mit der Communication Services Implementation Language CIL an der Universität Karlsruhe entwickelt /Drobnik 83/, das aufbauend auf dem Prädikatenkalkül eine rechnergestützte Protokollentwicklung gestattet.

Trotz der hier aufgezeigten Möglichkeiten werden deskriptive Methoden in der Praxis selten angewandt, da sie einen hohen Einarbeitungsaufwand erfordern /Drobnik 86/. Ähnlich den algebraischen Methoden sind hier noch intensive Arbeiten für eine breite Anwendbarkeit notwendig /Lamport 83/,/Gotzhein 85/.

Hybride Methoden

Die vorangegangene Diskussion hat gezeigt, daß mehrere der verwendeten Grundmodelle Schwächen aufweisen, die die praktische Anwendung der darauf aufbauenden Methoden problematisch erscheinen lassen. Aus dieser Erkenntnis heraus entstanden die hybriden Methoden, die verschiedene Grundmodelle miteinander kombinieren, um dadurch deren Vorteile miteinander zu verbinden und ihre Schwächen auszugleichen. Die hybriden Methoden sind deshalb a priori inhomogen. Das bekannteste Beispiel ist das erweiterte Zustands-Transitionsmodell, das endliche Automaten mit sprachlichen Beschreibungsmitteln kombiniert. Andere Beispiele sind die Verbindung von Petri-Netzen mit sprachlichen Darstellungen /Bochmann 77/ oder die in Diskussion befindliche Einbeziehung von ASN.1 in ESTELLE. Wir sind auf diese Ansätze bereits eingegangen. Mit der gesonderten Erwähnung der hybriden Methoden soll auf ihre prinzipielle Bedeutung aufmerksam gemacht werden. Die Vielschichtigkeit und Komplexität von Protokollen wird nur schwerlich mit homogenen Methoden zu erfassen sein. Die kombinierte Anwendung unterschiedlicher Ansätze wird deshalb in der Praxis häufig anzutreffen sein.

3.3.2. SPEZIFIKATIONSSPRACHEN

Nach der allgemeinen Diskussion verschiedener Spezifikationsmethoden wenden wir uns nun einigen Sprachen konkret zu. Im einzelnen sollen die Spezifikationssprachen ESTELLE, LOTOS, SDL, PDL und ASN.1 vorgestellt werden. Diese Übersichten verfolgen das Ziel, das Wesen der jeweiligen Sprache herauszuarbeiten. Sie stellen keine Handbücher dar.

3.3.2.1. ESTELLE

Die Erkenntnis, daß die mit dem OSI-Konzept verbundenen Ziele nur zu erreichen sind, wenn für die Spezifikation der Protokolle standardisierte formale Beschreibungstechniken bereitgestellt werden, führte Anfang der achtziger Jahre zur Bildung einer Ad-hoc-Gruppe für formale Beschreibungstechniken (formal description techniques, FDT) innerhalb der WG1 des ISO TC 97/SC 16. Diese Ad-hoc-Gruppe setzt sich aus drei Untergruppen zusammen. Die Untergruppe A beschäftigt sich mit Architektur-Konzepten, die in die Arbeiten der anderen beiden Untergruppen einfließen. Die Untergruppe B befaßt sich mit Beschreibungstechniken auf der Basis des erweiterten Zustands-Transitionsmodells, während sich die Untergruppe C der Entwicklung von Beschreibungstechniken auf der Grundlage algebraischer Methoden widmet.

Die Arbeiten der Untergruppe B führten zur Entwicklung der Spezifikationssprache ESTELLE (Extended State Transition Language) /ISO 9074/, die in der Zwischenzeit den Status eines internationalen Standards erreicht hat. In die Entwicklung von ESTELLE sind die Erfahrungen aus früheren Entwicklungen von Ansart mit PDIL /Ansart 82a,83/, Bochmann /Bochmann 77,78/ sowie Blumer und Tenney /Blumer 82/,/Bolt 80/ eingegangen. Einführungen in die Grundkonzepte von ESTELLE sind in /Linn 86/, /ISO 3249/ und /Hogrefe 89/ enthalten.

ESTELLE zählt zu den zustandsorientierten Spezifikationsmethoden und basiert auf dem Modell der erweiterten endlichen Zustandsautomaten. Die sprachliche Notation ist eine Erweiterung von ISO-PASCAL, Niveau 0, um Elemente, die eine Beschreibung des Verhaltens von Kommunikationsprotokollen ermöglichen.

Eine formale Spezifikation in ESTELLE besteht aus einem Satz von Modulen, die durch Austausch von Nachrichten miteinander in Wechselwirkung stehen. Ein Modul beschreibt Teilabläufe in einem Protokoll bzw. im Verhalten der Einrichtung. Er repräsentiert einen abstrakten endlichen Zustandsautomaten (d.h., anders als in der Beispielsprache wird das Verhalten der Einrichtung nicht durch Ablauffolgen, sondern durch Auflistung der Zustände und der mit ihnen verbundenen Zustandsübergänge dargestellt). Module können wiederum Moduldefinitionen enthalten. Zwischen ihnen besteht eine "Eltern-Kind-Beziehung". Die Kind-Module können dynamisch erzeugt und vernichtet werden, wodurch der Aufbau komplexer, dynamisch variierbarer Strukturen möglich wird. Damit ist aber zugleich infolge des subjektiven Einflusses des Spezifizierers auch die Gefahr der Erzeugung komplizierter, schwer überschaubarer Modulbeziehungen verbunden.

Den Rahmen einer Spezifikation verkörpert der Modul "specification". Er bildet die Wurzel eines hierarchisch strukturierten Modulbaums. Abbildung 3.3/4 zeigt eine solche Modulstruktur. Für jede Hierarchiestufe wird implizit eine Priorität vergeben. Der Modul "specification" hat dabei die höchste Priorität. Die Ausführung der Module in der Hierarchiestruktur erfolgt z.T. parallel und ist nicht determiniert. Hierfür gibt es spezielle Regeln (siehe unten).

ESTELLE unterscheidet in Abhängigkeit davon, ob ein Transitionsteil vorhanden ist oder nicht, zwischen aktiven und nichtaktiven Modulen. Aktive Module werden weiter in Prozeß, Aktivität, Systemprozeß und Systemaktivität untergliedert. Diese Eigenschaft wird durch Attribute festgelegt und bestimmt Dynamik und Parallelität der Module. Für die Vergabe der Attribute gelten folgende Regeln (siehe Abb. 3.3/5):

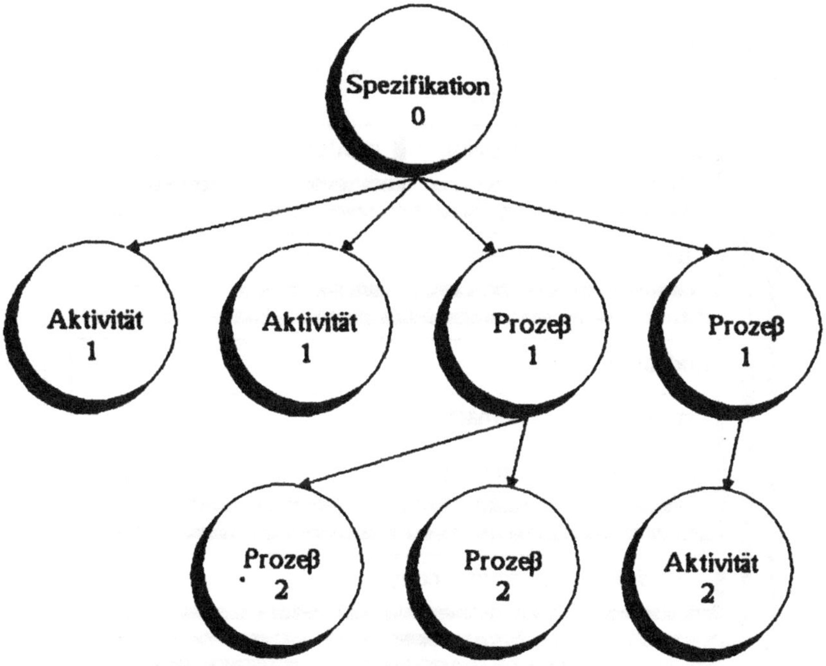

Abb. 3.3/4: ESTELLE - Modulstruktur

- Jeder aktive Modul muß ein Attribut tragen, bei nichtaktiven ist es wahlweise.
- Module, die Systemmodule (Systemprozeß, Systemaktivität) umschließen, sind stets inaktiv.
- Systemmodule können nicht in aktive Module geschachtelt werden.
- Prozesse und Aktivitäten müssen in einen Systemmodul geschachtelt sein.
- Prozeß- und Systemprozeßmodule können sich aus Prozessen und Aktivitäten zusammensetzen. Aktivitäts- und Systemaktivitätsmodule dürfen nur Aktivitäten enthalten.

Basierend auf der Supervisorfunktion des Elternmoduls über seine Kindermodule lassen sich mit diesen Attributprinzipien eine Reihe von Steuerungsalgorithmen in die Struktur einer Spezifikation einbringen. So kann die notwendige Parallelität von Protokollabläufen realisiert und auch das nichtdeterminierte Eintreten von Ereignissen spezifiziert werden.

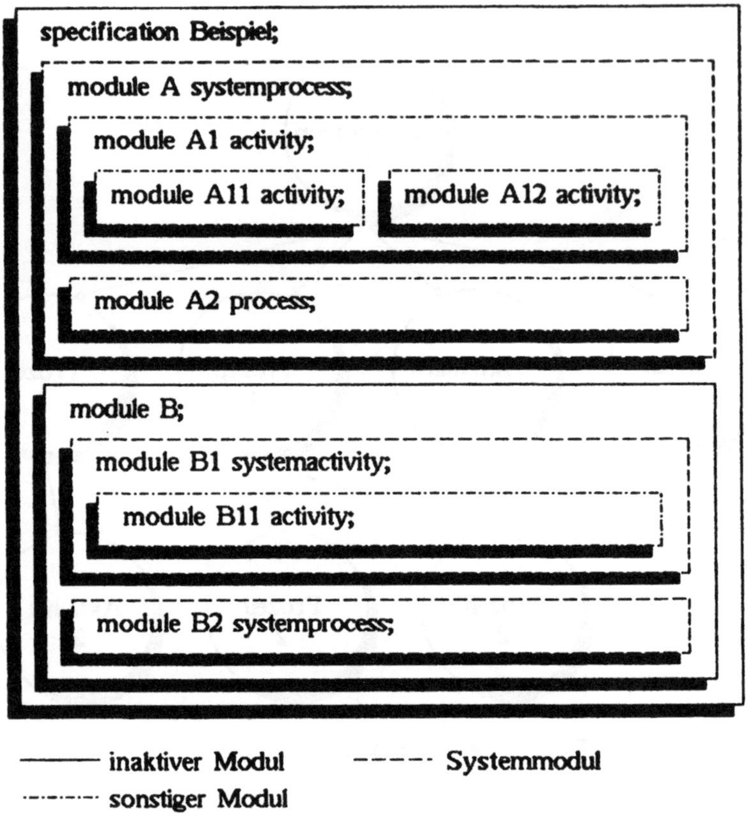

Abb. 3.3/5: ESTELLE - Attributprinzipien

Der in Abb. 3.3/5 mit "B" (ohne Attribut) bezeichnete Modul umschließt einen Systemprozeß B2 und eine Systemaktivität B1, wobei er entsprechend den Attributvergaberegeln inaktiv sein muß. Daraus resultiert, daß er aufgrund des fehlenden Transitionsteils auch keine dynamische Steuerfunktion über B1 und B2 realisieren kann. Dieser Zweig ist ausgehend vom Modul B invariant. Der Modul B kann keine weiteren Kindermodule erzeugen oder die bestehenden auflösen. Für die Module B1 und B2 ist in diesem Fall ein asynchrones, nichtdeterminiertes Verhalten ihrer Modulinstanzen möglich. Für das Verhalten der Module B1 und B11 gilt indessen, daß die Instanzen von B11 nicht parallel zu denen des Elternmoduls B1 wirken können. Sind Instanzen von B1 aktiv, werden die von B11 suspendiert.

Ein Modul besteht aus einem Modulkopf und einem Modulkörper, wobei ein Modulkopf mehrere Modulkörper besitzen kann. Dadurch ergibt sich die

Möglichkeit, unterschiedliche Leistungsklassen zu einem Dienst zu spezifizieren, wie wir es beim Transportprotokoll kennengelernt haben. In einem solchen Fall können seperate Modulkörper entsprechend der geforderten Leistungsklasse spezifiziert werden, die dann bei der Erzeugung des Moduls für die gewünschte Instanz auszuwählen sind.

Der Modulkopf hat folgenden Aufbau:

```
modul-header-definition="module"IDENTIFIER [class]
                         ["("parameter-list")"]";"
                         ["ip+{interaction-point-declaration";"}]
                         ["export+{exported-variable-declaration";"}]
                         "end"";".
```

Der "class"-Identifikator entspricht dem oben erläuterten Attribut. Die Parameterliste enthält die Parameter des Moduls. Daran schließen die Deklaration der Interaktionspunkte und der zu exportierenden Variablen an. Die Interaktionspunkte dienen der Wechselwirkung mit anderen Modulen, über die Signale, Nachrichten oder Dienstprimitive ausgetauscht werden. (Im Gegensatz zu unserer Beispielsprache werden die Interaktionspunkte nicht nur zur Beschreibung von Dienstzugangspunkten benötigt, sondern müssen auch für die Kommunikation der Module untereinander verwendet werden.) Die Wechselwirkung an den Interaktionspunkten ist asynchron (nicht blockierend). Die Interaktionspunkte werden im Modulkopf mit einem Bezeichner vereinbart und erhalten eine Ein- oder Ausgaberolle zugewiesen. Diese Rollenfunktion ähnelt dem **role**-Konzept im Abschnitt 2.1. Die über die Interaktionspunkte auszutauschenden Nachrichten sind in einer Kanal-Typ-Defintion zugehörig zur Rolle des Interaktionspunkts zu spezifizieren. Mit den Interaktionspunkten sind Warteschlangen verbunden, die laut ESTELLE-Standard keine Begrenzung in der Größe besitzen. Diese Warteschlangen können entweder für jeden Interaktionspunkt angelegt werden (individual) oder als eine gemeinsame Warteschlange realisiert werden (common), die mehrere Interaktionspunkte integriert.

Die Kanal-Typ-Definition spezifiziert die Objekte, die ausgetauscht werden (siehe Beispiel 3.3/1), enthält aber keine Aussagen über die Reihenfolge ihres Auftretens. Damit ist in ESTELLE eine exakte Dienstspezifikation, die die lokalen und globalen Regeln für das Zusammenwirken der Dienstprimitive umfaßt (vgl. Abschnitt 2.1.), nicht möglich. Das ist zweifellos ein gravierender Nachteil der Sprache.

```
channel
  TSAP_type(T_user,T_provider)
by T_user:
   T-CONNECT request(called_address,calling_address,: TSAP_ADDRESS;
                     expedited_data_option: BOOLEAN;
                     quality_of_service: QOS_TYPE;
                     user_data: OCTETS
                    );
     .  .  .
by T_provider:
   T-CONNECT indication( .     . );
     .  .  .
module transport_layer process                              {Modulkopf}
        ip TSAP: TSAP_type(T_provider) common queue;
        ip NSAP: NSAP_type(N_user) individual queue;
        end;                                           {Ende Modulkopf}
```

Beispiel 3.3/1: Kanal-Typ- und Modulkopfdefinition

Exportierte Variable stellen neben den Interaktionspunkten die zweite Möglichkeit des Zugriffs von Instanzen des Elternmoduls auf die der Kindermodule dar. In speziellen Anweisungen (**forone**,**exist one**) angewendet lassen sich mit ihnen vorteilhaft Protokollverzweigungen realisieren.

Der Modulkörper besteht aus dem Deklarations-, dem Initialisierungs- und dem Transitionsteil.

Der Deklarationsteil enthält alle zur Beschreibung des Automaten notwendigen Vereinbarungen. Das sind u.a. die Kanal- und die Moduldefinition und die aus PASCAL bekannten Deklarationen der Konstanten, Typen, Variablen, Funktionen und Prozeduren. Im Gegensatz zu PASCAL gibt es keine vorgeschriebene Reihenfolge für die einzelnen Komponenten des Deklarationsteils.

Im Initialisierungsteil wird der Ausgangszustand eines Moduls festgelegt (siehe Beispiel 3.3/2). Vereinbarte Zustandsvariablen sind hier zu initialisieren und Kommunikationsverbindungen den Interaktionspunkten zuzuordnen. Instanzen von Submoduln können im Initialisierungsteil kreiert werden.

```
initialize
  to
  begin
    init network_layer with network_body;
    init transport_layer with transport_body;
    connect transport_layer.TSAP with network_layer.NSAP;
  end
```

Beispiel 3.3/2: Initialisierungsteil

Für das Erzeugen (und auch Auflösen) von Modulinstanzen sowie das Zuordnen der Interaktionspunkte zueinander existieren in ESTELLE mit **init** und **release** sowie **attach**, **detach**, **connect**, **disconnect** spezielle Anweisungen. Diese Anweisungen gestatten es zusammen mit den Festlegungen zur Dynamik und Parallelität, beim Spezifizieren eine dynamische Struktur der Einrichtung zu beschreiben.

Der Transitionsteil beschreibt das interne Verhalten der Module. In ihm werden alle Zustandsübergänge des Automaten angeführt. Der Aufbau einer Transition ist in Beispiel 3.3/3 dargestellt. Sie setzt sich aus zwei Teilen zusammen: den Bedingungen für die Ausführung einer Transition (**when**, **provided**, **priority**, **delay**) und den Aktionen, die mit diesem Übergang verbunden sind. (Eine Transition entspricht im Vergleich zur Beispielsprache einer Alternative in den **par event**- und **wait event**-Anweisungen. Diese Ähnlichkeit wird besonders bei der Verschachtelung mehrerer **when**-Teile nach der **from-to**-Spezifikation sichtbar.) Der Aktionsteil besteht zumeist aus PASCAL-Anweisungen. Die **output**-Anweisung beschreibt hier die Ausgabeaktionen der Automaten, vergleichbar der **response**- bzw. **ask**-Anweisung im 2. Abschnitt.

```
trans
  priority 8                     {Priorität der Transition bez. anderer
                                                          Transitionen}
  when TSAP.T-CONNECT_request??  {auslösendes Ereignis                  }
  from MAIN                      {aktueller Zustand                     }
  to ESTAB1                      {Folgezustand                          }
  provided tc=tc_existiert_nicht {zusätzliche Bedingung                 }
    begin                        {Transitionsblock                      }
      TC[tcep_id].calling_tsap:=calling_address;
      TC{tcep_id].called_tsap:=called_address;
         .   .   .
    end
```

Beispiel 3.3/3: Transitionsteil

Mit der Darstellung des Sender-Teils des Alternierenden Bit-Protokolls im Beispiel 3.3/4 soll abschließend ein zusammenfassender Überblick über den Charakter der ESTELLE-Spezifikation gegeben werden.

```
specification AB-Schicht systemprocess;
default common queue      {Implizite Festlegung WS-Typ, wenn nicht anders
                                                              vereinbart}
type
  PDE_typ=record daten: datenblock;kontrollbit: boolean end;
  QUITTUNG_typ= boolean;
channel AB-SAP-type(AB-Nutzer,AB-Erbringer);
  by AB-Nutzer       AB-sa(daten: datenblock);
  by AB-Erbringer    AB-sb;
                     AB-ea(daten: datenblock);
channel C_SAP-type(C-Nutzer,C-Erbringer);
  by C-Nutzer       C-sa(daten: octets);
  by C-Erbringer    C-ea(daten: octets);
                    QUITTUNG;
module AB-ENTITY-type process;
ip AB-SAP: AB-SAP-type(AB-Erbringer);
   C-SAP: C-SAP-type(C-Nutzer) individual queue;
end;
```

Beispiel 3.3/4: ESTELLE-Spezifikation Sender-Teil des Alternierenden Bit-Protokolls (Fortsetzung nächste Seite)

```
module AB-Nutzer-type process;
  .   .   .
module C-Erbringer-type process;
  .   .   .
body AB-N for AB-Nutzer-type; external;  {Modulkörper wird extern def. }
body C-E for C-Erbringer-type; external;
body AB-E-koerper for AB-ENTITY-type;
  var PDE_puffer: PDE_typ;
  state WARTEN_AUFTRAG,SENDEN,WARTEN_QUITTUNG, .        ;
  initialize
    to WARTEN_AUFTRAG
      begin
        PDE_puffer.kontrollbit:=true;
      end
  trans
    from WARTEN_AUFTRAG
    to SENDEN
    when AB-SAP.AB-sa(daten)
      begin
        eintragen(daten,PDE_puffer)           {Prozedur                }
      end;
   trans                                      {Spontane Transition, da }
     from SENDEN                              {kein when-Teil          }
     to WARTEN_QUITTUNG
       begin
         start_timer(60);1)
         sende(PDE_puffer);                  {Prozedur.   Hier müßte die
                                              Übergabe an den C-SAP-Hand-
                                              ler spezifiziert werden   }
       end
```

Beispiel 3.3/4: ESTELLE-Spezifikation Sender-Teil des Alternierenden Bit-Protokolls (Fortsetzung nächste Seite)

[1] Die Timer-Darstellung ist hier vereinfacht. Für die Timer müßte ebenfalls ein Modul definiert werden, der parallel zu den spezifizierten Modulen ausgeführt wird.

```
    trans
      from WARTEN_QUITTUNG
      to WARTEN_AUFTRAG
      when C-SAP.QUITTUNG
      provided PDE_puffer.kontrollbit<>QUITTUNG
        begin
          reset_timer;
          output AB-SAP.AB-ea(PDE_puffer.daten);
        end
       to SENDEN
       when C-SAP.QUITTUNG
       provided PDE_puffer.kontrollbit=QUITTUNG
         begin reset_timer end
       to SENDEN
       provided timeout
  .  .  .
end {AB-E-körper}
modvar AB-Nutzer: AB-Nutzer-type;
       AB-E: AB-ENTITY-type;
       C-Erbringer: C-Erbringer-type;
initialize
  begin
    init AB-Nutzer with AB-N;
    init AB-E with AB-E-koerper;
    init C-Erbringer with C-E;
    connect AB-Nutzer.AB-SAP to AB-E.AB-SAP;     {Verbinden SAPs
    connect AB-E.C-SAP to C-Erbringer.SAP;
end
end {AB-Schicht}
```

Beispiel 3.3/4: ESTELLE-Spezifikation Sender-Teil des Alternierenden Bit-Protokolls (Fortsetzung)

Bei der Wertung von ESTELLE muß davon ausgegangen werden, daß die Sprache ein typischer Vertreter der auf dem erweiterten Zustands-Transitionsmodell beruhenden Methoden ist und damit prinzipiell die Vor- und Nachteile dieses Ansatzes aufweist (vgl. Abschnitt 3.3.1.). Erinnert sei hier an solche Vorzüge wie die leichte Erlernbarkeit, die durchgängige Anwendbarkeit auf Spezifikation und Implementierung, die Rechnerunterstützung und als Nachteile die Probleme, die sich aus der Komplexität der Beschreibung und der Willkür ihrer Anordnung für das Verständnis ergeben können, sowie die geringere Eignung für die Dienstspezifikation. Der Hauptansatz der Kritik an ESTELLE liegt neben den genannten Aspekten vor allem in seiner starken Implementierungsnähe. Die volle Einbeziehung von ISO-PASCAL bietet einer implementierungsnahen Beschreibung großen Spielraum. Es sind deshalb verschiedene Änderungsvorschläge gemacht worden /Gaudette 86/,/Courtiat 87/, wie die Einbeziehung von ASN.1, die Verwendung mehrerer Ebenen und die Einführung des Rendezvous-Konzepts. Trotz der Kritik wird ESTELLE in den nächsten Jahren aufgrund seiner Praktikabilität eine wesentliche Rolle spielen. Es werden intensive Anstrengungen unternommen, Software-Werkzeuge einschließlich graphischer Darstellungsmittel bereitzustellen /Ansart 86/,/Woodside 86/,/Bochmann 87/. Die Semantik von ESTELLE liegt in der Zwischenzeit ebenfalls formalisiert vor /Dembinski 86/, womit eine wichtige Voraussetzung für eine Spezifikationssprache erfüllt ist.

3.3.2.2. SDL

Bevor wir uns der zweiten ISO-Spezifikationssprache zuwenden, soll aufgrund der bestehenden Ähnlichkeiten zu ESTELLE auf SDL eingegangen werden. SDL (Specification and Description Language) /Belina 86/, /Saracco 87/,/Hogrefe 89/ ist die Spezifikations- und Beschreibungssprache des CCITT. Sie wurde zur Spezifikation der Software von Nachrichtenvermittlungszentralen entworfen, findet aber im Bereich des Post- und Fernmeldewesens auch starke Anwendung zur Beschreibung von Kommunikationsprotokollen. Die Entwicklung von SDL begann Anfang der siebziger Jahre. Sie hat verschiedene Etappen durchlaufen und mit dem Blauen Buch /CCITT 89/ ihren derzeitigen Abschluß gefunden. Zwischen ISO und CCITT gab es Konsultationen zur Vereinheitlichung von ESTELLE und SDL für die Belange der Protokollspezifikation /Saracco 87/. Diese Versuche sind jedoch gescheitert. Es kam lediglich zur Vereinheitlichung der Datenrepräsentation in SDL und LOTOS (siehe unten). Aufgrund dieser Situation wird SDL neben den beiden ISO-Sprachen als dritte standardisierte Spezifikationssprache zur Anwendung kommen und besonders bei Protokollen des ISDN eine bedeutende Rolle innehaben.

SDL basiert auf dem gleichen Beschreibungsmodell wie ESTELLE, dem erweiterten Zustands-Transitionsmodell. Die Unterschiede kommen vor allem in der sprachlichen Gestaltung zum Ausdruck, wobei es eine Reihe von Sprachkonzepten gibt, so zur Beschreibung der Automaten und zur Modularisierung, die ähnlich sind. Für die Protokollspezifikation bietet SDL keine prinzipiell neuen Sprachkonstruktionen an. Eine Überführung beider Darstellungen ineinander ist möglich. Eine automatische Transformation ist jedoch wegen einiger unterschiedlicher Sprachkonzepte nicht ohne weiteres durchführbar. Dazu bedarf es Einschränkungen bzw. der Unterstützung durch den Menschen /Steinacker 86/. Einführende Darstellungen sind in den oben zitierten Publikationen enthalten. Eine detaillierte Gegenüberstellung der Gemeinsamkeiten und Unterschiede von ESTELLE und SDL kann /Steinacker 86/ entnommen werden.

SDL bietet zwei Notationsformen an: die graphische (SDL/GR) und die später entwickelte sprachliche (SDL/PR). In Abbildung 3.3/6 sind die wichtigsten SDL-Sprachelemente in beiden Notationsformen dargestellt. Das Vorhandensein zweier Notationsformen ist im Vergleich zu ESTELLE zweifellos ein Vorteil, für das graphische Darstellungsmittel, falls verfügbar, nur ergänzende Funktion haben.

SDL unterscheidet vier Abstraktionsebenen zur Beschreibung eines Systemverhaltens. Diese Ebenen sind SYSTEM, BLOCK, PROCESS und PROCEDURE. Die Ebene SYSTEM bildet den Rahmen der Beschreibung. Sie kann sich aus mehreren Blöcken zusammensetzen, die jeweils ein Subsystem beschreiben. Blöcke sind durch Kanäle (CHANNEL) miteinander verbunden. Ein Block seinerseits wird durch eine Zahl kommunizierender Prozesse gebildet.

Ein Prozeß ist das Basiselement in SDL zur Verhaltensbeschreibung. Er besteht aber nicht wie die Prozesse in der Betriebssystemtheorie aus einer sequentiellen Folge von Aktionen, sondern analog den aktiven Modulen in ESTELLE aus einer Auflistung der Zustände (STATEs), die der Automat durchläuft. Prozesse werden in der PROCESS-Definition der Blöcke eingeführt. Durch CREATE können dann beliebige Exemplare des Prozesses erzeugt werden, die parallel zueinander existieren. (Die Maximalzahl der zugelassenen Exemplare wird als zweiter Parameter in der Prozeßdefinition angegeben. Der erste Parameter gibt die Zahl der Exemplare an, die zum Zeitpunkt der Systemaktivierung existieren, d.h. ohne Anwendung von CREATE). Eine Eltern_Kind-Beziehung zwischen den Prozessen einschließlich der damit verbundenen Dynamik wie in ESTELLE existiert nicht. Der Startpunkt der Prozeßausführung wird durch START gekennzeichnet. STOP vernichtet das Prozeßexemplar.

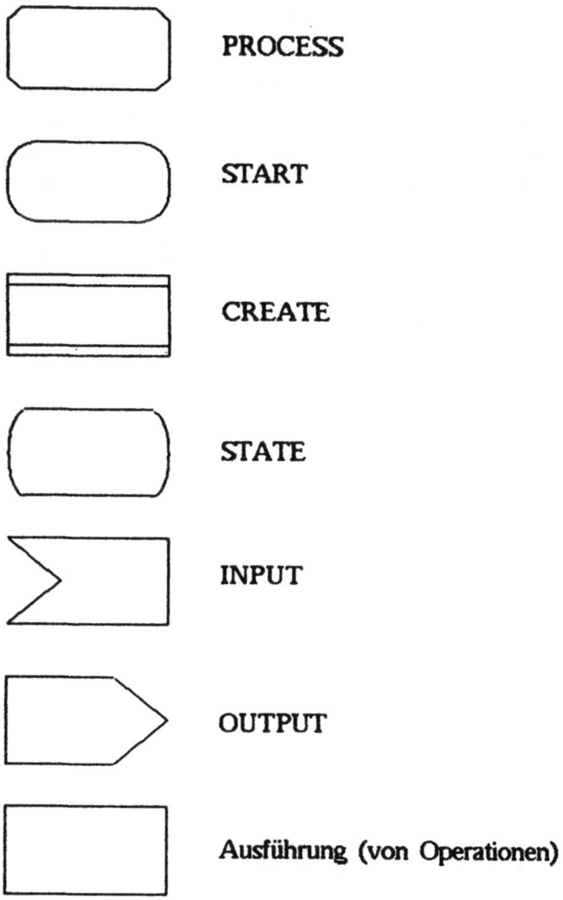

Abb. 3.3/6: Basiselemente aus SDL/GR und SDL/PR

Die Wechselwirkung zwischen den Prozessen wie auch mit der Systemumgebung wird durch Nachrichten (SIGNAL) realisiert. Der Austausch der SIGNAL-Nachrichten erfolgt wie in ESTELLE asynchron über eine Warteschlange, die jedem Prozeß zugeordnet wird.

Die Darstellung der Zustände und Zustandsübergänge ähnelt der ESTELLE-Darstellung. STATE bezeichnet den Zustand, NEXTSTATE den Folgezustand. Das auslösende Moment für eine Transition wird in der INPUT-Anweisung angegeben. SDL unterscheidet hier als Möglichkeiten: SIGNAL-Nachrichten (PDUs, Dienstprimitive u.a.), bedingte Signale (Signale, die durch

PROVIDED mit einer Bedingung gekoppelt sind) und Fortsetzungssignale (ähnlich den **condition** der Beispielsprache). Weiterhin kann durch SAVE die "Bearbeitung" eines Signals für einen späteren Zeitpunkt "aufgehoben" werden. Für die Darstellung der Aktionen im Transitionsteil stehen Anweisungen zur Ausgabe (OUTPUT), für Berechnungen (TASK) einschließlich arithmetischer und logischer Operationen, für die Zeitverwaltung (SET, RESET), für Steuerstrukturen (DECISION) u.a. zur Verfügung. SDL verfügt ebenfalls über eine Sprunganweisung (JOIN). Wichtig ist ferner, daß die Auswahl möglicher Transitionen auch von der Abfrage interner Steuervariablen abhängig gemacht werden kann. Des weiteren existieren Mechanismen zum Im- und Export sowie zur Sichtbarkeit von Variablen, die wir hier nicht weiter diskutieren.

SDL ist eine typ-orientierte Sprache. Die Definition der Datentypen (in den Prozeßdefinitionen) erfolgt nach den gleichen Prinzipien wie in LOTOS. Wir werden im nächsten Abschnitt darauf eingehen.

Als Überblicksbeispiel verwenden wir wieder den Sendeteil des Alternierenden Bit-Protokolls (siehe Beispiel 3.3/5).

```
SYSTEM AltBit;
CHANNEL E_TO_AB
        FROM ENV TO AB WITH AB_SA;
ENDCHANNEL E_TO_AB;
CHANNEL AB_TO_E
        FROM AB TO ENV WITH AB_SB,AB_EA;
ENDCHANNEL AB_TO_E;
SIGNAL AB_SA(CHARSTRING);
SIGNAL AB_SB;
SIGNAL AB_EA(CHARSTRING);
BLOCK AB;
SIGNAL S_PDE(BOOLEAN,CHARSTRING);
SIGNAL E_PDE(BOOLEAN,CHARSTRING);
SIGNAL S_QU(BOOLEAN);
SIGNAL E_QU(BOOLEAN);
```

Beispiel 3.3/5: SDL-Spezifikation des Sende-Teils des Alternierenden Bit-Protokolls (entnommen /Fischer 88b/)
(Fortsetzung nächste Seite)

```
PROCESS SENDER;
  SIGNALSET AB_SA,E_QU;
  DCL DATEN CHARSTRING;
  DCL QUITTUNG BOOLEAN;
  DCL T TIMER;
  DCL KONTROLLBIT BOOLEAN;

  START;
    TASK KONTROLLBIT:=TRUE;
    NEXTSTATE SENDEN;

  STATE SENDEN;
     INPUT AB_SA(DATEN);
           M: OUTPUT S_PDE(DATEN,KONTROLLBIT);
              TASK SET(T,60);
              NEXTSTATE WARTEN_QUITTUNG;

  STATE WARTEN_QUITTUNG;
     INPUT E_QU(QUITTUNG);
              DECISION(QUITTUNG);
                  (NOT KONTROLLBIT): JOIN M;            /*Sprung nach M*/
                  (KONTROLLBIT)         : TASK
                                             KONTROLLBIT:=QUITTUNG,
                                             RESET(T);
                                         OUTPUT AB_SB;
              ENDDECISION;
              NEXTSTATE SENDEN;
     INPUT T;                                               /*Timeout   */
              JOIN M;
ENDPROCESS SENDER;
PROCESS EMPFAENGER;
                  .

PROCESS SAPHANDLER;
          .       .

ENDBLOCK AB;
ENDSYSTEM AltBit;
```

Beispiel 3.3/5: SDL-Spezifikation des Sende-Teils des Alternierenden Bit-Protokolls (Fortsetzung)

Für SDL sind aufgrund des breiteren Anwendungsgebietes bereits in größerem Umfang Werkzeuge vorhanden (graphisch- und syntax-gesteuerte Editoren, Transformatoren SDL/GR --> SDL/PR, Compiler SDL-CHILL) (vgl. /Belina 86/). Hierbei, wie generell bei der Einschätzung der Sprache, ist zu berücksichtigen, daß SDL primär nicht für die Protokollspezifikation entworfen wurde. Sie bietet jedoch für die Protokollspezifikation ähnliche Möglichkeiten wie ESTELLE. Welche von beiden Sprachen zum Einsatz kommt, wird deshalb vor allem von der Organisation abhängen, die für das zu spezifizierende Protokoll verantwortlich zeichnet (siehe hierzu auch Abschnitt 3.3.3.).

3.3.2.3. LOTOS

LOTOS (Language of Temporal Ordering Specification) ist das Ergebnis der Arbeiten in der Untergruppe C der ISO Ad-hoc-Gruppe für formale Beschreibungstechniken. Es hat jetzt ebenfalls den Status eines Internationalen Standards /ISO 8807/.

LOTOS basiert, wie bereits erwähnt, auf dem Kalkül kommunizierender Systeme CCS /Milner 80/. Für die Datenrepresentation wird die Abstrakte Datentyp-Sprache ACT ONE /Ehrig 83/ verwendet. Eine methodische Einführung in LOTOS ist in /Brinksma 86/, /ISO 8807/ und /Hogrefe 89/ enthalten. Aspekte der LOTOS-Datenrepresentation werden in /de Meer 86/ und /Gotzhein 86/ behandelt.

Die LOTOS-Spezifikation ist prozeßorientiert. Sie beschreibt ein System durch eine Hierarchie von Prozeßdefinitionen. LOTOS unterstützt die Dienstspezifikation (einschließlich der lokalen und globalen Regeln) und die Protokollspezifikation. Die Struktur der Spezifikation kann aufgrund der hohen Formalität der Sprache zustands- oder kommunikationsorientiert gewählt werden.

Ein LOTOS-Prozeß wird als "black box" behandelt. Die Beschreibung konzentriert sich auf die Darstellung der Kommunikation mit der Umgebung. (Die anderen behandelten Sprachen gestatten hingegen in gewissem Umfang auch die Darstellung interner Abläufe, um z.B. den Aufbau und die Zerlegung von Nachrichten, ihre Zuordnung zu Verbindungen usw. zu beschreiben.) Die Kommunikation erfolgt über atomare Wechselbeziehungen, die

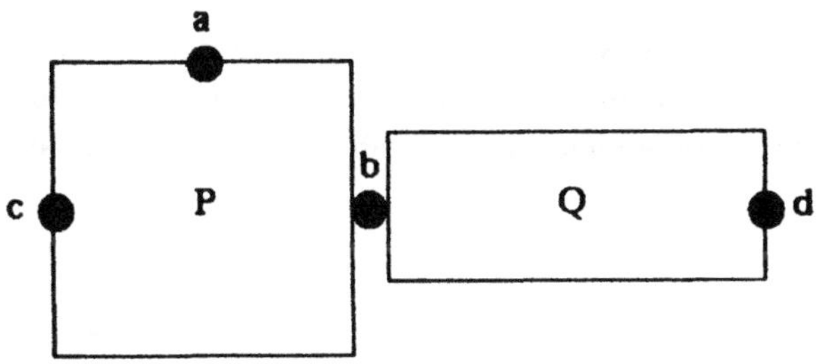

Abb. 3.3/7: Prozeßabstraktion in LOTOS

Ereignisse (siehe Abb. 3.3/7). Ein Ereignis ist eine synchronisierte Kommunikation (Rendezvous-Prinzip zwischen den Prozessen).

Die Prozeßdefinition hat folgende Struktur:

process <prozess-identifikator><parameterliste>:=
<verhaltensausdruck>
endproc

Der Prozeßidentifikator bezeichnet den Namen, durch den der Prozeß innerhalb der Spezifikation referiert wird. In der Parameterliste werden die Parameter und die externen Ereignisse des Prozesses aufgeführt. Der Verhaltensausdruck beschreibt das beobachtbare Verhalten des Prozesses. Beispiel 3.3/6 zeigt die Prozeßdefinitionen für Abbildung 3.3/7. Ereignis b stellt dabei ein gemeinsames Ereignis dar.

process P[a,b,c]:= . . . **endproc**
process Q[b,d]:= . . . **endproc**

Beispiel 3.3/6: Prozeßdefinition

Für die Beschreibung des Prozeßverhaltens stehen eine Reihe von Sprachelementen zur Verfügung. Die elementarsten sind **stop** und **exit**. Sie bezeichnen das Anhalten eines Prozesses (ist an keinem Ereignis beteiligt) bzw. das erfolgreiche Beenden eines Prozesses.

Bei der Beschreibung der Wechselwirkung mit anderen Prozessen wird zwischen der sequentiellen und nichtdeterminierten Behandlung von Ereignissen unterschieden. Die sequentielle Behandlung wird in der Form

a;B

dargestellt, wobei a ein Ereignis und B einen Verhaltensausdruck bezeichnet. (Diese Konstruktion entspricht der Zuordnung Ereignis/Aktion, wie wir sie in den zuvor behandelten Sprachen kennengelernt haben.) Das nichtdeterminierte Verhalten wird durch [] gekennzeichnet.

B_1 [] B_2

besagt dementsprechend, daß, wenn B_1 und B_2 an dem gleichen Ereignis partizipieren, die Auswahl von B_1 und B_2 nicht determiniert ist. Abbildung 3.3/8 zeigt zwei Beispiele, deren unterschiedliche Interpretation für das Verständnis von LOTOS-Spezifikationen wesentlich ist. In Abbildung 3.3/8a) ist a das gemeinsame Ereignis, nach dessen Akzeptanz die Auswahl erfolgt (d.h. b oder c können als Ereignisse folgen), während im Beispiel b) ein hier nicht weiter spezifiziertes Ereignis die Auswahl eines Prozesses bewirkt (d.h., nach a wird entweder nur b oder nur c akzeptiert). Prozesse können bei der nichtdeterminierten Auswahl mit steuernden Prädikaten (guards) ([...]->) versehen werden. Damit wird eine der wait event-Anweisung aus Abschnitt 2.1. ähnliche Schreibweise möglich.

Die Verhaltensausdrücke beschreiben das beobachtbare Verhalten der Prozesse. In einem Verhaltensausdruck können die zuvor erläuterten Elemente auftreten. Weiterhin ist der Aufruf von Prozessen zu nennen. Er erfolgt durch Angabe des Prozeßnamens. Darüber hinaus gestattet LOTOS auch den rekursiven Prozeßaufruf.

Ein Prozeß kann sich aus Subprozessen zusammensetzen, die parallel zueinander ausgeführt werden. In Abhängigkeit vom Umfang der Wechselwirkung werden drei Formen der Parallelität unterschieden.

P_1|[a_1,....,a_n]|P_2

bezeichnet die allgemeine Parallelität, die besagt, daß sich die Subpro-

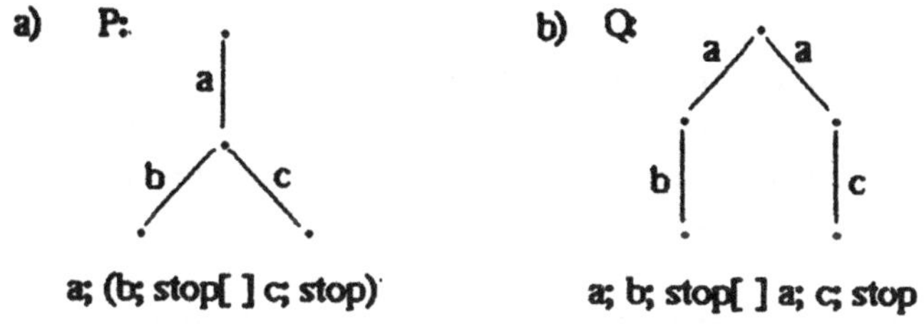

Abb. 3.3/8: Prozesse als Ereignisfolgen

zesse P_1 und P_2 bezüglich der gemeinsamen Ereignisse $a_1,...,a_n$ synchronisieren. (Mittels des **hide**-Operators können interne Ereignisse zwischen den Subprozessen "versteckt" werden, d.h., sie sind außerhalb des sie umgebenden Prozesses nicht sichtbar.) Erfolgt die Synchronisation für alle gemeinsamen Ereignisse, wird abkürzend $P_1||P_2$ notiert. Unabhängige Subprozesse werden durch $P_1|||P_2$ dargestellt ($\{a_1,....,a_n\}=\emptyset$). Die Definition der Subprozesse schließt sich an den Verhaltensausdruck an, der die Parallelitätsbeziehung festlegt. Sie wird durch **where** eingeleitet (siehe Beispiel 3.3/7).

Neben der parallelen Ausführung von Prozessen besteht auch die Möglichkeit der sequentiellen Anordnung von Prozessen. Hierfür sind die Operatoren sequentielle Komposition (>>) und Unterbrechung ([>) vorgesehen. (In den anderen Sprachen werden hierfür Signale bzw. Bedingungen benutzt.)

$$P_1 >> P_2$$

bedeutet, nachdem P_1 erfolgreich terminiert ist, kann P_2 beginnen. Im Falle der parallelen Komposition von P_1 bedeutet erfolgreich terminieren, daß jeder Teilprozeß erfolgreich terminiert.

$$P_1 \ [> \ P_2$$

beinhaltet, daß an jeder Stelle des Ablaufs von P_1 ein Anfangsereignis von P_2 eintreten kann. Falls es eintritt, bleibt die Aktivität in P_2 und kehrt nicht nach P_1 zurück. Terminiert P_1 erfolgreich, kann P_2 nicht aktiv werden.

Die Beschreibung der Ereignisse erfolgt durch Sprachmittel von ACT ONE. Die Datentyp-Definitionen nach ACT ONE haben den für abstrakte Datentypdefinitionen üblichen Aufbau. Sie bestehen aus einer endlichen Anzahl von Sorten, den darüber definierten Operationen und Gleichungen, die die gültigen Beziehungen festlegen.

Die Kommunikation zwischen den Prozessen erfolgt über Ereignistore. Die Kommunikationsform ist das symmetrische Rendezvous. Den Ereignistoren werden als Attribute Wert- und Variablendeklarationen zugeordnet (g!E, wobei E einen Term bezeichnet; g?x:t, wobei x eine Variable der Sorte t ist). Über diese Attribute sind verschiedene Arten der Wechselwirkung beschreibbar (Wertgleichheit, Wertübergabe, Werterzeugung).

Darüber hinaus gibt es in LOTOS neben weiteren Elementen noch das interne Ereignis i (analog dem **signal**-Ereignis der Beispielsprache).

Mit der Spezifikation des Sende-Teils aus dem Alternierenden Bit-Protokoll schließen wir diese Sprachübersicht wiederum ab (siehe Beispiel 3.3/7).

```
specification AB-Protokoll
library boolean                          (* vordefinierter Datentyp *)
endlib
type kontrollbit is
   boolean renamedby
   sortnames BIT for boolean
   opnnames 1 for true
            0 for false
endtype
type PDE is kontrollbit
sorts PDE,DATEN,QUITTUNG,SIGNAL
opns daten1,daten2,daten3:-->DATEN
     AB_sb:-->SIGNAL
     bilde_PDE: DATEN,BIT-->PDE
     bilde_QU: BIT-->QUITTUNG
```

Beispiel 3.3/7: LOTOS-Spezifikation des Sende-Teils des Alternierenden Bit-Protokolls (Fortsetzung nächste Seite)

```
      lese_DAT: PDE-->DATEN
      lese_BIT: PDE-->BIT
      QU_inhalt: QUITTUNG-->BIT
equs forall b: BIT,d: DATEN,p: PDE
   ofsort DATEN
    lese_DAT(bilde_PDE(d,b))=d;
   ofsort BIT
    lese_BIT(bilde_PDE(d,b))=b;
    QU_inhalt(bilde_QU(b))=b;
endtype
behaviour
  AB-E[AB_SAP,C_SAP]
where
  process AB_E[AB_SAP,C_SAP]:noexit:=
     hide AB_INT in
                 se[AB_SAP,AB_INT]
       |[AB_INT]|saphandler[AB_INT,C_SAP]
     where
        process se[AB_SAP,AB_INT]:noexit:=
            sender[AB_SAP,AB_INT](1)
          [] empfänger[AB_SAP,AB_INT]
          where
           process sender[AB_SAP,AB_INT](b:BIT):noexit:=
             senden[AB_SAP,AB_INT](b)
           >>accept b: BIT,altedaten: DATEN in
                                   warten[AB_SAP1,AB_INT1](b,altedaten)
           where
            process senden[AB_SAP,AB_INT](b:BIT):exit(BIT,DATEN):=
              AB_SAP?AB_sa:DATEN;AB_INT!bilde_PDE(AB_sa,b);
              exit(b,AB_sa)
            endproc (*senden*)
            process warten[AB_SAP,AB_INT](b: BIT,AB_sa: DATEN):noexit:=
              (AB_INT?q:QUITTUNG;
                  [QU_inhalt(q) ne b]-->AB_SAP!AB_sb;
                                        sender[AB_SAP,AB_INT](QU_inhalt(q))
               [] [QU_inhalt(q) eq b]-->
                                  AB_INT!bilde_PDE(AB_sa,QU_inhalt(q));
                                  warten[AB_SAP,AB_INT](b,AB_sa))
```

Beispiel 3.3/7: LOTOS-Spezifikation des Sende-Teils des Alternierenden Bit-Protokolls (Fortsetzung nächste Seite)

```
          [] i;AB_INT!bilde_PDE(AB_sa,b);                    (* Timeout *)
             warten[AB_SAP,AB_INT](b,AB_sa)
          endproc (*warten*)
         endproc (* sender *)
          .    .    .                                    (* empfänger *)
      endproc (* se *)
        .    .                                         (* sap handler *)
  endproc (*AB-E*)
endspec (*AB-Protokoll*)
```

Beispiel 3.3/7: LOTOS-Spezifikation des Sende-Teils des Alternierenden Bit-Protokolls (Fortsetzung)

LOTOS stellt im Vergleich zu den anderen hier vorgestellten Sprachen eine wesentlich formalere Spezifikationstechnik mit einem hohen theoretischen Anspruch dar. Sie hat ein großes wissenschaftliches Interesse hervorgerufen, was sich in einer großen Anzahl von Publikationen /Bochmann 86a/,/Rudin 87b/,/Sabnani 88/,/Brinksma 89/ äußert. Die Vorzüge von LOTOS sind in der hohen Formalität begründet, die exakte Spezifikationen ohne Beeinflussung durch implementierungsspezifische Überlegungen gestatten. LOTOS-Spezifikationen unterstützen die Verifikation und sind besser als die zustandsorientierten für die Ableitung von Testfolgen geeignet.

Der höhere Grad der Formalität bringt aber auch Probleme mit sich, die die Verständlichkeit der Spezifikation und damit auch ihre Nutzerakzeptanz betreffen. Hier hat LOTOS weitaus höhere Hürden zu überwinden. Die Sprache bietet zweifellos durch ihre verschiedenen Elemente zur Prozeßstrukturierung die Möglichkeit, sehr komplizierte und nur schwer verständliche Spezifikationen zu erzeugen. Fragen einer zweckmäßigen Strukturierung der Spezifikationen, das gilt in gleichem Maße auch für die anderen Sprachen, sind deshalb von generellem Interesse /Scollo 86/, /Vissers 88/. Für LOTOS wurden Interpreter entwickelt /Briand 86/. Ziel dieser Interpreter ist es noch nicht, Implementierungen abzuleiten. Sie dienen vor allem der Validierung. Mit ihrer Hilfe kann z.B. geprüft werden, ob Ereignisfolgen zulässig sind, und es können Spezifikationen simulativ abgearbeitet und Testfolgen generiert werden. Die Ableitung von Implementierungen aus der Spezifikation wird von LOTOS nicht direkt unterstützt, obwohl LOTOS als ausführbare Spezifikation angelegt ist. Probleme bereiten dem Implementierer vor allem das symmetrische Rendezvous-

Konzept für die Prozeß-Kommunikation und die Datenrepräsentation /Briand 86/.

Die Entwicklungsarbeiten zu LOTOS werden auch in den nächsten Jahren von großem theoretischen Interesse sein. Für eine breite Anwendung von LOTOS wird es entscheidend sein, inwieweit dabei Methodiken und Werkzeuge mit praktischer Relevanz entstehen.

3.3.2.4. PDL

PDL wurde in den Jahren 1984-86 an der TU Dresden, Sektion Informationsverarbeitung entwickelt /König 85,86a,b/. Angeregt wurde diese Entwicklung in Auswertung von Erfahrungen mit zustandsorientierten Spezifikationsmethoden durch die Protokolldarstellungen in /Ethernet 80/ und /Tanenbaum 81/. Der Idee für den PDL-Ansatz lag das Bestreben zugrunde, den Ablauf der Wechselwirkung zwischen den Einrichtungen unmittelbar in der Protokollspezifikation widerzuspiegeln, um Lesbarkeit und Verständnis der Protokollabläufe zu unterstützen, da das volle Verständnis der Protokollabläufe eine wesentliche Voraussetzung für ihre konkrete Umsetzung ist. Weiterhin wurde von diesem Ansatz auch eine gute Unterstützung nachfolgender Entwicklungsphasen, speziell der Verifikation und der Implementierung, erwartet. Mit PDL sollte zugleich auch ein methodisches Arbeitsmittel geschaffen werden, das die Erläuterung der Protokollprinzipien im Lehr- und Lernprozeß unterstützt.

Das Prinzip der PDL-Spezifikation und die wichtigsten Sprachelemente wurden im 2. Kapitel als Beispielsprache vorgestellt. Wir können uns deshalb auf einige Aspekte der Sprachentwicklung beschränken.

PDL wurde entsprechend der im Abschnitt 3.3.1. geführten Diskussion als Fachsprache konzipiert, die speziell die Erfordernisse der Protokollbeschreibung berücksichtigt und sich am OSI-Referenzmodell orientiert. Das PDL-Beschreibungsprinzip (siehe Abb. 3.3/9) ist prozeß- und kommunikationsorientiert. Die einzelnen Kommunikationsabläufe werden in den Protokoll-Teilen sequentiell, quasi goto-frei dargestellt. Dadurch ist es möglich, die Kommunikation so zu beschreiben, wie sie real ablaufen soll. Damit wurde u.a. gezeigt, daß auch in der Protokollbeschreibung die klassischen Softwarestrukturierungsprinzipien angewendet werden können.

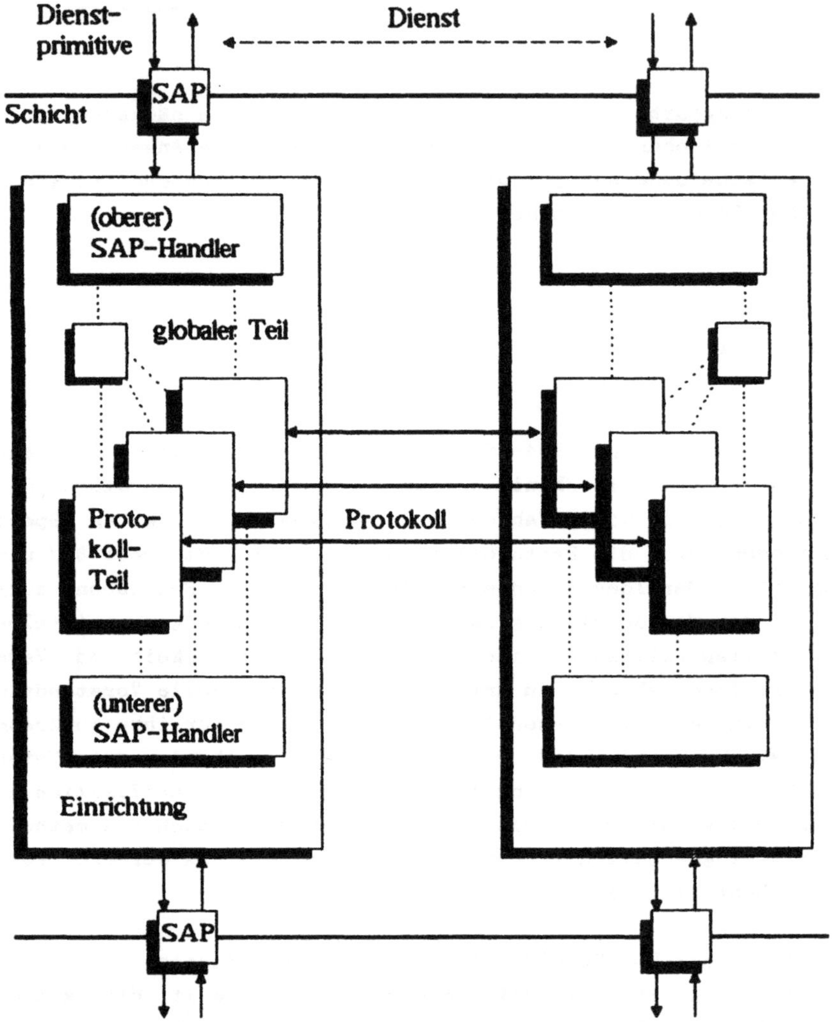

Abb. 3.3/9: PDL-Beschreibungsprinzip (Der obere SAP-Handler ist nur in der PDL/I-Sprachebene definiert.)

Die Grundstruktur der PDL-Beschreibung, speziell die PDL-Struktur der Einrichtung, entspricht dem von der COST 11 BIS-Gruppe für formale Beschreibungstechniken entwickelten Einrichtungs-Modell /Le Moli 86/ sowie anderen für die Strukturierung von Spezifikationen verwendeten bzw. empfohlenen Modellen /Bochmann 83a/, /Serre 86/, /Scollo 86/. Sie weist im Vergleich zu anderen hier diskutierten Sprachen einen relativ stren-

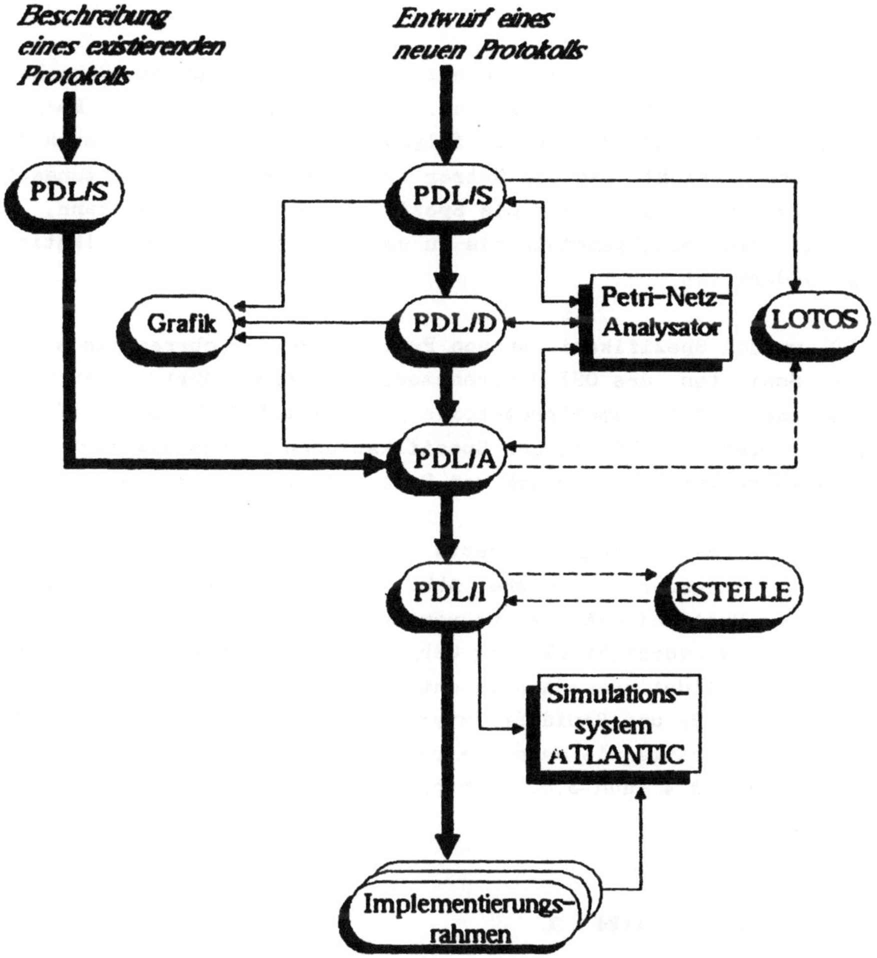

Abb. 3.3/10: PDL-System

gen Aufbau auf. Die daraus resultierende Modulstruktur ist dienstorientiert, d.h., die Modularisierung ist nicht willkürlich, sondern wird durch die Dienststruktur bestimmt. Dadurch wird es möglich, die Dienststruktur relativ natürlich in Teilphasen zu zergliedern, was für die Validierung von Vorteil sein kann. Der Übergang aus der relativ strengen PDL-Struktur in variablere Strukturen und umgekehrt ist möglich. Untersuchungen für solche Überführungen wurden z.B. für ESTELLE durchgeführt /Hofmann 87/.

PDL verwendet ein Mehrebenenkonzept. Damit soll sowohl seine Verwendung während des Protokollentwurfs als auch die Trennung von spezifikations-

und implementierungstypischen Aspekten abgesichert werden. Sprache und auch Spezifikation sind so aufgebaut, daß die vorangegangenen Ebenen bis auf wenige Einschränkungen in der folgenden enthalten sind. Durch dieses Prinzip wird erreicht, daß der Nutzer trotz mehrerer Betrachtungsebenen mit relativ wenigen Elementen die Spezifikationen vornehmen kann, wobei jeweils nur die Sprachkenntnis bis zu dem betreffenden Spezifikationsniveau gefordert ist.

Mit PDL wurden Spezifikationen von Protokollen der oberen als auch der unteren Schichten des OSI-Referenzmodells durchgeführt, darunter der ISO-Sitzungs- und Transportprotokolle /Oniszeit 86/,/Hofmann 87/,/König 87c/,/Wieczorek 89/. Mit diesen Spezifikationen wurden zugleich umfangreiche Erfahrungen zur Methodik von Protokollspezifikationen gesammelt.

Auf der Basis des Mehrebenenkonzepts wurden Untersuchungen zu einem Protokollentwicklungssystem (siehe Abb. 3.3/10) durchgeführt, das die schrittweise Protokollentwicklung vom Entwurf bis zur rechnergestützten Implementierung vorsieht /Koenig 86b/. Die einzelnen Entwurfsschritte werden durch Validationsmaßnahmen unter Verwendung von Petri-Netz-Analysen /Heiner 85,89/ und Rapid Prototyping /Fischer 88a/ unterstützt. Wir werden beide Ansätze wie auch die rechnergestützte Implementierung in den Abschnitten 3.4. und 3.5. noch prinzipiell diskutieren.

3.3.2.5. ASN.1

In den vorangegangenen Abschnitten haben wir mehrfach darauf verwiesen, daß für die Beschreibung von Datenstrukturen in Kommunikationssystemen die Spezifikationssprachen ACT ONE und ASN.1 verwendet werden. Während erstere vor allem nur in Verbindung mit den Spezifikationssprachen LOTOS und SDL genutzt wird, ist für ASN.1 eine ständig breitere Anwendung zu verzeichnen. Das primäre Anwendungsfeld ist die Beschreibung abstrakter Syntaxen sowie ihre Abbildung in Transfersyntaxen, wie sie zur Gewährleistung einer einheitlichen Interpretation von Datenstrukturen in einem Rechnernetz in der Darstellungs- und Applikationsschicht erforderlich sind /Gora 87/. ASN.1 wird in zunehmendem Maße auch für die Spezifikation von Dienstprimitiven und Protokolldateneinheiten eingesetzt, so z.B. bei MAP-Protokollen. Auf diesen Aspekt soll im folgenden noch kurz eingegangen werden.

ASN.1 ist aus der Beschreibungssyntax X.409 der CCITT entstanden. Es wurde später von der ISO übernommen und ist in der Zwischenzeit internationaler Standard /ISO 8824/ geworden einschließlich zugehöriger Kodierungsvorschriften /ISO 8825/.

Das Grundelement der ASN.1-Beschreibung ist der Modul, der die Definition einer abstrakten Syntax enthält. In Beispiel 3.3/8 ist eine solche Moduldefinition zur Unterstützung der folgenden Ausführungen dargestellt. Sie enthält die Spezifikation der Dienstprimitive und PDUs des Transportprotokolls aus Abschnitt 2.6.(Bei der Betrachtung des Beispiels ist zu berücksichtigen, daß nicht immer die optimale Darstellung gewählt wurde, um unterschiedliche Beschreibungsmöglichkeiten zu demonstrieren.)

Eine Moduldefinition besteht aus einem Modulkopf, der den Namen des Moduls enthält, und dem Modulkörper. Dieser umfaßt eine Menge von Typ- und Wertdefinitionen.

Eine Typdefinition führt, wie aus höheren Programmiersprachen bekannt, einen Typnamen (Typreferenz) für den rechts vom Zuweisungszeichen (::=) stehenden Datentyp ein. Letzterer kann ein Basistyp oder ein abgeleiteter Typ sein.

Basistypen sind einfache Typen (INTEGER, BOOLEAN, OCTET STRING, BIT STRING, NULL) und vordefinierte Typen, die aus den einfachen Typen durch ein neues Tag (siehe unten) gebildet bzw. häufig von internationalen Standardisierungsgremien vorgegeben werden (z.B. IA5String (Internationales Alphabet Nummer 5 = ASCII)).

Abgeleitete Typen werden aus anderen Typen (Basistypen, abgeleitete Typen) durch Typkonstruktoren gebildet. Die verwendeten Typen müssen nicht zuvor definiert worden sein. Es sind Vorwärts- und Rückwärtsreferenzen erlaubt. Weiterhin kann auch das Konstrukt ANY eingesetzt werden, das als Platzhalter für zukünftige Verfeinerungen oder Erweiterungen der Datendefinition fungiert. Als Typkonstruktoren kommen in Frage CHOICE, SEQUENCE, SEQUENCE OF, SET und SET OF. Der Konstruktor CHOICE bezeichnet eine Auswahl zwischen verschiedenen Typen. Er ist mit dem **union**-Konzept in Algol-Sprachen vergleichbar. SEQUENCE bezeichnet eine Datenstruktur aus verschiedenen Elementen (entspricht dem PASCAL-Typ **record**) und SEQUENCE OF eine Struktur mit Elementen vom gleichen Typ (PASCAL-Typ **array**). SET und SET OF beschreiben analog Mengen (PASCAL-Typ **set**) aus Elementen mehrerer bzw. eines Typs. Für die Darstellung der Komponententypen gestattet ASN.1 zwei Schreibweisen. Entweder wird nur der Typ angegeben, der in einer getrennten Definition eingeführt wird, oder die Komponententypen werden mit einem Bezeichner versehen analog der record-Schreibweise in PASCAL. Als Besonderheit ist zu beachten, daß der Bezeichner des Komponententyps mit einem kleinen Buchstaben beginnen muß. In SEQUENCE- und SET-Typen können mittels DEFAULT und OPTIONAL Festwertbelegungen (z.B. das Eintragen des Erkennungskodes von Primitiven oder PDUs) und das wahlweise Auftreten von Komponenten dargestellt werden.

ASN.1 als abstrakte Syntaxnotation ist prinzipiell unabhängig von der konkreten Bit-Repräsentation für die mittels dieser Sprache definierten Datentypen. Beim Datenaustausch muß jedoch eine eindeutige Identifikation der definierten Typen und Werte möglich sein (vgl. Abschnitt 2.3.). Zu diesem Zweck führt ASN.1 einen Zusatz - im Englischen als "Tag" bezeichnet - ein, mit dem alle einfachen und zusammengesetzten Typen gekennzeichnet werden können. Ein Tag besteht aus einer Klasse und einer Nummer innerhalb dieser Klasse. Es wird in eckige Klammern eingeschlossen. ASN.1 definiert vier Tag-Klassen: UNIVERSAL, APPLICATION, PRIVATE und kontextspezifisch. Die Klasse UNIVERSAL umfaßt die im ASN.1-Standard definierten Typen. Beispielsweise wird dem Typ BOOLEAN das Tag [UNIVERSAL 1] zugeordnet. Mittels APPLICATION können Datentypen bestimmt werden, die z.B. nur für einen Standard, wie MMS oder FTAM (vgl. Abb. 2.4/2), gültig sind. Durch PRIVATE werden eigene Definitionen oder benutzerspezifische Erweiterungen internationaler Standards gekennzeichnet. Die kontextspezifischen Tags werden gemäß dem Zusammenhang interpretiert, in dem sie verwendet werden. Sie besitzen kein spezielles Schlüsselwort und werden nur durch die Nummer repräsentiert. Ein zweckmäßiger Anwendungsfall ist z.B. in zusammengesetzten Typen die Kennzeichnung der Komponententypen.

In den Typ-Definitionen (außer CHOICE) findet man häufig das Schlüsselwort IMPLICIT. Mit seiner Hilfe kann die Kodierung des Datentyps eines Wertes für die Datenübertragung unterdrückt werden, falls diese von den Kommunikationspartnern eindeutig aus dem Kontext erkennbar ist. Dadurch kann der Kodierungsaufwand bzw. die Länge einer PDU erheblich reduziert werden.

Als letztes wesentliches Element in dieser kurzen Übersicht müssen wir noch die Wertdefinitionen nennen. Wertdefinitionen entsprechen den Konstantendeklarationen höherer Programmiersprachen und dienen der Einführung symbolischer Bezeichnungen für bestimmte Werte. Des weiteren ist es möglich, den Wertebereich von Datentypen einzuschränken, indem, aufgelistet in geschweiften Klammern, nach dem Datentyp die Werte angegeben sind, die zugewiesen werden können. (Bei INTEGER-Typen ist die Angabe der Werte dadurch möglich, daß dem Schlüsselwort INTEGER die Menge der Werte folgt, wobei jeder Wert durch einen Bezeichner repräsentiert wird, dem der Wert, in runde Klammern eingeschlossen, nachgestellt ist.)

Der Sprachüberblick zeigt, daß sich ASN.1, was die Darstellungsmöglichkeiten betrifft, nicht so grundlegend von der Beschreibung der Datenstrukturen in anderen höheren Programmiersprachen, z.B. PASCAL, unterscheidet. Die Anwendung von ASN.1 dürfte dem mit solchen Sprachen vertrauten Nutzer kaum Schwierigkeiten bereiten. Probleme können anfangs aus der Umstellung auf die andere Notationsform entstehen. Unterschiede zu anderen Sprachen ergeben sich aus den Kodiervorschriften, die aber vor allem für den Informationsaustausch relevant sind, weniger für die Spezifikation.

ASN.1 wird sich als Beschreibungsmittel für Datenstrukturen im Bereich der offenen Kommunikation weiter durchsetzen. Dabei ist eine Weiterentwicklung der Sprache in Richtung einer kompletten Spezifikationssprache denkbar /Gora 87/. Gegenwärtig werden in verstärktem Maße Werkzeuge für den Umgang mit ASN.1 bereitgestellt. Das sind vor allem Editoren, Compiler (z.B. für die Abbildung in C) oder interaktive Testsysteme, um PDUs für die Protokolltestung (vgl. Abschnitt 3.6.) mittels ASN.1 zu erzeugen und auszuwerten.

```
ASN.1-Beispiel DEFINITIONS::=
BEGIN
      -- Das ist eine ASN.1-Beispieldefinition der Dienstprimitive und
      -- PDUs aus der Spezifikation des Transportprotokolls im Ab-
      -- schnitt 2.6.
  T-CONNECTION-ESTABLISHMENT ::= CHOICE
                                    {T-CONNECT-request,
                                     T-CONNECT-indication,
                                     T-CONNECT-response,
                                     T-CONNECT-confirm
                                    }
```

Beispiel 3.3/8: ASN.1-Defintion (Fortsetzung nächste Seite)

```
T-CONNECT-request ::=    [APPLICATION 0] T-CONNECT-type1
T-CONNECT-indication ::= [APPLICATION 1] T-CONNECT-type1
T-CONNECT-response ::=   [APPLICATION 3] T-CONNECT-type2
T-CONNECT-confirm ::=    [APPLICATION 4] T-CONNECT-type2

T-CONNECT-type1 ::= IMPLICIT SEQUENCE
    {called-address          [0] TSAP-ADDRESS,
     calling-address         [1] TSAP-ADDRESS,
     expedited-data-option   [2] BOOLEAN,
     quality-of-service      [3] OCTET STRING,
     ts-user-data:           [4] SEQUENCE OF OCTET STRING
    }

T-CONNECT-type2 ::= IMPLICIT SEQUENCE
   {quality-of-service       [0] OCTET STRING,
    calling-address          [1] TSAP-ADDRESS,
    expedited-data-option    [2] BOOLEAN,
    ts-user-data:            [3] SEQUENCE OF OCTET STRING
   }
TSAP-ADDRESS ::= ANY

T-PDU ::= CHOICE
            {cr   PDU-type1,
             cc   PDU-type2,
             dr   PDU-type3,

            }

PDU-type1 ::= [APPLICATION 10] SEQUENCE
   {li             [0] OCTET STRING,
                   [1] BIT STRING DEFAULT ´1110´B,
    cdt            [2] INT-MAX15,
    dst-ref        [3] INTEGER,
    src-ref        [4] INTEGER,
    class          [5] INTEGER,
    called-tsap    [6] ANY OPTIONAL,
    calling-tsap   [7] ANY OPTIONAL,
    tpdu-size      [8] INTEGER OPTIONAL
   }
```

Beispiel 3.3/8: ASN.1-Defintion (Fortsetzung nächste Seite)

```
   -- PDU-type2 analog mit anderem code-Wert

   INT-MAX15 ::= INTEGER
      {first(1)
       last(15)
      }
   PDU-type3 ::= [APPLICATION 11] SEQUENCE
      {li              [0] OCTET STRING,
                       [1] BIT STRING DEFAULT '1000'B,
       dst-ref         [2] INTEGER,
       src-ref         [3] INTEGER,
       reason          [4] INTEGER
                           {unspecified(0)     -- Grund nicht spezifiziert
                            congestion(1)      -- Überlastung TSAP
                            no-connection(2)   -- T-Nutzer nicht mit TSAP
                                               -- verbunden
                            unknown(3)         -- Adresse unbekannt
                           }
       additional      [5] SEQUENCE OF OCTET STRING OPTIONAL
      }
END
```

Beispiel 3.3/8: ASN.1-Defintion (Fortsetzung)

3.3.3. WAHL DER SPEZIFIKATIONSMETHODE

Die beiden letzten Abschnitte haben die Breite und die Intensität der Untersuchungen zur Entwicklung geeigneter formaler Mittel für die Protokollspezifikation verdeutlicht. Diese Aktivitäten haben zu bemerkenswerten und interessanten Ergebnissen geführt, die für die gesamte Software-Technologie von Bedeutung sein werden. Trotz dieser intensiven Bemühungen konnte bisher keine Methode entwickelt werden, die allen Erfordernissen der Protokollspezifikation gerecht wird. Wahrscheinlich wird es eine solche Methode auch nicht geben. Die Forschungsarbeiten werden fortgesetzt. Durch die Standardisierungsbemühungen der ISO und der CCITT sind dabei Schwerpunkte gesetzt, die die theoretischen Arbeiten, besonders aber die praktischen Anwendungen zunehmend beeinflussen werden.

Trotzdem wird auch in den nächsten Jahren eine Koexistenz verschiedener Sprachen und Methoden zu verzeichnen sein. Das ist z.T. eine Folge der Bereitstellung mehrerer standardisierter formaler Spezifikationssprachen. Aber auch andere, früher entwickelte Techniken werden weiter genutzt werden, entweder um die verfolgte Methode zu vervollkommnen oder als Inhouse-Lösung (vgl. /Fleischmann 89/, weil sie häufig bereits durch lauffähige Software unterstützt werden. Letzteres ist für die standardisierten Spezifikationssprachen im breiten Maßstab erst im Entstehen. Die Koexistenz verschiedener Methoden kann andererseits durchaus nützlich sein, da sie jeweils andere Aspekte der Protokolle stärker beleuchten. Beispielsweise sind abstraktere Darstellungen wie Petri-Netze, Datenflußgraphen oder temporale Logiken für Analyse- und Verifikationszwecke besser geeignet als Beschreibungen in ESTELLE und SDL, die den Implementierer stärker ansprechen. Die kombinierte Anwendung solcher Methoden kann daher für den Protokollentwicklungsprozeß durchaus vorteilhaft sein

Die Wahl der zu verwendenden Spezifikationsmethode wird von unterschiedlichen Faktoren abhängen /Danthine 80/. Vor allem sind zu nennen:

- *der administrative Hintergrund:*
  Gemeint ist hiermit die verbindliche Festlegung einer Spezifikationsmethode für ein Unternehmen oder eine Organisation. Typische Beispiele sind die Spezifikation von SNA mittels FAPL /Smith 83/ oder die Nutzung von SDL im Post- und Fernmeldebereich;

- *psychologische Aspekte:*
  Einen nicht unerheblichen Einfluß auf die Auswahl haben die persönlichen Prägungen, Erfahrungen und die Vorbildung des Anwenders. Diese Faktoren können ebenfalls bestimmend sein bei administrativen Entscheidungen;

- *die verfolgte Zielstellung:*
  Die unterschiedliche Eignung der Spezifikationstechniken für die Protokollbeschreibung als auch in Hinblick auf die Unterstützung der folgenden Entwicklungsphasen wird ein weiteres wesentliches Auswahlkriterium sein;

- *die vorhandene Softwareunterstützung:*
  Die Unterstützung der Spezifikationsmethode durch angepaßte Werkzeuge (syntaxgesteuerte Editoren, Compiler, Grafik, Analysesysteme) bestimmt wesentlich die Effizienz der Arbeit mit dieser Methode.

In diesem Zusammenhang muß noch auf einen sehr wichtigen Aspekt verwiesen werden. Die bisherige Praxis der Protokollspezifikation ist dadurch gekennzeichnet, daß die verbalen Spezifikationen der ISO-Standards von den Anwendern in formalisierte Darstellungen überführt werden. Das Entstehen differierender formalisierter Beschreibungen ist infolge unterschiedlicher Interpretationen der verbalen Spezifikation die Regel. Die verwendete Spezifikationsmethode ist dabei von sekundärer Bedeutung, da diese Spezifikationen i.allg. nur für einen begrenzten Wirkungsbereich von Interesse sind. Die Durchsetzung der ISO-Standards wird aber nur dann voll wirksam werden, wenn für die Dienst- und Protokollstandards autorisierte formale Spezifikationen in einer standardisierten Spezifikationssprache vorliegen. Eine solche Verfahrensweise wird angestrebt. Sie wird aber erst Mitte der neunziger Jahre sich durchgesetzt haben /Rudin 88/.

Der breite Einsatz formalisierter Spezifikationsmethoden erfordert die Lösung weiterer Probleme. Die Erfahrungen mit der Anwendung formalisierter Spezifikationssprachen belegen /Scollo 86/,/König 87c/, daß das Anfertigen brauchbarer Spezifikationen ein langwieriger und aufwendiger Prozeß ist, der erfahrene Spezifizierer erfordert, die neben der Spezifikationsmethode auch über praktische Kenntnisse von Protokollen und deren Realisierung verfügen. Es sind Empfehlungen für den zweckmäßigen Aufbau von Spezifikationen für die verschiedenen Protokollklassen in den unterschiedlichen Spezifikationstechniken zu erarbeiten /Vissers 88/. Weiterhin muß der Nutzerakzeptanz solcher Spezifikationen Aufmerksamkeit geschenkt werden. Formalisierte Spezifikationen können ebenfalls sehr umfangreich werden (bis zu mehreren hundert Seiten), so daß Lesbarkeit und Verständnis nicht ohne weiteres gegeben sind. Eine umfangreiche Kommentierung ist deshalb zumeist unerläßlich.

3.4. VERIFIKATION

Die Protokollverifikation überprüft die Korrektheit der Spezifikation vor deren Umsetzung in eine Implementierung. Sie versucht nachzuweisen, daß das Protokoll den spezifizierten Dienst erbringt bei gleichzeitig korrekter Nutzung der Dienste der darunterliegenden Schicht. (Die Dienstspezifikation selber kann nicht in diesem Sinne verifiziert werden /Bochmann 80a/. Sie bildet den Standard, gegen den das Protokoll verifiziert wird. Wohl aber ist es möglich, die Widerspruchsfreiheit der Dienstspezifikation zu überprüfen.) Den Nachweis, daß die (entworfene) Protokollimplementierung dem Dienst gerecht wird, ordnet man nicht mehr der Protokollverifikation zu.

Die Protokollverifikation gehört mit zu den am meisten diskutierten Phasen der Protokollentwicklung /Rayner 81/,/Sunshine 82a/,/Rudin 83a,87b/, /Yemini 85/, /Diaz 86/, /Bochmann 86a/, /Sabnani 88/, /Brinksma 89/, /Csaba 81,86/. Ihr Entstehen ist durch ähnliche Motive begründet, wie wir sie auch aus der Programmierung paralleler Prozesse kennen:

- Es ist allgemein bekannt, daß einmal mitgeschleppte Entwurfsfehler später nur schwer entdeckt und nur mit großem Aufwand beseitigt werden können.

- Ein systematisches Austesten von Kommunikationsprotokollen ist ausgeschlossen, da gewisse Fehlverhalten, z.B. Synchronisationsfehler, aufgrund ihrer Zeitabhängigkeit (bisheriger Verlauf der beteiligten Prozesse) i.allg. nicht reproduzierbar sind /Lamport 84/.

- Die Testung beweist stets nur die Anwesenheit von Fehlern, nicht aber deren Abwesenheit, so daß nur Wahrscheinlichkeitsaussagen über die Qualität des realisierten Protokolls getroffenen werden können. Im Gegensatz dazu kann die Verifikation Gewißheit über die Abwesenheit bestimmter Fehlerklassen schaffen.

Die Protokollverifikation gewinnt durch die Verbindlichkeit von Dienst- und Protokollspezifikationen als nationale und internationale Standards zusätzlich an Bedeutung.

In diesem Abschnitt wollen wir einen Überblick über Stand und Möglichkeiten der Protokollverifikation geben und zwei Ansätze näher vorstellen.

3.4.1. BEGRIFFSBESTIMMUNG

Der Begriff der Protokollverifikation wird in der Literatur nicht eindeutig gebraucht. Man findet häufig gleichbedeutend den Begriff Protokollvalidation (siehe /Sajkowski 85/). Wir wollen uns hier den in /Bochmann 80a,81/,/Sajkowski 85/ gegebenen Definitionen anschließen, die sich an die Begriffswahl in der Softwaretechnologie anlehnen.

Dementsprechend wird *Protokollverifikation* als der Nachweis der Korrektheit, Vollständigkeit und Konsistenz des Protokollentwurfs, repräsentiert durch seine Spezifikation, verstanden. *Korrektheit* bedeutet hier funktionelle Korrektheit, d.h. die Erfüllung der Festlegungen der Dienstspezifikation durch die Protokollaktionen und ihre Erbringung innerhalb einer endlichen Zeit. Die *Vollständigkeit* fordert die Reaktion auf alle möglichen Ereignisse und die Ausführung aller Optionen und Dienste. Die *Konsistenz* der Protokollspezifikation bezieht sich auf ihre innere Widerspruchsfreiheit, sowohl zwischen ihren verschiedenen Teilen als auch zu den angrenzenden Schichten.

Protokollvalidation ist die Bestimmung des funktionellen Werts des Protokollentwurfs und seiner Implementation bezüglich der Nutzeranforderungen. Die Protokollvalidation schließt somit alle Aktivitäten in diese Richtung im Protokollebenszyklus ein (siehe Abb. 3.4/1). Dazu zählen die verschiedenen Formen der Verifikation, der Testung sowie der Leistungsvoraussage und -bewertung.

Die Protokollverifikation kann nochmals in zwei Arten unterteilt werden /Diaz 82/,/Heiner 89/:

- Allgemeine Verifikation von Eigenschaften, die unabhängig von der speziellen Semantik des zu entwerfenden Protokolls eingehalten werden müssen (Konsistenz), wie Lebendigkeit, Deadlock-Freiheit, Beschränkt-

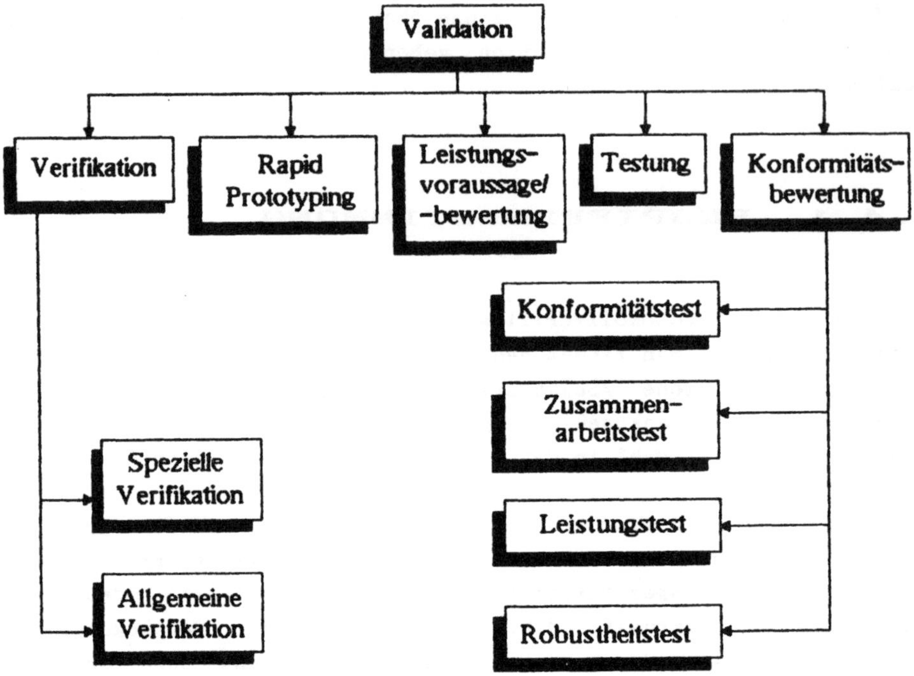

Abb. 3.4/1: Formen der Protokollvalidation

heit, Resynchronisation usw. Die Überprüfung der Widerspruchsfreiheit der Spezifikation basiert auf Kontextbetrachtungen unter Zuhilfenahme mathematischer Modelle.

- Spezielle Verifikation von Eigenschaften, die durch die Semantik des zu entwerfenden Protokolls bestimmt werden. Diese Verifikation im klassischen Sinn versucht durch Gegenüberstellung der Protokoll- mit der Dienstspezifikation nachzuweisen, daß das entworfene Protokoll dem spezifizierten Dienst gerecht wird (Korrektheit,Vollständigkeit).

In Tabelle 3.4/1 sind die wichtigsten Protokolleigenschaften zusammengestellt, deren Untersuchung Gegenstand der Protokollverifikation ist /Sidhu 82/,/Sajkowski 85/,/Heiner 89/. Diese Eigenschaften sind auch für andere Softwaresysteme relevant. Unsere Zusammenstellung charakterisiert, wie sich diese Eigenschaften bei Protokollen äußern (eine umfassende Erläuterung ist in /Sajkowski 85/ zu finden).

Keine nichtausführbaren Aktionen	Das Protokoll enthält keine Aktionen, die unter normalen Abarbeitungsbedingungen nicht zur Ausführung kommen.
Lebendigkeit	Jeder Zustand des Systems ist vom Ausgangszustand erreichbar.
Deadlock-Freiheit	Das Protokoll gelangt niemals in einen Systemzustand, der keine Wechselwirkung mit der Umgebung gestattet und den es niemals verläßt.
Livelock-Freiheit	Das Protokoll enthält keine unproduktiven Zyklen (wiederholter Austausch gleicher Nachrichten).
Fehlertoleranz und Resynchronisation	Das Protokoll kehrt nach einem Fehler oder einem abnormalen Zustand innerhalb einer endlichen Zeit in einen normalen Zustand zurück.
Sicherheit	Das Protokoll erreicht niemals einen unerwünschten Zustand (es geschieht nichts Unvorhergesehenes).
Beschränktheit	Die Zahl der Nachrichten in einem Nachrichtenkanal zwischen den Einrichtungen ist stets kleiner gleich der Kanalkapazität.
Vollständigkeit	Das Protokoll enthält keinen nichtspezifizierten Empfang von Nachrichten, d.h., es akzeptiert alle Eingaben.
Partielle Korrektheit	Das Protokoll erbringt den speziellen Dienst, falls es terminiert.
Termination	Das Protokoll erreicht immer den Endzustand bzw. einen der Endzustände; bei zyklischen Protokollen den Anfangszustand.

Tab.3.4/1: Protokolleigenschaften

Es sei angemerkt, daß in der Literatur bezüglich der Klassifikation der Protokolleigenschaften und der zugehörigen Verifikationsformen unterschiedliche Auffassungen existieren (vgl. /Sajkowski 85/,/Rudin 85a,88/). Die hier gegebene Unterscheidung wurde als Basis für die in /Heiner 85, 89/,/König 86b/,/Fischer 88a,b/ beschriebenen Ansätze genommen (siehe Abschnitt 3.4.3.).

3.4.2. VERIFIKATIONSMETHODEN

Mit der folgenden Zusammenstellung wollen wir einen Überblick über wichtige Methoden der Protokollverifikation geben. Für eine ausführliche Darstellung sei u.a. auf /Sajkowski 85/ verwiesen. Weitere Überblicksdarstellungen sind in /Bochmann 80a/, /Sunshine 82b/ und /Sabnani 88/ enthalten.

Erreichbarkeitsanalyse

Die Erreichbarkeitsanalyse beinhaltet die Untersuchung aller möglichen Wechselwirkungen zwischen den paaren Einrichtungen durch Konstruktion eines Erreichbarkeitsbaums. Er umfaßt ausgehend von einem Initialzustand alle erreichbaren globalen Zustände des Systems. Ein globaler Zustand faßt den jeweiligen aktuellen Zustand der kooperierenden Einrichtungen und des sie verbindenden Kommunikationskanals zusammen. Alle möglichen Übergänge (Anliegen von Dienstprimitiven, Eintreffen von Nachrichten, Timeouts) erzeugen neue globale Zustände. Dieser Prozeß ist beendet, wenn kein neuer Zustand mehr generiert werden kann.

Die Erreichbarkeitsanalyse, die vor allem auf zustandsorientierte Spezifikationen angewandt wird, dient vorrangig der Analyse allgemeiner Protokolleigenschaften, wie Beschränktheit, Vollständigkeit, Deadlock-Freiheit, Livelock-Freiheit, Termination u.a. Der große Vorteil der Erreichbarkeitsanalyse ist ihre leichte Automatisierbarkeit, die sie mit zu den am meisten angewendeten Verifikationsmethoden werden ließ /West 78,86a/,/Rafiq 83/, /Sidhu 86/,/Voung 86/. Die Probleme der Erreichbarkeitsanalyse liegen in der effektiven Gestaltung des Analysealgorithmus (Vermeidung der wiederholten Auswertung von Zuständen) und in der sprunghaft ansteigenden Zahl von Zuständen (Zustandsexplosion), die die Analysemöglichkeiten realer Protokolle beschränken. Es wird deshalb versucht, durch Einschränkungen, z.B. Begrenzung der Fehlerzahl /West 82/, Reduktion /Zhao 86/, wahlweise Auswahl von Zuständen /West 86b/, Einbeziehung von Zeitbetrachtungen /Sajkowski 86/ u.a., zu praktikablen Lösungen zu gelangen.

Petri-Netz-Analyse

Petri-Netz-Analysen gehören zu den am häufigsten genutzten Methoden der Protokollverifikation. Es wird allgemein anerkannt, daß Petri-Netze für die Analyse der meisten im vorangegangenen Abschnitt aufgeführten Eigenschaften eine geeignete theoretische Grundlage bilden. Petri-Netze werden dabei vor allem für die allgemeine Verifikation, darunter für die oben erläuterte Erreichbarkeitsanalyse, eingesetzt. Sie werden aber auch durch Auswertung der S- und T-Invarianten für die spezielle Verifikation genutzt /Diaz 82/,/Bourguet 86/.

Grundlage für die Analyse ist das Vorhandensein einer entsprechenden Petri-Netz-Spezifikation. Da dies, wie bereits im Abschnitt 3.3.2. diskutiert, für reale, komplexe Protokolle in der Praxis kaum geschieht, ist eine (automatische) Ableitung der Petri-Netz-Modelle aus anderen Spezifikationsformen erforderlich. Für höhere Programmiersprachen liegen diesbezüglich seit Beginn der achtziger Jahre Erfahrungen vor /Heiner 80/, /Ayache 83/, so daß Petri-Netze für die a priori als wenig verifikationsfreundlich geltenden sprachlich geführten Spezifikationen eine geeignete Basis darstellen /Heiner 85,89/.

Petri-Netz-Analysen sind ebenfalls günstig automatisierbar. Die Zahl der Publikationen, die über solche Systeme berichten, steigt ständig /Diaz 82/,/Berthelot 82/,/Antilla 83/,/Ayache 83/,/Bourguet 86/,/Qiu 86/, /Bochmann 87/. Petri-Netz-Analysen haben ähnlich wie die Erreichbarkeitsanalyse mit dem Umfang der Datenmengen zu kämpfen. Hier wird versucht, durch eigenschaftserhaltende Reduktionen und Strukturanalysen zu günstigeren Bedingungen zu gelangen /Diaz 82/,/Berthelot 82/,/Bourguet 86/, /Heiner 89/. Ein weiteres Problem ist die Interpretation der recht umfangreichen Analyseergebnisse, die i.allg. Spezialisten vorbehalten bleiben muß und u.a. zu weiteren Verfeinerungen der Modelle durch Einführung von Zeiten, Prädikaten u.a. geführt hat. Solche Verfeinerungen erfordern aber komplexe Analysen und sind dadurch häufig bereits in ihren Anwendungsmöglichkeiten begrenzt. Allgemein gilt: Je einfacher das Modell, um so effizienter die Analyse /Diaz 82/,/Heiner 85/.

Das große Interesse für Petri-Netze, das sich in einer ständigen Weiterentwicklung der Theorie und in einer wachsenden Zahl praktikabler Systeme äußert, läßt sie zu einer der favorisierten Methoden der Protokollverifikation werden /Bochmann 87/. Wir werden im folgenden Abschnitt noch näher auf diese Methode eingehen.

Temporale Logiken

Die temporale Logiken als eine deskriptive Beschreibungstechnik (vgl. Abschnitt 3.3.1.) stellen eine Weiterentwicklung der klassischen Hoarschen axiomatischen Programmverifikation für die Spezifikation und Verifikation paralleler Prozesse dar. Grundlage ist die Einführung von Operatoren, die die Historie der Wechselbeziehungen zu beschreiben gestatten. Es werden hierbei unterschiedliche Ansätze verfolgt /Vogt 82/, /Schwarz 83/, /Hailpern 83/. Temporale Logiken werden als ein sehr verheißungsvoller Ansatz angesehen, der für die Verifikation vieler der angeführten Eigenschaften von Protokollen, besonders für die spezielle Verifikation, geeignet ist /Schwartz 82/,/Hailpern 83/,/Lamport 83,84/. Ihnen wird großes theoretisches Interesse entgegengebracht. Ihre praktische Anwendung für die Protokollverifikation in Form automatisierter Systeme wird jedoch noch weiterer Untersuchungen bedürfen.

Algebraische Verifikation

Die algebraische Verifikation basiert auf der Reduktion algebraiscner Spezifikationen durch das Ersetzen von Teilausdrücken durch äquivalente bedeutungserhaltende andere Ausdrücke /Milner 80/. Damit kann die Äquivalenz verschiedener Spezifikationen nachgewiesen werden. LOTOS ist u.a. auf diesen Aspekt ausgerichtet (vgl. /ISO 8807/). Mittels der algebraischen Spezifikation können u.a. Eigenschaften, wie Beschränktheit,Vollständigkeit, Deadlock-Freiheit, Livelock-Freiheit, Lebendigkeit und Resynchronisation, nachgewiesen werden. Die Durchführung der Verifikation ist zumindest teilweise automatisierbar. Praktischen Anwendungen sind jedoch häufig noch Grenzen gesetzt /Gotzhein 86/.

Rapid Prototyping

In den letzten Jahren hat sich aus der Simulation eine Methode entwikkelt, die im Grenzbereich zwischen Verifikation und Validation liegt und gegenwärtig als eine der vielversprechendsten Ansätze angesehen wird: das Rapid Prototyping /Sajkowski 85/,/Jard 86a,b/,/Bochmann 87/, /Fischer 88a,b/. Es beinhaltet die Abarbeitung von Protokollspezifikationen durch Interpretation oder Übersetzung in andere Sprachen zur simulativen Ausführung. Die Spezifikation wird damit zum ersten ausführbaren Prototyp der zu erstellenden Kommunikationssoftware, der nicht notwendig vollständig sein muß, aber Rückschlüsse auf das zu erwartende Verhalten zuläßt. Durch die Abarbeitung der Spezifikationen werden mögliche Ablauffolgen aufgezeichnet (tracing), deren (allerdings nicht unproblematische) Auswertung /Jard 86b/ Aussagen zu den Protokolleigenschaften gestattet. Ein solches Vorgehen ist auch bei umfangreichen Spezifikationen durchführbar. Wir werden ein Beispiel für eine solche Vorgehensweise ebenfalls im nächsten Abschnitt vorstellen.

Die obige Darstellung verdeutlicht, daß die Protokollverifikation ähnlich der Spezifikation eine Vielzahl von Ansätzen aufweist. Die meisten von ihnen wurden bereits früher für die Software-Verifikation entwickelt. Ihre Anwendung in der Protokollverifikation trägt z.T. noch stark experimentelle Züge. Eine breite praktische Anwendung ist nur für wenige Methoden zu verzeichnen. Die Komplexität und die Kompliziertheit der internen Strukturen von Protokollen werden auf längere Sicht eine vollständige Verifikation ohnehin praktisch kaum möglich werden lassen. In /West 86b/ wird aus diesem Grunde argumentiert, die Verifikation momentan nur als ein Mittel zu betrachten, um Fehler vor der Implementierung zu entdecken bzw. um nur bestimmte Fehlerklassen auszuschließen, und nicht, um generell die Abwesenheit von Fehlern nachzuweisen. Allgemein wird deshalb auf die komplementäre Verwendung mehrerer Techniken orientiert, um die Wahrscheinlichkeit des Nichtauffindens von Fehlern möglichst klein zu halten /Groz 85/, /Sajkowski 85/,/Heiner 89/.

Trotz dieser Einschränkungen sind Verifikationsmethoden ein wichtiger Bestandteil der Entwicklung korrekter Protokolle, die bereits mehrfach zur Aufdeckung von Fehlern in Standardvorschlägen /Antilla 83/,/Sidhu 86/,/West 82,86a,b/ geführt haben. Die Anwendung der Protokollverifikation ist auch bei Realisierungen, die auf Standards aufbauen, sinnvoll. Die Erfahrungen zeigen /König 87c/, daß Fehlinterpretationen der verbalen Spezifikation und vor allem Flüchtigkeitsfehler bei ihrer Umsetzung Ursache unkorrekter Realisierungen sein können.

Die Auswahl der Verifikationsmethode wird von pragmatischen Aspekten bestimmt sein /Sajkowski 85/. Dazu zählen die Analysemöglichkeiten der zur Auswahl stehenden Methoden, die Verfügbarkeit rechnergestützter Werkzeuge, die Beziehung zu der verwendeten Spezifikationstechnik sowie die Vertrautheit des Anwenders mit der Methode. Der Umfang der Analysen sowie die Probleme bei der Interpretation ihrer Ergebnisse läßt eine Spezialisierung innerhalb des Entwicklerkollektivs zweckmäßig erscheinen.

Die Aufwendungen für die Protokollverifikation sind nicht unerheblich. Entscheidend für eine praktikable Verifikation realer Protokolle wird das Vorhandensein rechnergestützter Werkzeuge sein. In der Literatur wird zunehmend über solche Systeme berichtet /Bochmann 87/. Große Bedeutung kommt in diesem Zusammenhang der automatischen Überführung der Protokollspezifikationen in die Eingangsdarstellungen der Analysesysteme bzw. in die oftmals geforderten verifikationsorientierten Spezifikationen zu. Ohne das Vorhandensein einer solchen Rechnerunterstützung wird die Verifikation realer Protokolle kaum praktikabel werden. Dabei werden vorerst vor allem Methoden der allgemeinen Verifikation (Erreichbarkeitsanalyse, Petri-Netze, Rapid Prototyping) die größten Chancen für eine breitere Anwendung haben. Sie können, wie die oben zitierten Publikationen beweisen, bereits zu wesentlichen Korrektheitsaussagen führen. Überlegungen zu ihrer Erweiterung müssen stets berücksichtigen, daß damit vielfach ein rapider Anstieg in der Komplexität der Analysen verbunden ist, wodurch der praktischen Anwendung bald Grenzen gesetzt sind.

3.4.3. VERIFIKATION AUF DER BASIS SPRACHLICHER SPEZIFIKATIONEN

In diesem Abschnitt wollen wir zwei Ansätze - die Petri-Netz-Analyse und das Rapid Prototyping - näher vorstellen, die in Verbindung mit der PDL-Entwicklung verfolgt wurden (vgl. Abschnitt 3.3.2.4.). Damit wollen wir dem Leser einen Eindruck vermitteln von der prinzipiellen Vorgehensweise bei der Durchführung von Verifikationen auf der Basis sprachlicher Spezifikationstechniken.

Petri-Netz-Analyse

Das Ablaufschema der Petri-Netz-Verifikation entsprechend /König 86b/, /Heiner 89/ ist in Abbildung 3.4/2 dargestellt. Ausgangspunkt ist die Spezifikation des Protokolls; im konkreten Fall: PDL-Spezifikationen der Ebenen S, D und A. Zur Verifikation wird das Synchronisationsskelett des

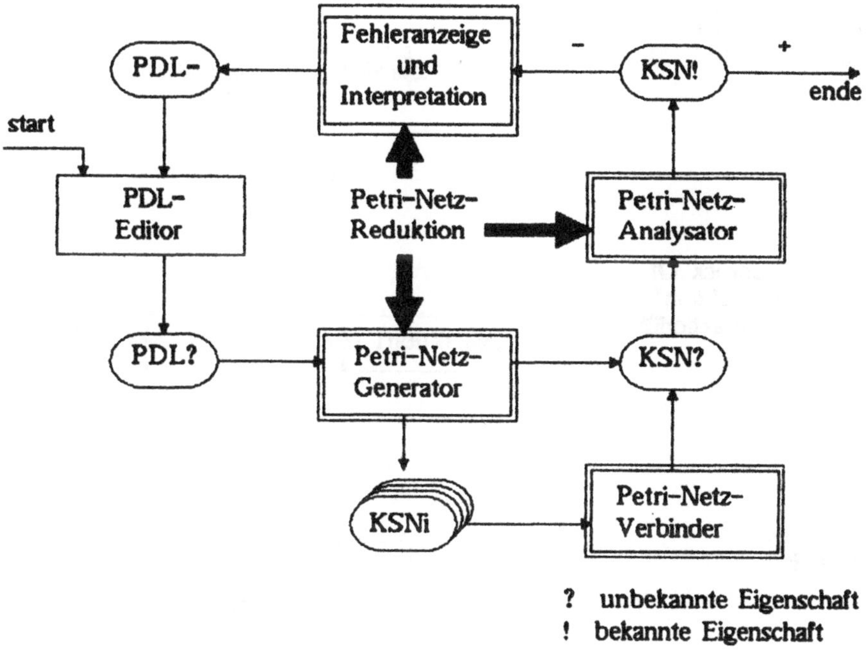

Abb. 3.4/2: Ablaufschema der Petri-Netz-Verifikation

Spezifikationstextes automatisch auf ein Kontroll-Struktur-Netz (eine Teilklasse der Petri-Netze) abgebildet, wobei sich der Petri-Netz-Generator in das allgemeine Schema eines Compilers als eine spezielle semantische Synthese einordnet.

Die Ableitung des Petri-Netzes aus der Spezifikation erfolgt auf der Grundlage eines festgelegten Transformationsschemas. Dieses muß individuell für jede Spezifikationssprache ausgearbeitet werden und hat deren Spezifik zu berücksichtigen. Damit verbunden sind aber auch differierende Analysemöglichkeiten für die einzelnen Techniken.

Für die Erzeugung eines Petri-Netzes auf der Grundlage einer PDL-Spezifikation sind folgende Aspekte relevant (vgl. hierzu Abschnitt 2.2.):

- Übersetzung der Schicht-Spezifikation und der Protokoll-Teile in Teil-Petri-Netze, die anschließend in einem getrennten Verbinderlauf zu einem vollständigen Netz zusammengebunden werden.

```
IF bedingung
THEN aktion1
(*ELSE aktion2 *)
*IF

CASE ausdruck OF
    markel: aktion1
  (* ! markei: aktioni)*
*CASE

LOOP
    aktion
*LOOP

LOOP
    aktion1;
    IF bedingung
    THEN EXIT
    *IF;
    aktion2
*LOOP

nachricht -> empfänger /
RESPONSE dienstprimitive

WAIT EVENT
    ereignis1: aktion1
  (* ! ereignisi: aktioni *)*
*WAIT
```

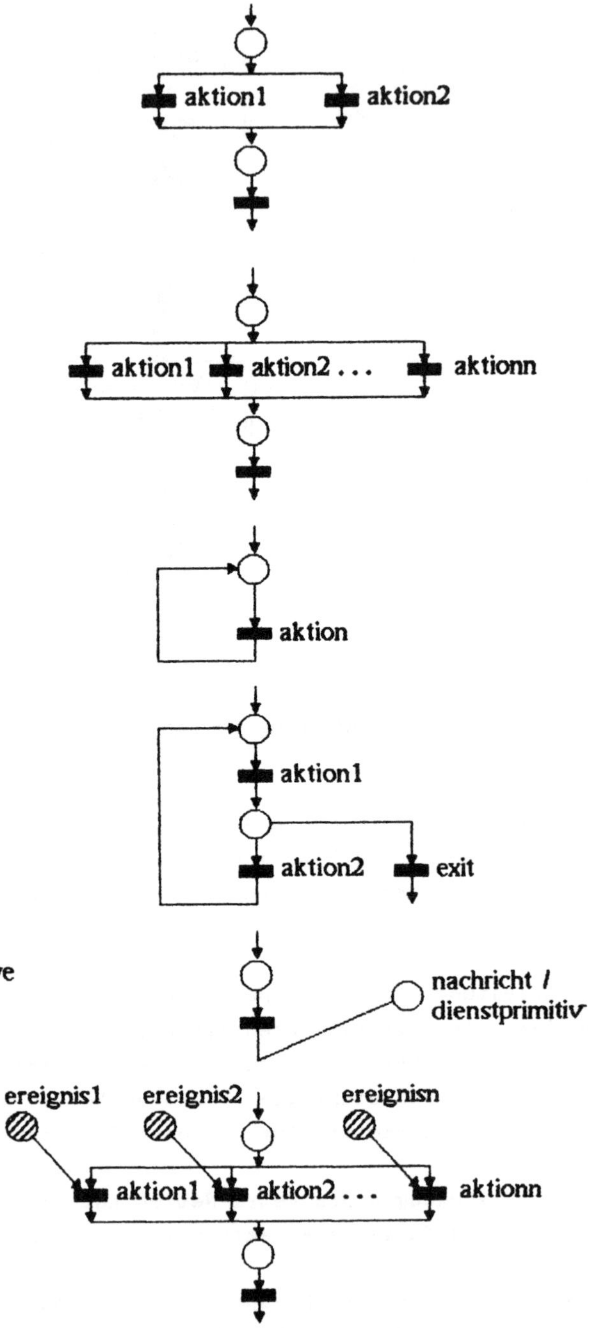

Abb. 3.4/3: Petri-Netz-Darstellung einiger PDL-Sprachelemente

- Sondierung der Synchronisationsstellen zwischen den Spezifikationseinheiten. Diese sind durch die Dienstprimitive, PDUs, Bedingungen und Zeitgeber (syntaktischen Einheiten **service**, **message**, **condition** und **timer**) gegeben.

- Transformation der Kontrollstrukturen in korrespondierende Petri-Netz-Darstellungen. Als Beispiel sind in Abbildung 3.4/3 die Petri-Netz-Notationen einiger PDL-Anweisungen angegeben.

Ein wesentlicher Aspekt der Abbildung in Petri-Netze ist das Dimensionalitätsproblem, d.h. die Erzeugung (in der Praxis) analysierbarer Netze. Dazu sind Maßnahmen zur Reduzierung des Umfangs der Netze erforderlich (vgl. Abb. 3.4/2). In der hier beschriebenen Transformation werden deshalb alle Anweisungsfolgen, die keine Synchronisationsanweisungen darstellen oder enthalten, in eine einzelne Transition abgebildet. Weiterhin unterstützen die Spezifikationsstruktur und die getrennte Compilierung der Protokollteile eine dienst- bzw. phasenbezogene Modularisierung der Spezifikation, die seperat verifiziert werden können. Als nächste Maßnahme kann eine die Synchronisationsstruktur erhaltende Reduktion vorgenommen werden. Ist auch diese Maßnahme nicht ausreichend, müßte eine eigenschaftserhaltende Reduktion angeschlossen werden /Heiner 89/, bei der die Synchronisationsstruktur zerstört wird, was seinerseits die Aufdeckung von Fehlerquellen im Spezifikationstext kompliziert.

Das in dem separaten Verbinderlauf auf der Grundlage der **protocol**-Spezifikation und der fixierten Synchronisationsstellen erzeugte Petri-Netz bildet die Eingabe für den Petri-Netz-Analysator (Abb. 3.4/4 zeigt das Netz für das Alternierende Bit-Protokoll aus Abschnitt 2.2.). Unter dem Begriff Analysator ist eine Sammlung von Analyse-Werkzeugen für spezielle Petri-Netz-Eigenschaften zu verstehen. Für die hier beschriebenen Analysen /Heiner 89/ wird die Petri-Netz-Maschine aus /Starke 86/ genutzt.

Die Analysen beschränken sich vorerst auf die Verifikation allgemeiner Eigenschaften (Deadlock- und Livelock-Freiheit, Fehlen nichtausführbarer Anweisungen, Resynchronisation, Beschränktheit). Ein wichtiges Problem in diesem Zusammenhang ist die Fehleranzeige und -interpretation. Die Fehleranzeige kann z.B. durch Neuübersetzung der Spezifikation verbunden mit der Indikation der fehlerbehafteten Spezifikation (Fehlerart) erfolgen. Komplizierter ist dagegen die Interpretation der Fehleranzeigen, da

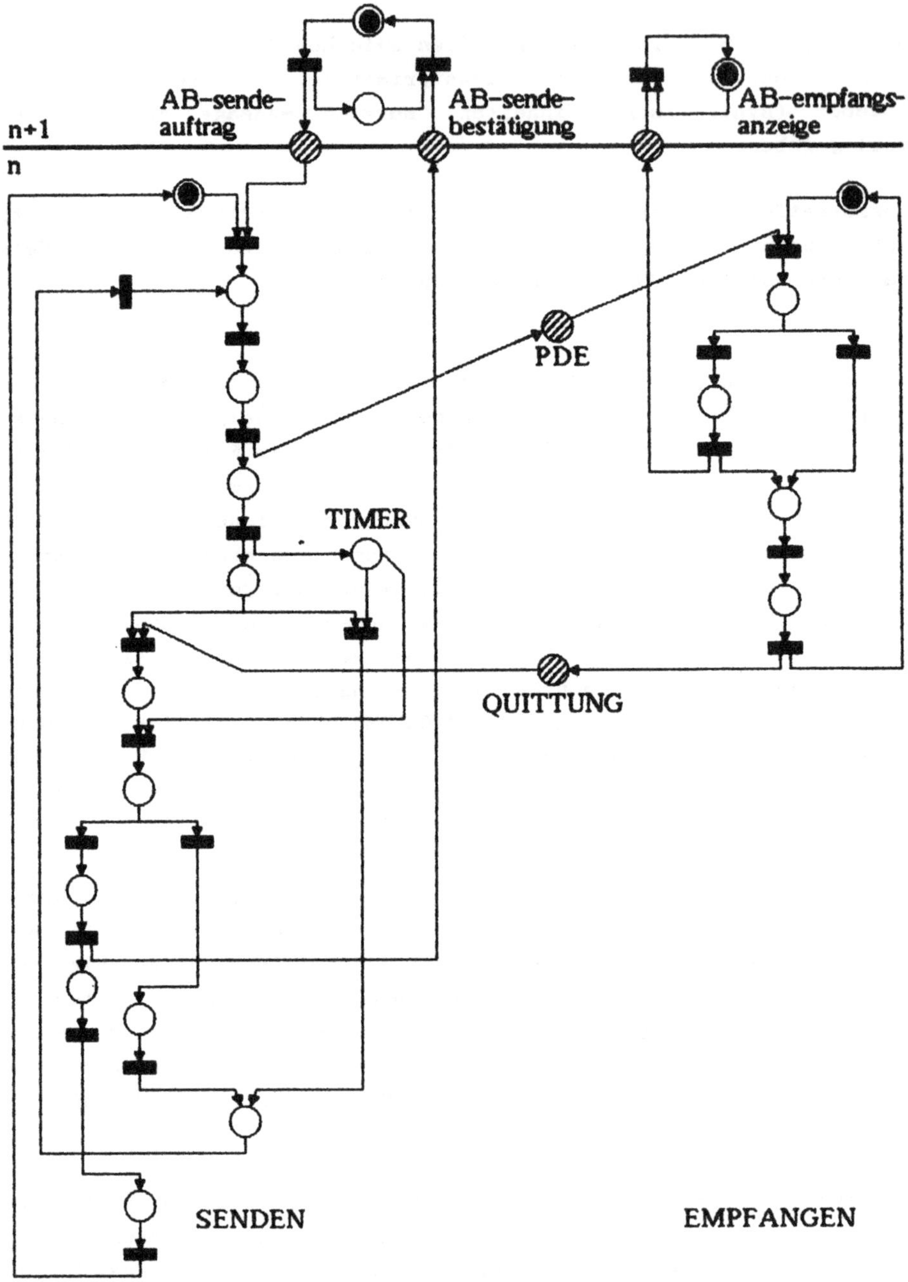

Abb. 3.4/4: Petri-Netz-Darstellung des Alternierenden Bit-Protokolls
(aus Abschnitt 2.2.)

aus den Hinweisen der Petri-Netz-Analyse die eigentlichen Fehlerquellen in der sprachlichen Darstellung ermittelt werden müssen. Eine solche Interpretation wird ohne den Petri-Netz-Spezialisten wahrscheinlich kaum möglich sein. Hierzu sind weitere Untersuchungen zur Klassifikation der Fehler und ihrer Erscheinungsform in beiden Darstellungsarten erforderlich.

Ein anderer interessanter Analyseschritt wäre die Durchführung von Analysen zur speziellen Verifikation, d.h. konkret der Nachweis, daß die Protokoll-Spezifikation der Dienst-Spezifikation gerecht wird. In /Bourguet 86/ wird hierzu ein entsprechender Ansatz auf der Basis lokaler Isomorphie-Eigenschaften vorgestellt. Weitere mögliche Anwendungsfälle werden bei der Unterstützung systematischer Tests, in der Leistungsbewertung und für die Absicherung fehlertoleranten Verhaltens gesehen /Heiner 89/.

Rapid Prototyping

Der Rapid Prototyping-Ansatz, den wir hier vorstellen möchten, basiert auf der Verwendung des Systems ATLANTIC (Analyzing & Testing Local Area Network Targets In C, vormals ATLANTIS bedingt durch die Verwendung von SIMULA als Simulationssprache) /Fischer 88a,b/. ATLANTIC ist ein Simulationswerkzeug zur integrierten Entwicklung und Leistungsbewertung verteilter Software. Es gestattet die Analyse der entworfenen Software durch simulative Ausführung auf einem Entwicklungsrechner, ehe die verteilte Hardwarekonfiguration zur Verfügung steht.

Für die ATLANTIC zugrundeliegende Technologie des Rapid Prototyping wird unter dem Aspekt der Kommunikationssoftware folgender Begriff des Prototyps verwendet:

Ein (Kommunikationssoftware-) Prototyp ist
(a) ein erstes modularisiertes und lauffähiges Programm oder ein abgeleitetes ausführbares Simulationsmodell,
(b) das aus einer Dienst- und Protokollspezifikation heraus nach bestimmten Methoden erstellt worden ist,
(c) nicht notwendig vollständig sein muß,
(d) sich aber (nach subjektiven und objektiven Verfahren) bewerten läßt.

Mit dem Einsatz von ATLANTIC können im einzelnen drei Ziele verfolgt werden:

(1) Validation der Protokollspezifikation,
(2) Validation der erzeugten Implementierungen,
(3) Anschluß an Methoden und Systeme der Leistungsvoraussage und -bewertung.

Abbildung 3.4/5 zeigt die Integration des Systems in den Protokollentwicklungsprozeß.

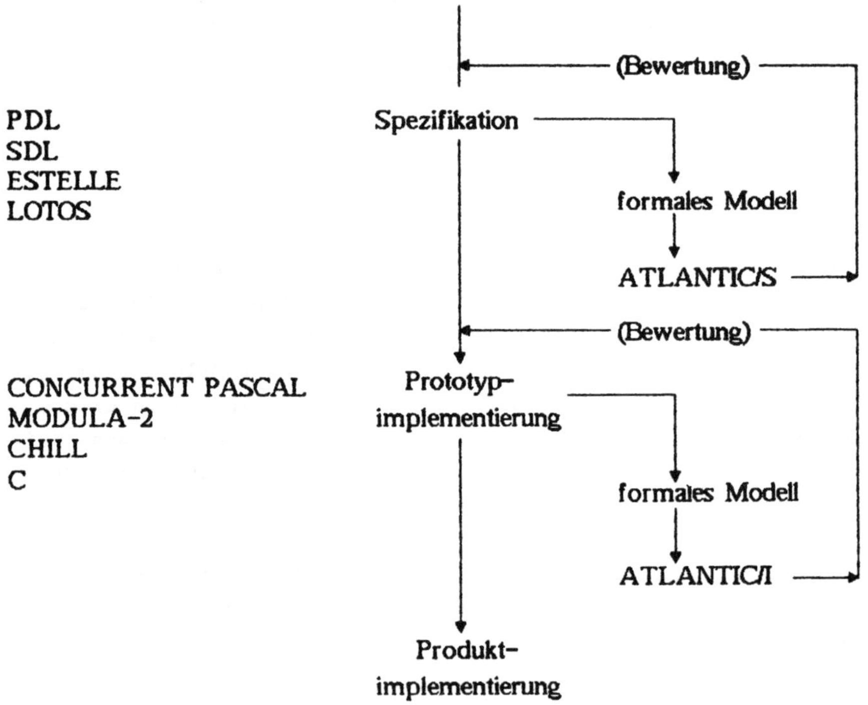

Abb. 3.4/5: Integration von ATLANTIC in den Protokollentwicklungsprozeß

ATLANTIC unterscheidet zwei Eingänge:
- ATLANTIC/S zur Nachbildung von Spezifikationssprachen und
- ATLANTIC/I zur Nachbildung von Implementierungssprachen,

wobei innerhalb jeder Ebene spezielle Interfaces für den Anschluß der einzelnen Sprachen existieren.

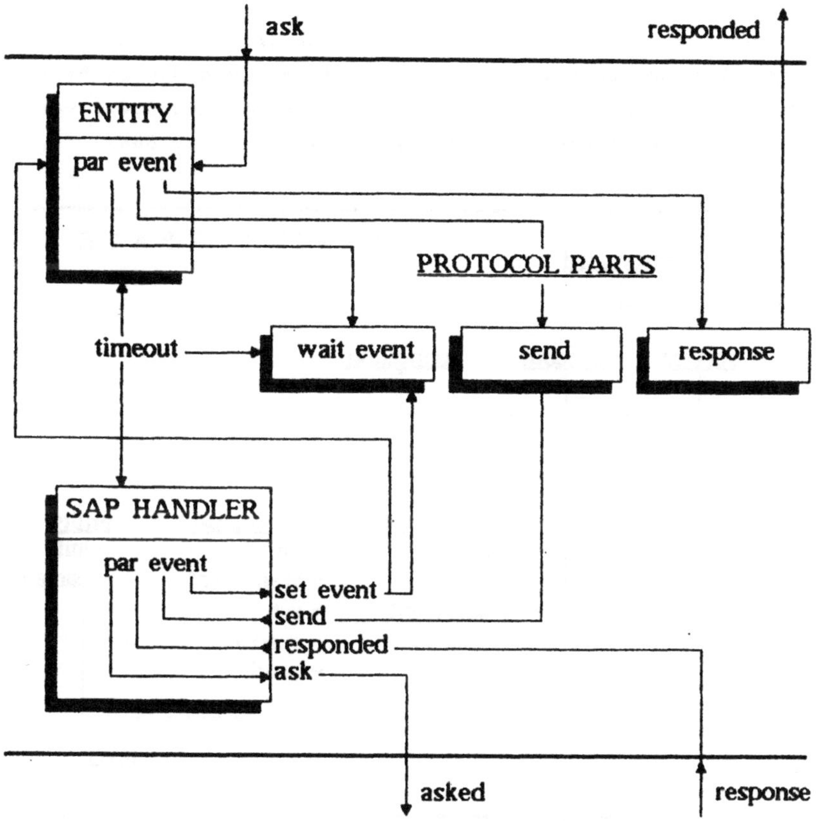

Abb. 3.4/7: Ereignisbehandlung in ATLANTIC / PDL

Für die Realisierung des Interfaces zu den Spezifikationssprachen werden durch ATLANTIC/S eine Reihe von abstrakten Datentypen als Modellelemente bereitgestellt. Folgende Modellelemente können genutzt werden:

(1) device - Prozeßbaustein zur Nachbildung von Zeitgebern und Übertragungskanälen,
(2) buffer - allgemeiner Listenbaustein, der zur Modellierung von Puffern und Warteschlangen dient,
(3) item - allgemeines Listenelement, das zur Nachbildung von Nachrichten, Signalen, Kommunikationsereignissen dienlich ist,
(4) proc unit - Prozeßbaustein zur Nachbildung der spezifischen Prozeßtypen der Spezifikationssprachen,
(5) module unit - Strukturierungsbaustein (beispielsweise für Systeme von Prozessen).

Den konkreten Ausbau dieser Bausteine zum PDL-Interface zeigt Abbildung 3.4/6 (vgl. hierzu Abschnitt 2.2.). Der Signal- und Nachrichtenfluß im Laufzeitsystem der PDL-Schnittstelle wird in Abbildung 3.4/7 veranschaulicht (eine ausführlichere Darstellung ist in /Fischer 88a/).

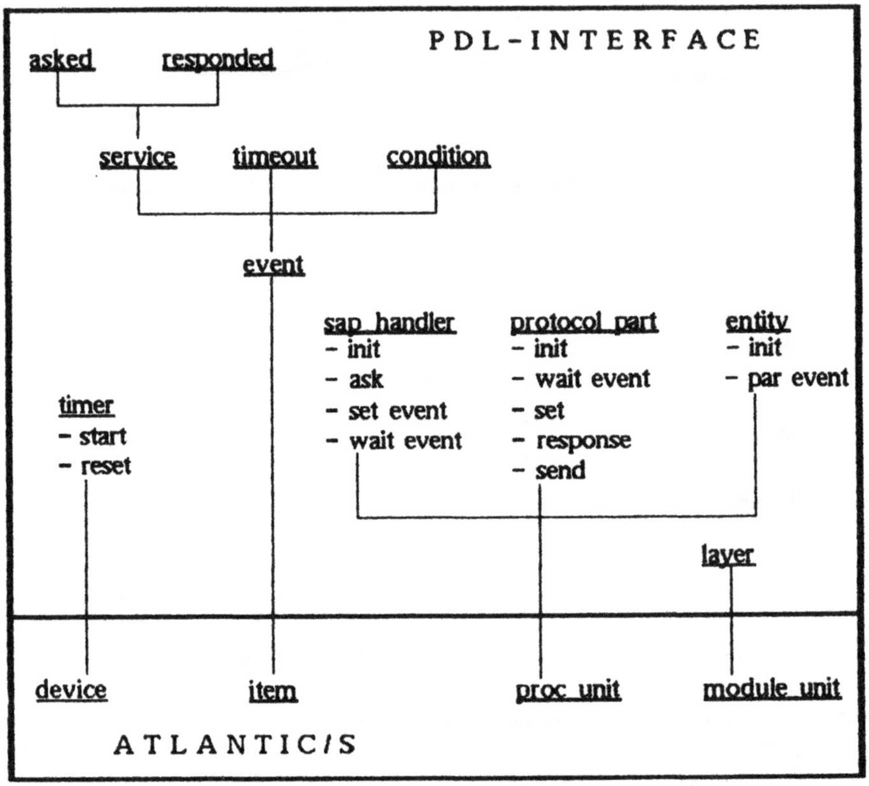

Abb. 3.4/6: Aufbau der ATLANTIC/S-Schnittstelle: PDL

Für die Überführung der Spezifikationen in die Eingangsdarstellungen der ATLANTIC-Sprach-Interface müssen Transformatoren bereitgestellt werden, wie wir sie bereits analog im Zusammenhang mit der Petri-Netz-Analyse diskutiert haben.

Als Ergebnis der Arbeit mit ATLANTIC erhält der Nutzer drei Ausgabefiles: ein Report-File, ein Protokoll-File und ein Trace-File.

Das Report-File enthält statistische Angaben zu den Prozessen, z.B. welche Synchronisationselemente wie oft in welchen Prozessen aufgerufen

REPORT FILE

DATE = 25.08.89 CLOCK = 18:55:39 ELAPSED = 1.4200 CONTROL = 0

.

.

(*TIMERS*)

TITLE /	STARTS/	RESETS/	TOUTS
T 1	1	1	0

.

.

(*PROCESS ENSEMBLES*)

.

ENSEMBLE: AB 1

.

TITLE /	CYCLE/	PARBE/	PAREN/	START/	SET/ ...
AB-E	2	2	2	1	0
SENDEN	1	0	0	0	1
EMPFANGEN	0	0	0	0	0
SAP-AB-E	2	2	2	0	1

.

ENSEMBLE: AB 2

. .

.

.

Abb. 3.4/8: ATLANTIC/S - Report-File

werden. Abbildung 3.4/8 zeigt ein solches Report-File für das Alternierende Bit-Protokoll (vgl. Abschnitt 2.2. und 2.3.). AB1 und AB2 repräsentieren dabei die Sender- bzw. die Empfänger-Einrichtung.

Das Protokoll-File gibt den Verlauf der Wechselwirkung zwischen den kommunizierenden Einrichtungen wieder. Abbildung 3.4/9 enthält das Protokoll-File für die Empfänger-Einrichtung des Alternierenden Bit-Protokolls.

Im Trace-File werden weitere Informationen zu den einzelnen Abarbeitungsschritten gesammelt.

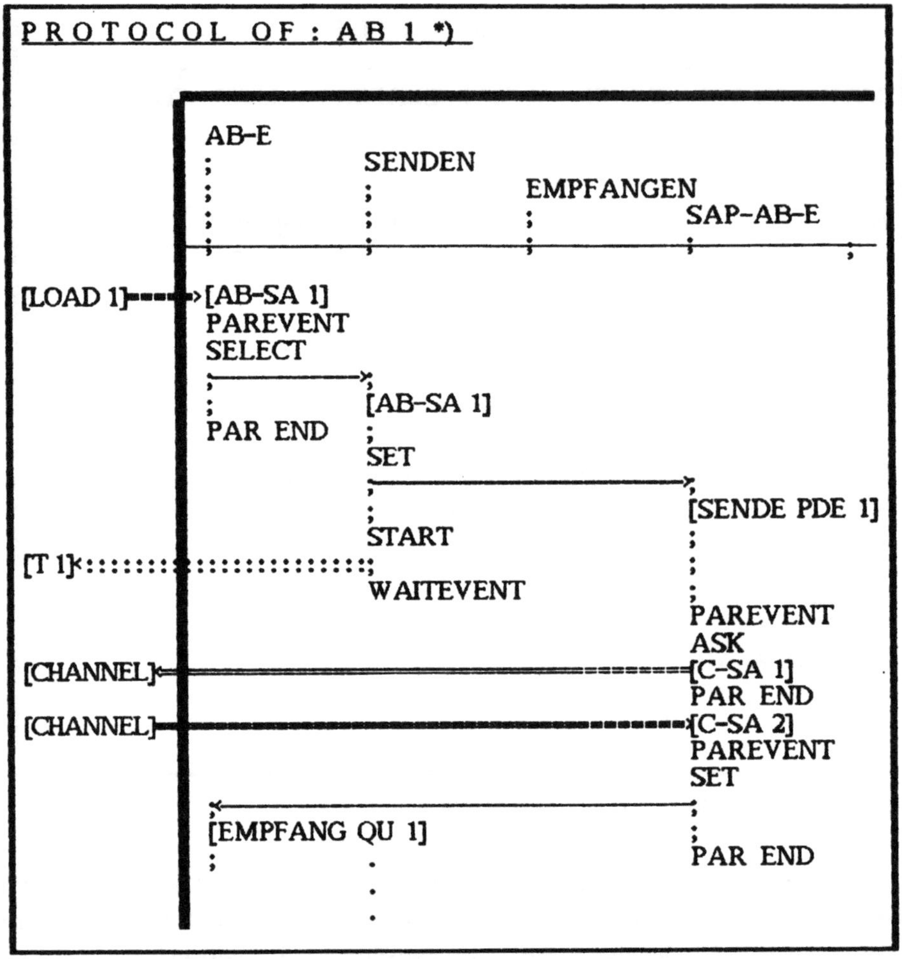

———————> Übergabe der Steuerung von einem Prozeß an einen anderen
▬▬▬▬▬▬▬▬▬> Übergabe der Steuerung von der bzw. in die Umgebung
:::::::::::> Start oder Rücksetzen eines Timers
[xxx] Name der Nachricht oder des Signals, das empfangen oder gesendet wird
xxxxxx Aufruf einer Prozedur

Abb. 3.4/9: ATLANTIC/S - Protokoll-File

3.5. IMPLEMENTIERUNG

Die Implementierung umfaßt die eigentliche Erstellung der Kommunikationsprotokolle auf der Grundlage einer zuvor erarbeiteten Implementierungsspezifikation. Sie ist eng verbunden mit den nachfolgenden Phasen Installation/Integration und Testen. Die Implementierung gehört zu den Abschnitten der Protokollentwicklung, die derzeit mit die längste Zeit in Anspruch nehmen und die meisten Kapazitäten binden. Ähnlich dem Protokollentwurf findet man aber nur wenig Literatur zur Implementierungsproblematik. Methodische Darstellungen, wie sie z.B. aus der Compilertechnik oder für Betriebssysteme bekannt sind, sucht man vergebens. Die Ursache hierfür dürfte wie beim Entwurf vor allem darin liegen, daß die Implementierung nicht der Standardisierung unterliegt und ihr deshalb nicht die Aufmerksamkeit geschenkt wurde wie vergleichsweise anderen Phasen. Die Implementierung von Kommunikationsprotokollen wird weiterhin stark durch die Spezifik des Wirtsrechners und seines Betriebssystems beeinflußt. Dem Implementierer sind damit zum einen große Freiheiten gegeben, zum anderen muß er sich aber stark an konkreten Randbedingungen orientieren. Das hat i.allg. zu spezifischen Implementierungslösungen mit bislang nur wenigen verallgemeinerungswürdigen Erfahrungen geführt. Vielfach dürfte ihre Weitergabe auch aus kommerziellen Gründen nicht im Interesse der Entwickler liegen. Andererseits werden die Effizienz und die Zuverlässigkeit der erstellten Kommunikationssoftware gerade bei der Implementierung entscheidend mitbestimmt. Es ist deshalb für die effektive Gestaltung des Protokollentwicklungsprozesses dringend erforderlich, auch im Hinblick auf die Notwendigkeit der zunehmenden Bereitstellung standardisierter Kommunikationssoftware, eine Methodologie der Implementierung von Kommunikationsprotokollen zu erarbeiten /Serre 86/, /König 87c/,/Rudin 88/. (Das Fehlen einer solchen Methodologie dürfte übrigens auch eine der Ursachen für die Schwierigkeiten beim Verständnis des Protokollmechanismus sein, da die gewöhnlich relativ abstrakten Darstellungen des OSI-Referenzmodells und der Protokolle nicht ihre rechentechnische Umsetzung erkennen lassen.)

In diesem Abschnitt sollen die Schritte, die zur Implementierung von Kommunikationsprotokollen notwendig sind, und die dabei zu treffenden Entscheidungen erläutert werden. Es werden verschiedene Implementierungsmodelle aus der Literatur vorgestellt. Weiterhin gehen wir auf die Möglichkeiten der rechnergestützten Ableitung von Implementierungen aus der Protokollspezifikation ein.

3.5.1. IMPLEMENTIERUNGSSCHRITTE

Der Implementierungsprozeß setzt sich aus einer Reihe von Schritten und Entscheidungen zusammen, die einleitend zusammengefaßt werden sollen. In den folgenden Abschnitten gehen wir auf einige Aspekte detaillierter ein.

Der Implementierungsprozeß beginnt mit dem Implementierungsentwurf, der in der Implementierungsspezifikation dokumentiert wird. Diese ist gewöhnlich nur für ein spezielles System von Bedeutung. Die Implementierungsspezifikation unterscheidet sich von der Protokollspezifikation durch das Einfügen konkreter Aussagen zu bislang nur unscharf oder gar nicht spezifizierten Komponenten des Protokolls. Dazu zählen z.B. die interne Struktur der Einrichtungen, die Auswahl von Algorithmen für bestimmte (lokale) Protokollaktionen, die Festlegung der Adreßformate, das Nutzerinterface u.a.

Grundlage der Implementierungsspezifikation ist die Erarbeitung eines Implementierungsmodells. In ihm wird die logische Struktur der Implementierung - seine Komponenten und die Art und Weise ihres Zusammenwirkens - beschrieben. Es ist möglich und durchaus nicht selten, daß sich das Implementierungsmodell aus der Struktur der Protokollspezifikation ergibt, wenn diese den Erfordernissen einer realen Implementierung bereits weitgehend entgegenkommt.

Zu den Problemen, die beim Implementierungsentwurf zu lösen sind, gehören weiterhin die Verbindungs- und Ereignisverwaltung. Protokollspezifikationen betrachten, wie in den Abschnitten 2.1. und 2.2. erläutert, das Vorhandensein mehrerer Verbindungen nur begrenzt. Sie implizieren die Existenz einer virtuellen Verbindung. Die Implementierung muß somit den Übergang von dieser (virtuellen) Verbindung auf n reale Verbindungen vollziehen. Analog verhält es sich mit der Ereignisverwaltung. Protokollspezifikationen beschränken sich auf die Darstellung ihres Auftretens. Erkennung, Auswahl und Zuordnung der Ereignisse sind nicht mehr Gegenstand der Spezifikation.

Auf die Ausarbeitung der Implementierungsspezifikation folgt ihre Abbildung in die Gegebenheiten des jeweiligen Zielrechners. Dabei sind Entscheidungen bezüglich ihrer Umsetzung entsprechend den Darstellungsmöglichkeiten des Rechners zu treffen. Zu solchen Entscheidungen gehören die Wahl der Implementierungssprache und die Festlegung einer der Zielsprache angepaßten Modulstruktur. Ein zentrales Problem ist in diesem Zusammenhang die Bestimmung der Prozeßstruktur /Bochmann 82b/, /Görgen 85/, d.h. die Beantwortung der Frage, ob eine Schicht z.B. durch einen oder mehrere Prozesse zu implementieren ist oder ob mehrere Schichten in einen Prozeß integriert werden sollen.

Die Implementierung eines Protokolls muß die Randbedingungen berücksichtigen, die durch die Gegebenheiten des jeweiligen Rechnersystems bestimmt sind. Sie bilden die Implementierungsumgebung für das Protokoll. Die Implementierungsumgebung stellt quasi die virtuelle Maschine dar, auf der das Protokoll zu realisieren ist. Zur Implementierungsumgebung werden folgende Komponenten gezählt:
- der zur Verfügung stehende Speicherplatz,
- Mittel zur Prozeßverwaltung,
- Mittel für den lokalen Datenaustausch (Warteschlangenorganisation, Pufferverwaltung),
- die zu verwendende Implementierungssprache.

Inwieweit für die Implementierungsumgebung die Möglichkeiten des Wirtsrechners direkt genutzt werden können oder ob eine spezielle Implementierungsumgebung zu schaffen ist, muß von Fall zu Fall an Hand der konkreten Gegebenheiten entschieden werden.

Darüber hinaus sind Festlegungen bezüglich der quantitativen und qualitativen Parameter der Implementierung zu treffen. Dazu gehören z.B. die Anzahl der Verbindungen, die eine Einrichtung gleichzeitig verwalten soll, die Realisierung des Nutzerinterfaces und die Adreßformate.

3.5.2. IMPLEMENTIERUNGSSPEZIFIKATION

Die Implementierungsspezifikation stellt eine Verfeinerung der Protokollspezifikation in Hinblick auf die Implementierung dar. Sie enthält u.a. Algorithmen für bestimmte Protokollaktionen, reflektiert das Implementierungsmodell und beschreibt die Ereignisdarstellung.

Beispiel 3.5/1 zeigt einen Ausschnitt aus der Implementierungsspezifikation für das Alternierende Bit-Protokoll, mit dem wir die Behandlung dieses Beispielprotokolls hier logisch abschließen. Für die Implementierungsspezifikation wird die Sprachebene I (I=Implementation) verwendet. Die Sprachebene I unterscheidet sich von der Ebene A durch die Einführung des oberen SAP-Handlers, eines Standard-Vorspiels und einer Reihe programmiersprachlicher Konstruktionen. Ansonsten bleiben die Beschreibungsstruktur und die Sprachelemente weitgehend unverändert. Der obere SAP-Handler (er hat den gleichen Aufbau wie der untere) dient der Beschreibung der Interface-Schnittstelle zur (N+1)-Schicht. Seine Verwendung ist wahlweise. Schnittstellenfestlegungen zur (N-1)-Schicht werden in den unteren SAP-Handler integriert. Das Standard-Vorspiel soll Typ-Definitionen und Funktionen aufnehmen, die sich in verschiedenen Protokollen wiederholen, um Protokollimplementierungen rationell zu gestalten. Beispielsweise können Prozeduren für die bit-orientierte Datenmanipulation bereitgestellt werden, mit deren Hilfe Protokoll- und Interface-Dateneinheiten aufgebaut bzw. zerlegt werden. Die Ebene I schränkt weiterhin die Freiheiten ein, die in den vorangegangenen Sprachebenen bezüglich der Einführung und Verwendung von Datentypen und Protokollaktionen bestanden. Alle Datentypen müssen definiert werden. Verbale Konstruktionen sind durch konkrete Algorithmen zu ersetzen. Dafür werden in dieser Sprachebene Datentypdefinitionen zuzüglich neuer Standardtypen (octet,bits, char), arithmetische und logische Ausdrücke eingeführt.

Die Implementierungsspezifikation in unserer Beispielsprache ist auf die Vervollständigung der A-Spezifikation durch Einfügen von Algorithmen, Interfacefestlegungen u.a. ausgelegt. Sie enthält keine Aussagen zur Prozeßstruktur, zur Pufferverwaltung und dergleichen. Das ist dadurch bedingt, daß diese Spezifikation die Grundlage für eine rechnergestützte Überführung in die Implementierung bildet (vgl. Abschnitte 3.3.3.4. und 3.5.6.). Die Prozeßstruktur wird durch den Compiler festgelegt. Generell gilt, daß es für die Gestaltung der Implementierungsspezifikation keine verbindlichen Richtlinien gibt. Diese sind individuell festzulegen. Dabei spielt auch die verwendete Spezifikationssprache eine Rolle. Bei Sprachen, die nicht über verschiedene Ebenen verfügen, muß die Grenze zwischen Protokoll- und Implementierungsspezifikation durch andere Festlegungen bestimmt werden. Form und Inhalt der Implementierungsspezifikation müssen deshalb noch weiter untersucht werden.

```
{********* I-Spezifikation des Alternierenden Bit-Protokolls *********}

standard prelude
  function d_create(lenght: integer)bits
             {Stellt Speicherplatz für eine Bitfolge der Länge length*8
              Bit zur Verfügung}
           d_get_b(message: bits;offset: integer)boolean
             {Liefert das spezifizierte Bit}
           detach-event(event: record(code: bits;pointer: bits))bits
             {Löst Bitfolge vom Ereignis. Resultatwert ist Adresse der
              Bitfolge}
              . .
  procedure d_release(var message: bits)
              {Gibt den Speicherplatz für Bitfolge wieder frei}
            d_insert(var message: bits;offset,length: integer)
              {Trägt length octets nach dem octet offset ein}
            d_put(message: bits,offset: integer;value: octet)
              {Trägt den Wert value in das offset-Oktett ein}
            attach_event(event: record(code: bits;pointer: bits);
                                                        message: bits)
              {Bindet eine Bitfolge an ein Ereignis an}

#standard

layer AB-Schicht

#layer

protocol part senden(entity empfänger)
primitive AB-SB
message PDE to empfänger
        QUITTUNG from empfänger
timer T: 0..60 s
var PDE_S,QU_S,AB_SB_S: bits              {Zeiger auf Ereignis-Bitfolgen}
    BIT,QUBIT: boolean
init
   BIT:=true
#init
```

Beispiel 3.5/1: Auszug aus der I-Spezifikation des Alternierenden Bit-Protokolls (Fortsetzung nächste Seite)

```
begin
  PDE_S:=detach_event(AB_SA);                    {Übernahme Daten aus AB_SA}
  d_insert(PDE_S,0,1);                           {Einfügen eines Oktetts    }
  d_put(PDE_S,0,BIT);                            {Eintragen Bit             }
  attach_event(PDE,PDE_S)                        {Anbinden an Ereignis      }
  loop
    PDE --> empfaenger
    start t
    wait event
      QUITTUNG <-- empfaenger: QU_S:=detach_event(QUITTUNG)
                                        {Herauslösen des Quittungsbits}
                               QUBIT:=d_get_b(QU_S,1)
                               d_release(QU_S)  {Freigabe Speicherplatz}
                               if QUBIT#BIT           {QUITTUNG korrekt?}
                                 then BIT:=QUBIT;              {Neues Bit}
                                      AB_SB_S:=d_create(1)
                                        {Vorbereitung Sendebestätigung}
                                      response AB_SB
                                      exit
                               #if ¦
      timeout T: skip
    #wait
  #loop
end {senden}
```

Beispiel 3.5/1: I-Spezifikation (Fortsetzung)

3.5.3. IMPLEMENTIERUNGSMODELLE

Implementierungsmodelle sind die Grundlage des Implementierungsprozesses. Sie legen die Implementierungsstruktur fest und beschreiben die Wechselbeziehung zwischen ihren Komponenten. Es gibt kein einheitliches Implementierungsmodell für Kommunikationsprotokolle. Seine Gestaltung hängt von verschiedenen Faktoren ab, z.B. von der zu implementierenden Schicht, der verwendeten Spezifikationstechnik, der Implementierungsumgebung sowie von subjektiven Entscheidungen. Wir können deshalb hier nur Beispiele derartiger Implementierungsmodelle vorstellen, die als Anregung für mögliche eigene Implementierungen dienen können.

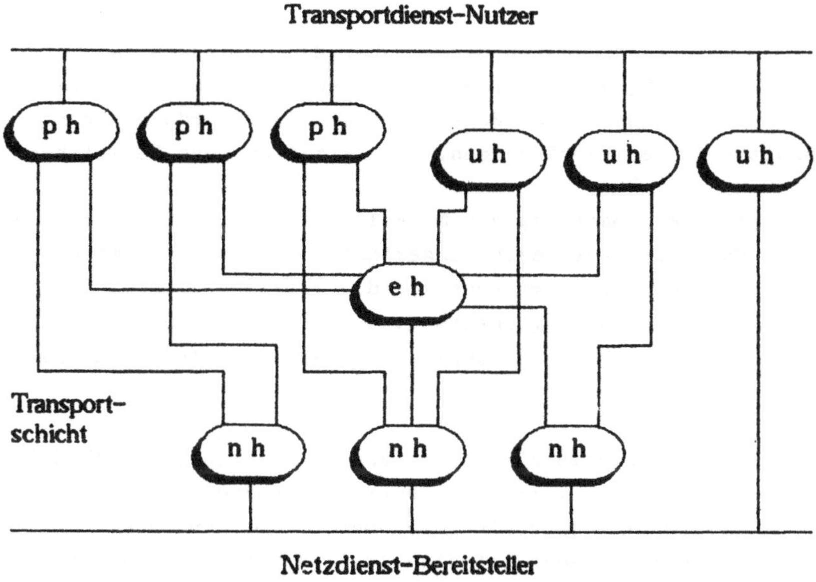

e h - enlinking_handler
p h - protocol_handler
u h - unitdata_handler
n h - network_handler

Abb. 3.5/1: Transportschichtmodell aus /Heymer 84b/

Zuerst stellen wir zwei Modelle vor, die von zustandsorientierten Protokollspezifikationen ausgehen. Es handelt sich dabei um die in /Heymer 84b/ und /Serre 86/,/Bochmann 86b/ beschriebenen Implementierungen des Transportprotokolls Beide Ansätze gehen von einer implementierungsorientierten Spezifikation aus. (In /Heymer 84b/ wird PSDM und in /Serre 86/ ESTELLE verwendet.) Implementierungsorientiert soll bedeuten, daß das Implementierungsmodell bereits die Grundlage für die Struktur der Protokollspezifikation bildet.

In /Heymer 84b/ wird das in Abbildung 3.5/1 dargestellte Modell verwendet. Es beinhaltet eine logische Struktur, bestehend aus mehreren Handlern. Es werden unterschieden: der enlinking_handler (eh), die protocol_handler (ph), die unitdata_handler (uh) und die network_handler (nh). Der enlinking_handler hat die Steuerfunktion inne. Er koordiniert das Zusammenwirken der protocol_handler und der unitdata_handler mit den network_handlern. Ein protocol_handler wickelt den Hauptteil des Protokolls ab. Für jede Verbindung wird ein protocol_handler eingerichtet. Verbindungslose Übertragungen werden über den unitdata_handler realisiert. Die network_handler dienen der Verwaltung der Netzwerkverbindungen. Sie übernehmen solche Funktionen wie das Zuordnen der Protokolldateneinheiten zu den Verbindungen, das Verketten, das Separieren u.a.

Bei der praktischen Umsetzung des Modells wird ein Prozeß verwendet, in dem für die Handler Subprozesse eingerichtet werden. Die Implementierung wird durch eine angepaßte Umgebung für die Prozeß-, Subprozeß-, Puffer- und Warteschlangenverwaltung unterstützt. Die Verbindungs- und Ereignisverwaltung wird durch den enlinking_handler realisiert und ist somit Bestandteil des Protokollprozesses.

Die der Implementierung in /Serre 86/ zugrundeliegende ESTELLE-Spezifikation sieht zwei Module vor: ATP (abstract transport protocol) und Mapping (siehe Abb. 3.5/2). Der ATP-Modul beschreibt den Hauptteil des Protokolls. Für jede Verbindung ist eine Kopie des ATP vorgesehen. Der Mapping-Modul kontrolliert die Netzverbindungen und übernimmt die mehrere Verbindungen übergreifenden Funktionen (Multiplexen, Verketten u.a.).

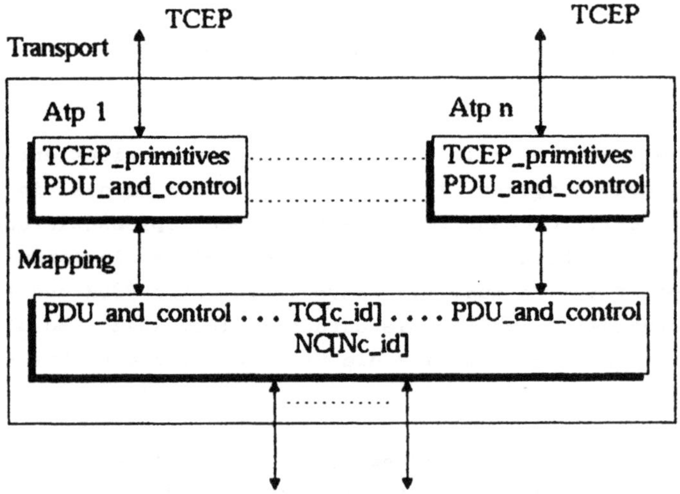

Abb. 3.5/2: Struktur der ESTELLE-Spezifikation in /Serre 86/

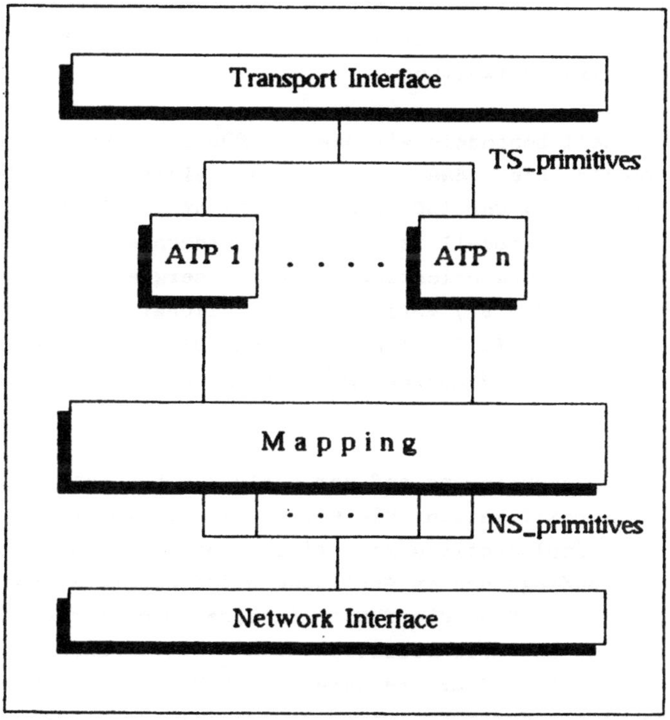

Abb. 3.5/3: Struktur der endgültigen Spezifikation in /Serre 86/

Die Implementierungsspezifikation (in /Serre 86/ wird von Vervollständigung der Spezifikation gesprochen) wird in zwei Schritten erstellt. Zuerst wird eine detaillierte Spezifikation angefertigt, in der die in der bisherigen Spezifikation offen gelassenen Aspekte ausgeführt werden. Dazu zählt ebenfalls eine gewisse Optimierung der ESTELLE-Spezifikation durch Abbau der spontanen Transitionen. Die Pufferverwaltung und ähnliche Aspekte werden auch hier der Implementierungsumgebung zugeordnet und nicht in die Spezifikation integriert. Der zweite Schritt sieht die Anpassung an die Programmierumgebung vor. Um dadurch bedingte Änderungen in der detaillierten Spezifikation auf ein Mindestmaß zu beschränken, werden jeweils ein Transport- und ein Netzwerkinterface (siehe Abb. 3.5/3) eingeführt, in denen die Anpassung an die benachbarten Schichten (Formatanpassungen, Flußsteuerung u.a.) abgefangen wird. Die endgültige Spezifikation wird dann in PASCAL-Text (von Hand oder mittels Compiler) überführt, der als ein Prozeß in eine angepaßte Implementierungsumgebung eingebunden wird. Die Implementierungsumgebung übernimmt auch die Verbindungs- und Ereignisverwaltung.

Als nächstes Modell behandeln wir das für PDL entwickelte Implementierungsmodell /König 87c/, das u.a. in einer leicht modifizierten Form für die Implementierung der ISO-Transportschicht in /Zschiesche 89/ verwendet wird. Das PDL-Modell ist an den Erfordernissen der rechnergestützten Implementierung orientiert. Die rechnergestützte Implementierung (vgl. Abschnitt 3.5.6.) verlangt ein möglichst allgemeines Modell, das für viele Anwendungsfälle einsetzbar ist. Die individuellen Einflußmöglichkeiten, die eine "Hand-Implementierung" bietet, sind daher stark eingeschränkt.

Grundlage der Implementierung auf der Basis von PDL ist das Vorhandensein einer PDL/I-Spezifikation, wie wir sie im vorigen Abschnitt vorgestellt haben. Die Implementierungsspezifikation wird dann relativ geradlinig auf der Grundlage des in Abbildung 3.5/4 dargestellten Implementierungsmodells in C-Kode überführt. Entsprechend diesem Modell wird eine Einrichtung in die drei Teilstrukturen: oberer SAP-Handler (falls vorhanden), Protokoll-Handler und unterer SAP-Handler abgebildet. Diese Teilstrukturen werden durch Prozesse (prinzipiell auch durch Subprozesse) realisiert. Jeder Teilstruktur ist entsprechend den Festlegungen des verwendeten Laufzeitkerns eine Ereigniswarteschlange zugeordnet. In die Ereigniswarteschlangen des oberen und unteren SAP-Handlers werden alle SAPs der (N+1)- bzw. (N-1)-Schicht eingeordnet.

Die der PDL-Spezifikation innewohnende Parallelität wird aufgelöst und durch eine Quasi-Parallelität innerhalb eines Prozesses realisiert (Einschränkung der (theoretischen) maximalen Parallelität auf die realisierbare (günstige) Parallelität). Eine Einrichtung wird in eine Prozedur abgebildet, die dem Protokoll-Handler zugeordnet wird. Analog werden die benannten Protokoll-Teile in Prozeduren überführt. Bei verbindungsorientierten Protokollen wird auf der Grundlage dieser Prozeduren im Protokoll-Handler für jede Verbindung ein Subprozeß dynamisch eingerichtet. (Zweifellos wäre es einfacher und durchaus naheliegend, für jeden Protokoll-Teil einen Prozeß oder Subprozeß einzurichten. Das würde aber bei umfangreichen Protokollen bzw. einer größeren Anzahl von Verbindungen zu einer für ein Einprozessorsystem sehr hohen Anzahl zu verwaltender Prozesse führen.)

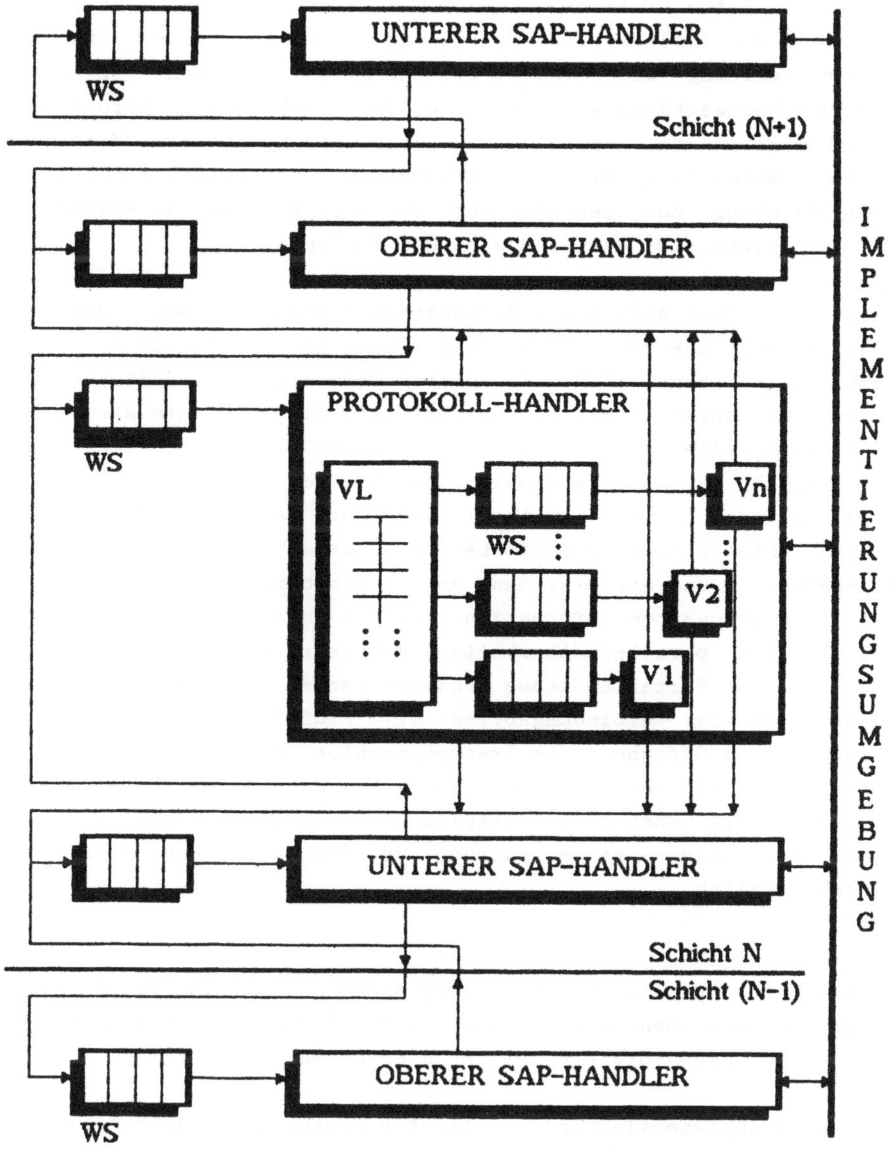

WS - Warteschlange
VL - Liste Verbindungen
V1. . Vn - Verbindung 1. . n

Abb. 3.5/4: Struktur der PDL-Implementierung

Die eingerichteten Prozesse und Subprozesse stehen über spezielle Systemrufe mit der Implementierungsumgebung in Wechselwirkung. Die Implementierungsumgebung ist handkodiert. Sie umfaßt Routinen zur Prozeß-, Puffer- und Warteschlangenorganisation. Entsprechend den Erfordernissen der rechnergestützten Implementierung sind ebenfalls die Verbindungs- und Ereignisverwaltung integriert /Wieczorek 89/. (Letztere umfaßt u.a. die Realisierung der Semantik der PDL-spezifischen Anweisungen **par event**, **wait event**, **set event**, Senden und Empfangen).

Als letztes Modell soll ein andersgearteter Ansatz erwähnt werden. Es handelt sich um das für die Implementierung der OSI-Schichten 5-7 entwickelte ICS-Konzept (ICS - Integrated Communication Software) /Ilse 88/. Das Grundprinzip dieses Konzepts ist, die Schichtenstruktur des OSI-Referenzmodells in eine "säulenorientierte" Implementierung umzusetzen (siehe Abb. 3.5/5). Innerhalb einer solchen Säule ist die auf die Anwendung ausgerichtete Kommunikationssoftware der oberen drei Schichten enthalten. Die Steuerung läuft bei der Bearbeitung eines Auftrags in einer Säule auf- und abwärts, ohne an den Schichtgrenzen unterbrochen zu werden. Alle relevanten Informationen werden in zentralen Steuerblöcken verwaltet. Die parallele Abarbeitung mehrerer Anwendungsdienste wird unterstützt. Als Vorteile dieses Ansatzes werden hervorgehoben: Portabilität der Software, verbindungsorientierte Flußsteuerung, sparsame Pufferstrategie und Offenheit zum Transportsystem. Das ICS-Konzept ist vorrangig auf die Bedürfnisse der datenverarbeitungs-orientierten Schichten ausgerichtet, in denen kein Multiplexen und Splitten von Verbindungen auftritt. Eine allgemeine Nachnutzung auch für andere Schichten ist deshalb nicht möglich.

Ein Vergleich der erläuterten Vorgehensweisen läßt eine Reihe von Gemeinsamkeiten erkennen, die im Sinne einer Implementierungsmethodologie verallgemeinerungswürdig erscheinen. Hier wären zu nennen:

- Verwendung implementierungsorientierter Protokollspezifikationen,

- Realisierung der Einrichtungen durch wenige, möglichst durch einen Prozeß, Abbildung der parallelen Abläufe innerhalb der Einrichtung in eine Quasiparallelität,

- Einführung von Interface-Moduln zur Anpassung an die benachbarten Schichten,

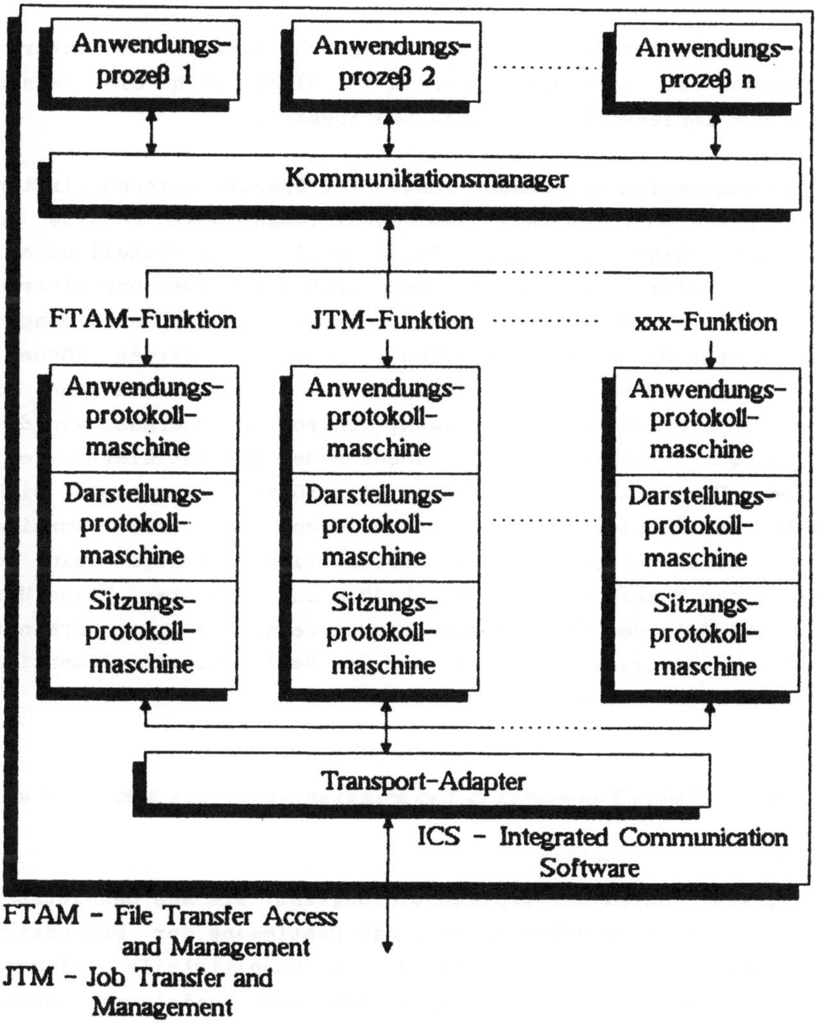

Abb. 3.5/5: ICS - Konzept nach /Ilse 88/

- Nutzung zugeschnittener Implementierungsumgebungen als Bindeglied zum Betriebssystem.

Die Verbindungs- und Ereignisverwaltung wird gesondert realisiert, entweder in einem Modul der Implementierung (sie ist damit auch Bestandteil der Implementierungsspezifikation) oder durch Integration in die Implementierungsumgebung. Weiterhin ist hervorzuheben, daß die Verwendung unterschiedlicher Spezifikationsmethoden nicht zu prinzipiell anderen

Herangehensweisen bei der Implementierung führen muß. Die Unterschiede in den Spezifikationstechniken werden vor allem durch die Darstellung innerhalb der Implementierungseinheiten abgefangen.

Die Verwendung implementierungsorientierter Spezifikationen wirft natürlich die Frage auf, inwieweit Implementierungsaspekte bereits in der Spezifikation ihren Niederschlag finden sollen. Der Vorteil einer solchen Vorgehensweise besteht darin, daß durch die Verwendung einer durchgängigen Architektur eine Reihe von Implementierungsentscheidungen auf das abstraktere Niveau der Spezifikation verlagert werden können/Serre 86/ Die schrittweise Vervollständigung der Spezifikation kann zielgerichteter und systematischer erfolgen, wodurch der Übergang von der Spezifikation zur Implementierung, besonders der automatisierte, erleichtert wird. Das Risiko, dabei Fehler einzuführen, verringert sich. In Anbetracht der Komplexität der Protokolle und der bisher vorliegenden Ansätze zu einer Methodologie der Implementierung scheint ein solches Vorgehen in der Praxis durchaus zweckmäßig und angeraten. Diese Herangehensweise wird in dem Maße zu korrigieren sein, wie neue Erkenntnisse zum Implementierungsentwurf, z.B. auf der Basis nichtimplementierungsorientierter Spezifikationen, vorliegen.

3.5.4. Implementierungsschnittstellen

Ein zentrales Problem der Implementierung ist, wie aus den letzten Abschnitten mehrfach zu erkennen war, die Bestimmung der Prozeßstruktur. Damit verbunden ist die Festlegung der Schnittstelle zwischen dem Dienstnutzer und -erbringer. Hinsichtlich ihrer Gestaltung können zwei Grundtypen unterschieden werden /Giese 85/:

- die Prozeß-Schnittstelle und
- die Prozedur-Schnittstelle.

Bei der Prozeß-Schnittstelle bilden Dienstnutzer und -erbringer zwei verschiedene Prozesse, die über eine geeignete Interprozeß-Kommunikationsschnittstelle miteinander kommunizieren. Es müssen explizite Mechanismen zur Synchronisation der Diensterbringer- und Dienstnutzerprozesse existieren. Der Dienstnutzer kann mehrere Anforderungen an den Diensterbringer übergeben, ohne deren unmittelbare Ausführung abzuwarten.

	Prozedur-Schnittstelle	Prozeß-Schnittstelle
Verwendete Programmiersprache	Einheitliche Programmiersprache für Dienstnutzer und -erbringer wegen ihrer engen Verknüpfung zweckmäßig.	Unterschiedliche Programmiersprache für Dienstnutzer und Diensterbringer möglich.
Adressierung	Keine explizite Adressierung Dienstnutzer, Diensterbringer notwendig.	Dienstnutzer und Diensterbringer müssen sich explizit an der Kommunikationsschnittstelle adressieren.
Flußsteuerung	Flußsteuermechanismen sind in der Regel nicht notwendig.(Ein Stau kann durch Zurückweisen der Anforderung angezeigt werden.)	Flußsteuermechanismen müssen implementiert werden, wenn die Quelle leistungsfähiger ist als die Senke.
Kode-Bereitstellung	Jeder Dienstnutzer muß (bis zu einer Prozeß-Schnittstelle) den vollständigen Kode des Diensterbringers enthalten.	Kode des Diensterbringers wird (bei Beachtung von Last- und Laufzeitforderungen) nur einmal für alle Dienstnutzer benötigt.

Tab. 3.5/1: Unterschiede zwischen Prozedur- und Prozeß-Schnittstelle

Bei einer Prozedur-Schnittstelle wird ein Dienst durch Aufruf einer Prozedur realisiert. Die Ablaufsteuerung geht dabei an den Diensterbringer über und wird von diesem explizit nach Bearbeitung der Dienstanforderung zurückgegeben. Die Arbeitsweise ist streng sequentiell. Die (quasi-) parallele Verarbeitung mehrerer Dienstanforderungen wird nicht unterstützt.

In Tabelle 3.5/1 sind weitere Unterschiede zwischen der Prozeß- und Prozedur-Schnittstelle zu verschiedenen Aspekten der Kommunikationssoftware zusammengestellt.

Für die Wahl der Schnittstelle kann zusammenfassend folgende Richtlinie gegeben werden. Die Prozedur-Schnittstelle ist vor allem im Anwendungsbereich der Kommunikationssoftware (vgl. ICS-Konzept im Abschnitt 3.5.3.) zweckmäßig. Sie ist aufgrund ihrer geringen Komplexität für den Anwender leicht handhabbar und entlastet ihn von Problemen der Adressierung und der Flußsteuerung (zwischen den Schichten). Ansonsten empfiehlt sich die Verwendung der Prozeß-Schnittstelle, da sie die Verwaltung und Realisierung mehrerer paralleler Dienstanforderungen besser unterstützt und die Möglichkeiten gegebener Betriebssysteme besser auszunutzen gestattet. Des weiteren sollte sie schon aus Gründen der Kode-Optimierung (ein mehrfach parallel genutzter Diensterbringerkode für alle Dienstnutzer) vorrangig eingesetzt werden.

Die Frage, ob eine Schicht durch einen oder mehrere Prozesse zu implementieren ist oder ob mehrere Schichten in einen Prozeß integriert werden können, läßt sich nicht generell beantworten. Sie ist nur im Zusammenhang mit dem zu erwartenden Auftragsstrom am konkreten Zielsystem zu entscheiden.

3.5.5. Implementierungsumgebung

Die Implementierungsumgebung spielt bei der Implementierung von Kommunikationsprotokollen eine tragende Rolle. Durch sie wird die Einbindung in das Betriebssystem realisiert und die Verbindung zu den anderen Schichten sowie dem Netzmanagement hergestellt. Zu den Funktionen, die in die Implementierungsumgebung integriert werden können, gehören die Verbindungs- und Ereignisverwaltung, die Verwaltung der Kommunikationsressourcen, die Zeitkontrolle und die Steuerung des Ablaufs einzelner Protokollteile.

Die Implementierungsumgebung kann unmittelbar durch das Betriebssystem gebildet werden, wenn die Betriebssystemfunktionen dies zulassen. Zumeist ist das aber nicht der Fall. Es müssen weitere Funktionen bereitgestellt werden, die sich als gesonderte Implementierungsumgebung zwischen die Schichtensoftware und das Betriebssystem schieben (siehe Abb. 3.5/6).

Aus der Sicht der Schichtensoftware werden das konkrete Betriebssystem überdeckt und seine Schnittstellen "geglättet" (siehe Abb. 3.5/7). In welchem Umfang Funktionen des Betriebssystems genutzt werden können oder neu zu implementieren sind, muß von Fall zu Fall entschieden werden. Erfahrungen zeigen, daß die Implementierungsumgebung für Einnutzerbetriebssysteme (z.B. MS-DOS) eine teilweise Verbreiterung der Oberfläche

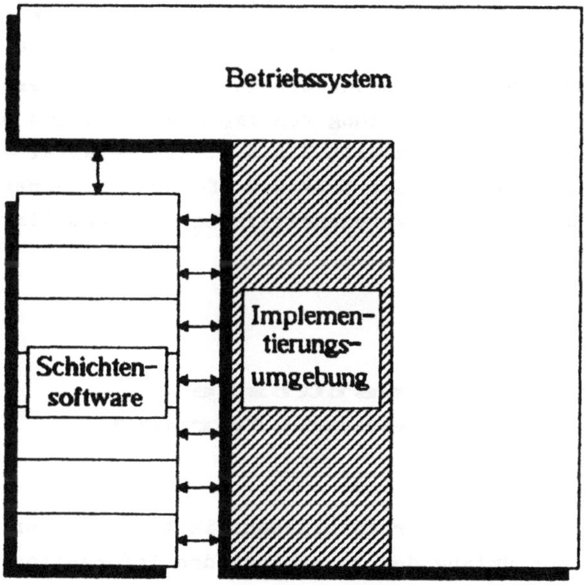

Abb. 3.5/6: Einordnung der Implementierungsumgebung

mit sich bringt, während in multitaskfähigen Betriebssystemen (z.B. UNIX) oder Mehrnutzerbetriebssystemen (z.B. VMS) die gleiche oder eine geringere Funktionalität angeboten wird /Zschiesche 89/.

Aufgrund dieser Funktion der Implementierungsumgebung liegt der Gedanke nahe, hierfür vereinheitlichte Lösungen zu schaffen, die als Quasi-Standard in vielen Implementierungen zum Einsatz kommen können. Damit kann die Implementierung eines Protokolls unabhängig von dem konkreten Betriebssystem erfolgen, was seine Portierung auf andere Systeme ermög-

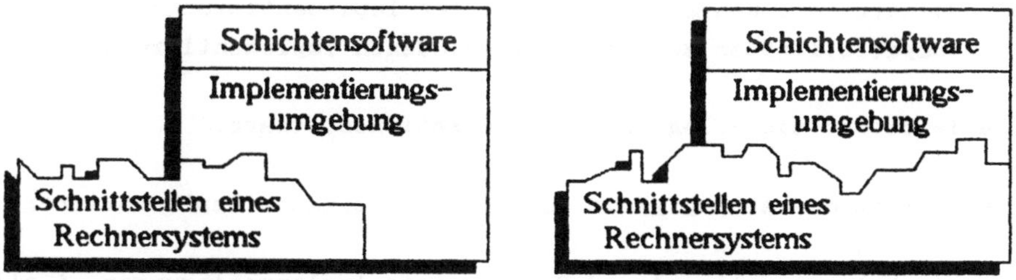

Abb. 3.5/7: "Glättung" der BS-Schnittstelle

licht /König 87c/,/Zschiesche 89/. Die Anpassung an das konkrete Rechnersystem wird über die Implementierungsumgebung realisiert. Das Vorhandensein vereinheitlichter Implementierungsumgebungen unterstützt ebenfalls die rechnergestützte Ableitung von Implementierungen aus der Protokollspezifikation (siehe Abschnitt 3.5.6.). Ein Beispiel einer solchen Implementierungsumgebung ist der SPSV 2.0 (Subprozess-Supervisor) /Bez 88/,/Zschiesche 89/, der als vereinheitlichte Implementierungsumgebung für die DDR empfohlen wird.

3.5.6. Rechnergestützte Implementierung

Die große Kluft zwischen der Protokollspezifikation und der Implementierung, sowohl was den Umfang der zu ergänzenden Informationen als auch den zeitlichen Aufwand betrifft, hat den Wunsch nach einer automatischen Ableitung der Implementierung aus der Spezifikation hervorgebracht. Über Systeme dieser Art wird seit Beginn der achtziger Jahre berichtet /Schultz 80/, /Blumer 82/, /Ansart 83/, /Aggarwal 85/, /Castanet 85/, /Hansson 86/.

Die rechnergestützte Implementierung führt zu einer wesentlichen Effektivierung des Implementierungsprozesses (in /Barra 86/ wird von einer Reduzierung der Implementierungsdauer von neunzig auf zwei Tage für einen 5500 Zeilen umfaßenden Kode durch Nutzung eines SDL-Compilers berichtet). Darüber hinaus bringt die rechnergestützte Implementierung eine Reihe weiterer bemerkenswerter Vorteile /Aggarwal 85/:

- Sie reduziert die Wahrscheinlichkeit von Implementierungsfehlern und von Inkompatibilitäten zwischen verschiedenen Implementierungen.

- Sie erleichtert die Pflege der Kommunikationssoftware.

- Sie beseitigt die Abhängigkeit von einem bestimmten Implementierer.

Erfahrungen belegen weiterhin, daß generierte Implementierungen i.allg. besser strukturiert sind als handkodierte /Bochmann 84/.

Rechnergestützte Implementierungen werden vor allem auf der Grundlage zustandsorientierter Spezifikationssprachen vorgenommen. Die ersten Systeme verwendeten FAPL /Schultz 80/, die NBS-Sprachen /Blumer 82,83/, PDIL /Ansart 83/ sowie spezielle systembezogene Sprachvarianten /Aggarwal 85/, /Castanet 85/, /Hansson 86/. Für neuere Systeme wird die Verwendung von CONCURRENT EUCLID /Nakawaji 86/ und ESTELLE /Bochmann 84, 86b/ genannt, wobei besonders der Implementierung von ESTELLE gegenwärtig großes Interesse entgegengebracht wird /Ansart 86/. Implementierungen liegen, wie bereits erwähnt, ebenfalls für SDL vor /Belina 86/, /Barra 86/, die aber nicht vorrangig auf die Protokollentwicklung ausgerichtet sind. Daneben gibt es andere Ansätze, wie der auf dem Prädikatenkalkül beruhende CIL-Ansatz, auf den im Abschnitt 3.3.2. verwiesen wurde.

Die Vorgehensweise bei der rechnergestützten Implementierung ist in allen Ansätzen ähnlich. Die Protokollspezifikationen, zumindest die weitgehend sequentiellen Teile, werden in eine höhere Programmiersprache (vorrangig PASCAL, C und CHILL) transformiert. Dabei ist, wie im vorangegangenen Abschnitt diskutiert, eine starke Anlehnung der Implementierung an die Spezifikation zu beobachten. Der erzeugte Programmkode wird durch handkodierte Routinen zur Verbindungs-, Ereignis-, Zeit- und Pufferverwaltung sowie zur Einbindung in das Betriebssystem ergänzt. Das Zusammenfügen wird vom Implementierer durchgeführt, z.T. auch vom Rechner gestützt. Die Implementierungen werden i.allg. dazu genutzt, Informationen für die Verifikation und Testung bereitzustellen. Erfahrungswerte solcher Implementierungen besagen, daß 40-70% der Implementierung aus der Spezifikation automatisch abgeleitet werden können /Blumer 82,83/, /Ansart 83/,/Nakawaji 86/, /Bochmann 86b/. Dabei ist zu berücksichtigen, daß die handkodierten Teile häufig für verschiedene Implementierungen verwendet werden können. Die Aussagen zur Kodeverlängerung durch automatische Ableitung sind unterschiedlich. Sie gehen von gleichbleibend /Blumer 82/ bis zu Verlängerungsfaktoren von etwa 30% (generierter Kode plus notwendigerweise erweitertes Laufzeitsystem) /Bochmann 86b/.

Für die rechnergestützte Implementierung von Kommunikationsprotokollen müssen vor allem zwei Probleme gelöst werden. Zum einen ist ein gangbares Implementierungsmodell zu erarbeiten, das eine möglichst breite Akzeptanz findet. Dieses Modell wird durch den Compiler festgeschrieben und muß vom Nutzer akzeptiert werden. Zum anderen ist eine geeignete Implementierungsumgebung zu schaffen, die den begrenzten Informationsgehalt des Spezifikationstextes ausgleicht (vgl. Abschnitt 3.5.1.) und eine möglichst einfache Integration des automatisch erzeugten Kodes unterstützt (vgl. Abschnitt 3.5.5.). Die Erfahrungen mit der Implementierung von PDL zeigen, daß die Einbeziehung der Verbindungs-, Ereignis- und Zeitverwaltung in die Implementierungsumgebung zweckmäßig ist /Wieczorek 89/. Bei der rechnergestützten Implementierung entfallen aber dadurch die Vorteile, die ein Implementierer aus der detaillierten Kenntnis der Implementierungsumgebung ziehen kann.

Die genannten Probleme sind aus der (klassischen) Compilertechnik im Prinzip bekannt. Sie müssen unter der Spezifik der Kommunikationsprotokolle neu durchdacht werden. Zu berücksichtigen sind dabei die Komplexität der Protokolle, ihre verteilte Realisierung und das starke Wechselspiel mit dem Betriebssystem. Diese Spezifika werden ergänzt durch die Forderung nach einem möglichst hohen Automatisierungsgrad und einer guten Portierbarkeit der erzeugten Software. Inwieweit eine akzeptable Lösung gefunden wird, hängt im starken Maße von einer sorgfältigen Separierung der implementierungsspezifischen von den globalen Entwurfsentscheidungen sowie von einer geeigneten Modularisierung des Implementierungsmodells ab /Blumer 82/.

3.6. TESTUNG

Die Protokolltestung hat die Aufgabe zu überprüfen, ob das implementierte Protokoll die spezifizierten Funktionen erfüllt. Sie dient dem Aufspüren von Fehlern und deren Beseitigung. Durch Protokolltestung kann jedoch nicht die Abwesenheit von Fehlern nachgewiesen werden.

Der Testprozeß kann in folgende drei Phasen unterteilt werden:
- entwicklungsbezogener Test,
- Konformitätstest,
- Zertifikation.

Unter entwicklungsbezogenem Test (debugging) werden jene Schritte zusammengefaßt, die unmittelbar mit der Implementierung und Installation/Integration des Protokolls verbunden sind. Hier kommen Methoden und Prinzipien der herkömmlichen Softwaretestung zur Anwendung /Rothhardt 87/. Dazu zählen der Test einzelner Moduln und ihre schrittweise Integration und Installation in die eigentliche Systemumgebung. Zu beachten ist, daß wir es hier mit verteilter Software zu tun haben und dementsprechend in dieser Phase auch Methoden zur Anwendung kommen, die diese Spezifik berücksichtigen. Der Konformitätstest und die mit ihm verbundene Zertifikation stellen spezielle Formen des Testens dar, die die Übereinstimmung mit einem Standard überprüfen bzw. bestätigen. Sie sind sozusagen eine schärfere Form des Testens.

In den folgenden Ausführungen können wir uns deshalb auf die Betrachtung des Konformitätstests und der Zertifikation beschränken, weil sie die Spezifik der Protokolltestung voll widerspiegeln.

3.6.1. KONFORMITÄTSTEST

Der Konformitätstest ist eine unabdingbare Voraussetzung für die Einhaltung von Protokollstandards. Dementsprechend wird den Forschungen zu dieser Phase des Protokollebenszyklusses eine große Bedeutung zugemessen, die der der Protokollspezifikation gleichkommt (vgl. /Rayner 81, 82/,/Sunshine 82a/,/Rudin 83a,87a/,/Yemini 85/,/Diaz 86/,/Bochmann 86a/, /Sabnani 88/, /Brinksma 89/,/Csaba 81,86/). Die Standardisierungsbestrebungen der ISO zum Konformitätstest sind, auch bedingt durch die zunehmende Bereitstellung kommerziell verfügbarer Kommunikationssoftware, relativ weit fortgeschritten und haben den Status eines Draft Proposed Standards /ISO 9646/ erreicht. In der folgenden Darstellung, die einen Überblick zu den Hauptaspekten der Konformitätstestung gibt, kann deshalb vor allem auf diesen Standardentwurf Bezug genommen werden (siehe auch /Rayner 86a,b,87/).

<u>Konformitätsbegriff</u>

Konformität im OSI-Kontext bedeutet die Übereinstimmung einer Implementierung oder eines Systems mit einem oder mehreren Protokollstandards. Sie beinhaltet nicht die Übereinstimmung mit dem Referenzmodell und den Dienststandards. Diese müssen, wenn das für die Konformitätsanforderungen wichtig ist, in den Protokollstandard einbezogen werden.

Es werden statische und dynamische Konformitätsanforderungen unterschieden. Die statischen legen die Mindestanforderungen an die Implementierung fest. Das können Gruppierungen funktioneller Einheiten, Optionen auf Protokollklassen, Wertebereiche für Parameter u.a. sein. Die dynamischen Anforderungen bestimmen das erwartete bzw. erlaubte Kommunikationsverhalten während der Protokollausführung. Sie stellen den Hauptteil der Forderungen dar. Statische wie dynamische Anforderungen werden weiter in unbedingte und bedingte Anforderungen, in Optionen und Verbote unterteilt.

Der Implementierer wiederum hat die Aufgabe, die Eigenschaften seiner zu testenden Implementierung (implementation under test,IUT) zu dokumentieren, d.h., welche Optionen, Einschränkungen usw. er gewählt hat. Das erfolgt in einer Konformitätsaussage zur Protokollimplementierung (protocol implementation conformance statement, PICS).

Neben der PICS wird für die Testdurchführung noch eine weitere Aussage vom Implementierer zur IUT und ihrer Testumgebung gefordert: die Protokollimplementierungs-Zusatz-Testinformation (protocol implementation extra information for testing, PIXIT). Die PIXIT enthalten Angaben für die Testdurchführung auf dem spezifischen System, die benutzten Timeout-Werte, die Bezeichnung der IUT sowie die Referenz auf die zugehörige PICS.

Testtypen

Obwohl der Konformitätstest die volle Übereinstimmung der Implementierung mit dem spezifizierten Standard nachweisen soll, ist dies praktisch und auf Grund ökonomischer Restriktionen nicht möglich. Man unterscheidet deshalb vier Testtypen, die abgestuft Aussagen zur Konformität liefern:

- *Basisverbindungstests* (basic interconnection tests), die überprüfen, ob eine IUT zu den Hauptmerkmalen der jeweiligen Spezifikation konform ist,
- *Funktionstests* (capability tests), die bestimmen, ob die für die IUT ausgewiesenen Funktionen in Übereinstimmung zu den statischen Konformitätsanforderungen und den PICS stehen,
- *Verhaltenstests* (behaviour tests), die eine umfassende Testung der IUT über den gesamten Bereich der dynamischen Konformitätsanforderungen vorsehen,

- *Konformitätsaussagetests* (conformance resolution tests), die JA/NEIN-Aussagen zu spezifischen Konformitätsanforderungen geben.

Die ersten beiden Typen sind Untermengen der Konformitätstests und dienen der Vorabtestung, durch die die Einhaltung bestimmter Mindestanforderungen an die Konformität der zu testenden Implementierung sowie deren Eigenschaften (PICS) überprüft werden. Dadurch werden grobe Verstöße gegen die Konformität frühzeitig erkannt und kostspielige Folgetests vermieden. Des weiteren können Schlußfolgerungen für die Auswahl zweckmäßiger Konformitätstests gezogen werden. Die Verhaltenstests zielen dann auf eine vollständige Testung der Implementierung über den gesamten Bereich der im Standard spezifizierten Anforderungen, soweit das praktisch realisierbar ist. Die Konformitätsaussagetests liefern durch gezieltere Tests Aussagen zu speziellen Konformitätsanforderungen, z.B., ob eine bestimmte Komponente korrekt implementiert wurde.

Konformitätstests können keine eindeutige Aussage über die Konformität der Implementierung liefern. Die unbegrenzte Zahl möglicher Ereigniskombinationen sowie Einflüsse der konkreten Testumgebung verhindern dies. Eine getestete Implementierung kann deshalb nur so lange als konform angesehen werden, bis nicht das Gegenteil bewiesen wurde. Ziel der Testgestaltung muß es sein, die Wahrscheinlichkeit für einen solchen Gegenbeweis möglichst gering zu halten.

In Ergänzung der Konformitätstests werden zur Bestimmung der Eigenschaften der IUT weitere Tests durchgeführt. Dazu zählen die

- *Zusammenarbeitstests* (interoperability tests), die die Fähigkeit der IUT prüfen, mit anderen Protokollimplementierungen zusammenzuarbeiten,
- *Leistungstests* (performance tests), die die Leistungsparameter der IUT messen, z.B. die Antwortzeit oder den Durchsatz,
- *Robustheitstests* (robustness tests), die das Verhalten der IUT in Fehlersituationen untersuchen.

Zwischen diesen Testtypen und Konformitätstests können Überlappungen auftreten, die es u.a. gestatten, Konformitäts-Testfolgen (siehe unten) bei diesen Tests einzusetzen. Die Testziele betreffen jedoch nicht mehr die Konformität, so daß diese Tests gegenwärtig nicht Bestandteil der Standardisierung sind /Rayner 86b/.

Testablauf

Der Ablauf von Konformitätstests ist durch das in Abbildung 3.6/1 enthaltene Schema bestimmt. Es legt fest, in welcher Weise die Überprüfung der statischen und dynamischen Konformitätsanforderungen sowie der Konformitätsaussage zur Protokollimplementierung (PICS) in den Testverlauf einbezogen werden. Der Testablauf ist gekennzeichnet durch den Wechsel von "Hand-Analysen" und eigentlichen Testläufen. Die Hand-Analysen umfassen solche Schritte wie die statischen Konformitätsauswertungen, die Auswahl der Tests und die Auswertung der Testergebnisse. Sie bestimmen die Testdaten, die in den anschließenden Testläufen zum Einsatz kommen, bzw. bewirken den Testabbruch. Das Testergebnis wird in einem Testbericht zusammengefaßt, der die Ergebnisse aller Testläufe sowie die Bedingungen ihrer Durchführung enthält.

Abstrakte Testmethodologie

Für die Testdurchführung wurde eine abstrakte ISO-Testmethodologie erarbeitet, die auf dem OSI-Referenzmodell aufbaut. Sie beschreibt, wie und durch welche Ein- und Ausgaben die zu testende Einrichtung (entity under test, EUT) gesteuert und beobachtet werden kann. Entsprechend dieser Methodologie wird das Verhalten einer N-Einrichtung durch ihre abstrakten N- und (N-1)-Dienstprimitive (abstract service primitive, ASP) bestimmt (letztere enthalten die N-PDUs). Die Testung erfolgt durch die gesteuerte Eingabe von abstrakten Service-Primitiven in die zu testende Einrichtung und die Beobachtung ihrer Ausgaben. Abbildung 3.6/2 zeigt diese Steuer- und Beobachtungsmöglichkeiten.

Testmethoden

Für die Konformitätstestung werden unterschiedliche Testmethoden angewendet. Ihr Einsatz hängt von den Hauptfunktionen des Systems (Endsystem, Gateway), vom Testbereich (ein- oder mehrschichtiges System) und von den Zugriffsmöglichkeiten (direkt, indirekt, kein Zugriff) ab.

Die Testmethoden werden in drei Hauptkategorien unterteilt, die sich in der Wahl der Steuer- und Beobachtungspunkte unterscheiden:

- *lokale Testmethoden*, die die Kontrollmöglichkeiten der ASP direkt ober- und unterhalb der IUT nutzen,

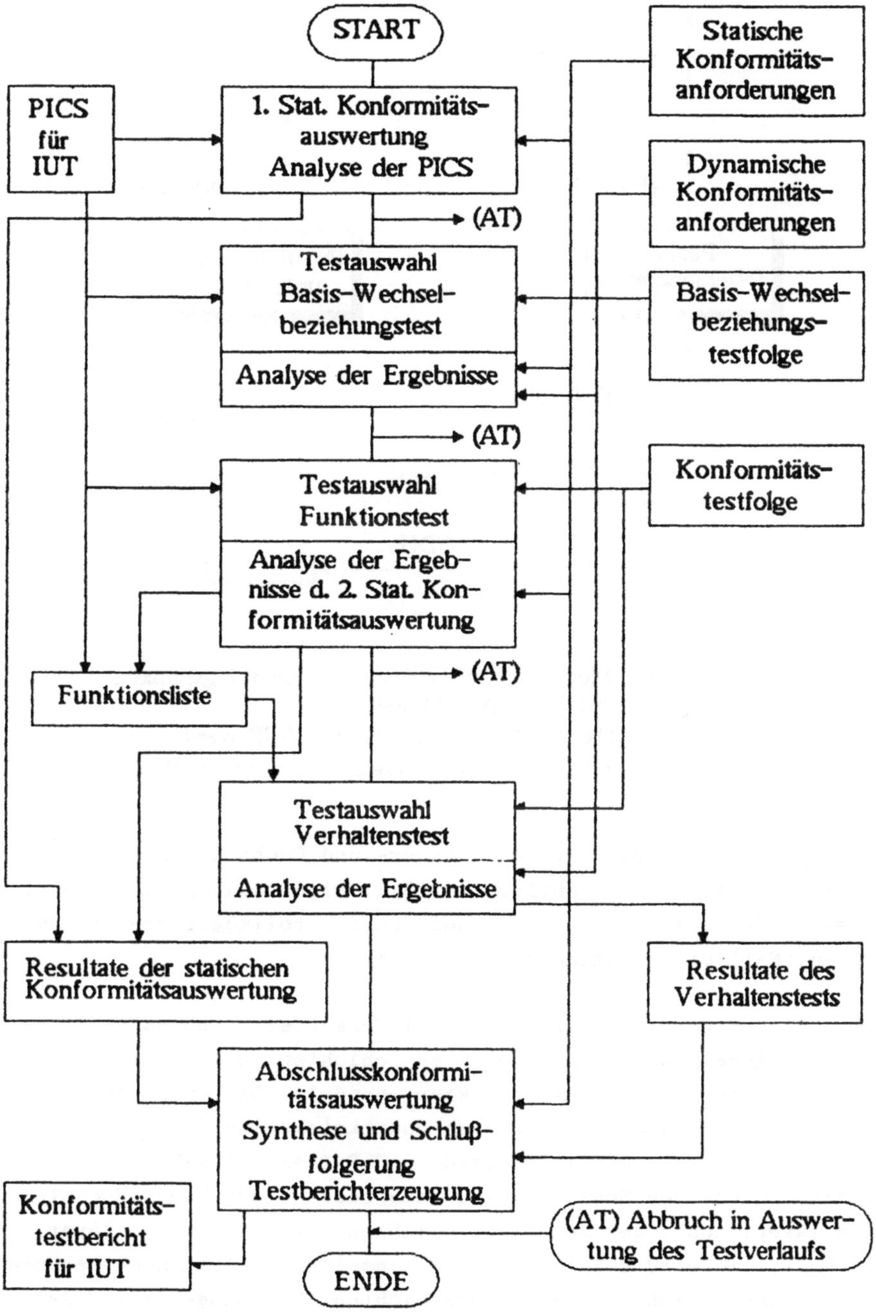

Abb. 3.6/1: Ablaufschema Konformitätstest (entnommen /ISO 9646/)

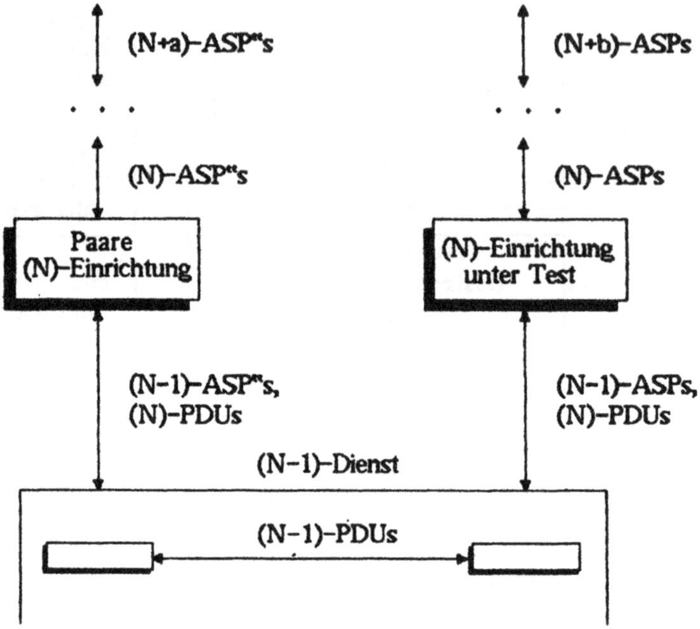

Abb. 3.6/2: Mögliche Kontroll- und Beobachtungspunkte (entnommen /ISO 9646/) (Die mit " gekennzeichneten ASP werden im entfernten System erzeugt und ausgewertet.)

- *verteilte Testmethoden*, die die Steuer- und Beobachtungspunkte direkt oberhalb der IUT und am entfernten (N-1)-Dienstzugangspunkt verwenden,
- *entfernte Testmethoden*, die nur auf den Kontrollmöglichkeiten am entfernten (N-1)-Dienstzugangspunkt beruhen.

Diese Methoden werden weiter danach differenziert, ob es sich um den Test einer einzelnen Schicht, mehrerer Schichten oder einer Schicht, eingebettet in eine Mehrschichtenstruktur, handelt. Dazu wird folgende Bezeichnungsform verwendet. Die drei Hauptkategorien werden durch die Buchstaben L (local), D (distributed) und R (remote) gekennzeichnet. Der Test einer einzelnen Schicht wird entsprechend durch den Buchstaben S (single-layer) und der mehrerer Schichten durch M (multi-layer) markiert. Weiterhin wird beim Test einer einzelnen Schicht noch berücksichtigt, ob diese Schicht in eine Mehrschichten-IUT "eingebettet" ist, die

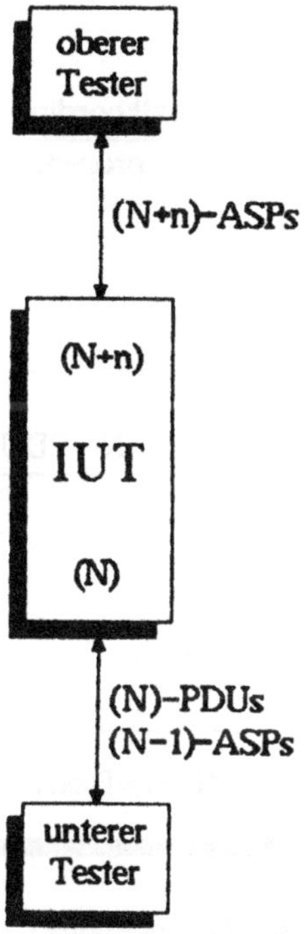

Abb. 3.6/3: Lokale Testmethode

keinen so direkten Zugriff zu den Steuer- und Beobachtungspunkten zuläßt wie die Einzelschicht-Testmethoden. In diesem Fall wird ein E (embedded) ergänzt.

Entsprechend diesem Bezeichnungsschema werden u.a. folgende Methoden unterschieden:

LS - Lokale Einzel-Schicht-Testmethode,
LM - Lokale Mehrschichten-Testmethode,
DS - Verteilte Einzelschicht-Testmethode,
DSE - Verteilte eingebettete Einzelschicht-Testmethode,
DM - Verteilte Mehrschichten-Testmethode,
RS - Entfernte Einzelschicht-Testmethode,
RM - Entfernte Mehrschichten-Testmethode.

Für die Testung einer IUT ist ein spezielles Testsystem erforderlich, das die Einrichtungen der (N+1)- und (N-1)-Schicht simuliert. Das Testsystem muß so angelegt sein, daß es entsprechend der gewählten Testmethode die untere und obere Schnittstelle der zu testenden Implementierung steuern und beobachten kann. Die IUT selbst wird als "black box"

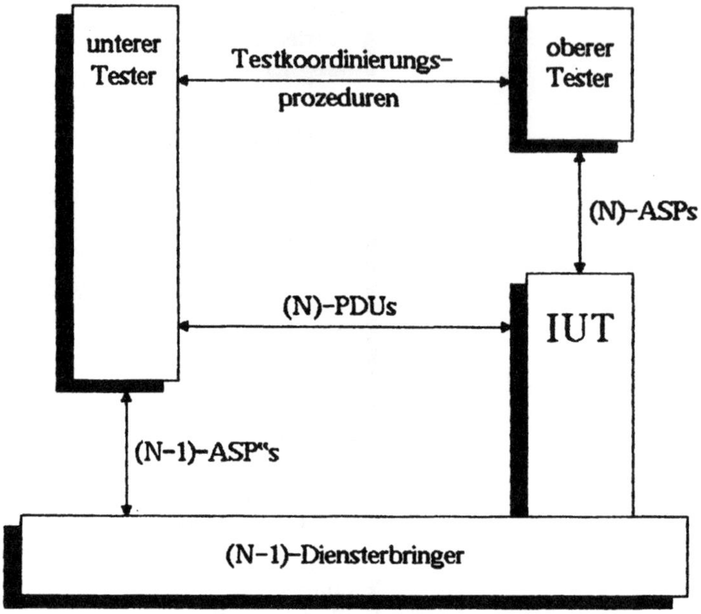

Abb. 3.6/4: Verteilte Testmethode

betrachtet. Die Abbildungen 3.6/3 und 4 zeigen solche Testarchitekturen für die häufig verwendeten lokalen und verteilten Testmethoden. Die Steuerung und Beobachtung des Tests wird von einem unteren und einem oberen Tester (lower/ upper tester) übernommen. Dem unteren Tester obliegt die Entsendung und Auswertung der abstrakten (N-1)-Dienstprimitive, dem oberen die der N-Dienstprimitive. Die Koordinierung der beiden Tester erfolgt über Testkoordinierungsprozeduren, die als spezifisches "Protokoll" zwischen den Testern interpretiert werden können. Beim lokalen Testsystem sind beide Tester in das zu testende System integriert, während beim verteilten (und auch beim entfernten) Test der untere Tester auf einem anderen System installiert ist und die IUT über einen (ausgetesteten) (N-1)-Dienst erreicht. Lokale Testsysteme sind vor allem für die Auswertung einer Einrichtung (EUT) günstig. Da jedoch keine Kommunikation über einen (N-1)-Dienst erfolgt, ist die nachfolgende Anwendung verteilter oder entfernter Testmethoden angeraten /Rayner 86b/.

Bei der Auswahl der Testmethode sind die Besonderheiten der jeweiligen Implementierung (Schicht, Protokoll, Dienste) zu berücksichtigen. Hier können keine oder nur wenige allgemeingültige Aussagen getroffen werden. So sind z.B. für die Testung der Anwendungsschicht andere Randbedingungen zu beachten als bei der Testung der unteren Schichten. Wir können hierauf nicht im einzelnen eingehen und verweisen auf die entsprechende Spezialliteratur /Rayner 86b/,/ISO 9646/.

Testverfahren

Für den Nachweis der Konformität einer Implementierung gibt es verschiedene Verfahren:

- *Test der Implementierung gegen die Protokollspezifikation*
  Das Wesen dieses Verfahrens /Liu 86/ besteht darin, daß ausgehend von einer verifizierten Spezifikation ein daraus abgeleitetes Programm korrekt ist. Der Konformitätstest könnte damit entfallen. Dieser Ansatz hat einen hohen theoretischen Anspruch, ist aber, wie die Diskussion im Abschnitt 3.4. gezeigt hat, aufgrund der derzeitigen Grenzen der Verifikation kaum praktikabel.
- *Test einer Implementierung mittels Referenzimplementierung*
  In diesem Fall wird die IUT durch eine Referenzimplementierung bewertet, für die eine Prototypimplementierung der Dienst- und Protokollspezifikation genutzt wird /Ansart 82b/,/Linn 83b/. Die Testung erfolgt in einem verteilten Testsystem. Durch die Referenzimplementierung werden nur richtige Protokolldateneinheiten erzeugt. Negativtests mit falschen PDUs bzw. falscher PDU-Reihenfolge können nicht durchgeführt werden. Ein weiteres Problem besteht darin, daß die Protokollspezifikation mitunter mehrere Implementierungsvarianten anbietet (z.B beim Empfang einer unzulässigen PDU: Ignorieren, Senden einer Fehler-PDU oder Auflösen der Verbindung), die Referenzimplementierung hingegen nur eine Lösung realisiert /Pavel 85/.
- *Test einer Implementierung mittels Referenzimplementierung und Ausnahmegenerator*
  Um die Reaktion der IUT auf falsche Protokolldateneinheiten zu ermöglichen, wird bei diesem Verfahren die Referenzimplementierung mit einem Ausnahmegenerator gekoppelt. Dieses Vorgehen erweist sich jedoch als relativ schwerfällig und aufwendig, da eine Reihe zusätzlicher Maßnahmen zur Steuerung und Auswertung der Negativtests erforderlich sind /Pavel 85/.
- *Test einer Implementierung mittels Kodierer/Dekodierer*
  Bei diesem Verfahren tritt an die Stelle der Referenzimplementierung ein sogenannter Kodierer/Dekodierer, der gegenüber der IUT als Partner-Einrichtung auftritt. Er kodiert bzw. dekodiert die PDUs, die an die IUT gesendet bzw. von ihr empfangen werden. Damit ist die Erzeu-

gung unterschiedlicher PDUs möglich. Das Kodierer/Dekodierer-Prinzip stellt gegenüber der Referenzimplementierung eine wesentliche Verbesserung dar und gestattet eine flexiblere und präzisere Testung /Cowin 83/,/Pavel 85/,/Rayner 86b/.

Realisierung der abstrakten Testmethoden

Für die Realisierung der oben beschriebenen abstrakten Testmethoden werden verschiedene Ansätze verfolgt, die als nächstes kurz vorgestellt werden.

Unterer Tester: Die übliche Realisierung des unteren Testers für verteilte und entfernte Testmethoden ist die des aktiven Testers. Dafür werden die oben beschriebenen Verfahren der Referenzimplementierung und jetzt vor allem des Kodierers/Dekodierers eingesetzt. Zusätzlich ist ein Testtreiber erforderlich, der den Testverlauf entsprechend der festgelegten Testdefinition steuert.

Oberer Tester: Der obere Tester hat einen stärker passiven Charakter. Er beobachtet und steuert bei lokalen und verteilten Testmethoden die abstrakten N-Dienstprimitive an der oberen Schnittstelle zur IUT. Seine Gestaltung kann deshalb prinzipiell systemspezifisch sein. Es hat sich aber auch hier als günstig erwiesen, systemunabhängige, möglichst portable Ansätze zu verfolgen. Man setzt sogenannte Testbeantworter (test responder) ein. Ihre konkrete Gestaltung ist unterschiedlich und hängt vom Charakter und vom Umfang der Tests ab, für die sie bestimmt sind /Cowin 83/,/Pavel 85/,/Rafiq 86a/.

Ein weiterer Ansatz ist das Fährenkonzept (ferry-concept), bei dem die Testergebnisse mittels einer "Fähre" zum aktiven Tester zurückgebracht werden /Zeng 85,86/. Dieses Konzept ist eine Variante der entfernten Testmethoden und erweist sich z.B. für die Gateway-Testung als zweckmäßig.

Test-Koordinierungsprozeduren: Ihnen obliegt die Koordinierung der Aktivitäten zwischen unterem und oberem Tester. Die Synchronisation beider Systeme gehört mit zu den kompliziertesten Problemen der Testdurchführung /Sarikaya 84/,/Rayner 86b/. Neuere Ansätze orientieren auf die Verwendung spezieller Testtreiber-Testbeantworter-Protokolle. Der Nachrichtenaustausch kann dabei entweder über die gleiche Verbindung laufen wie

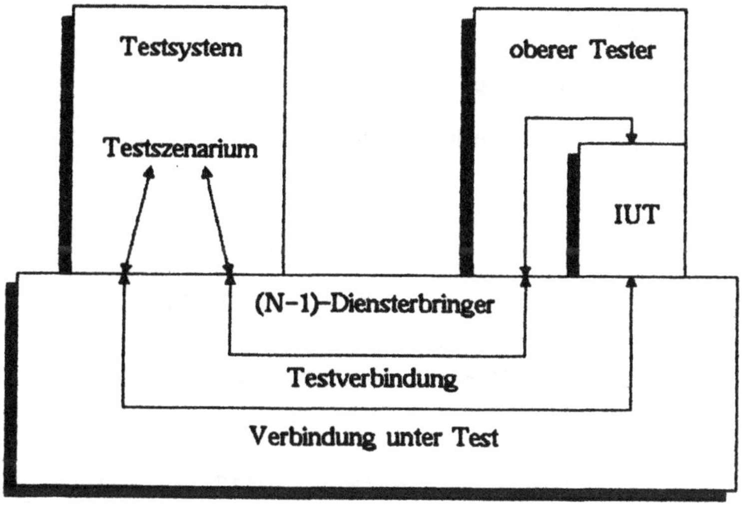

Abb. 3.6/5: Asterid - Testmethode

die Testinformationen oder über eine gesonderte Verbindung realisiert werden, die die IUT umgeht. Letzteres wird als Asterid-Testmethode bezeichnet (siehe Abb. 3.6/5) /Rafiq 86a/,/Rayner 86a,b/ und gehört gegenwärtig mit zu den bevorzugten Verfahrensweisen.

Testfolgen

Voraussetzung für die Testdurchführung ist das Vorhandensein entsprechender Testdaten, die hier als Testfolgen (test suites) bezeichnet werden.

Der Aufbau einer Testfolge ist hierarchisch gegliedert (siehe Abb. 3.6/6). Das Grundelement ist das Testereignis. Das kann ein abstraktes Dienstprimitiv oder ein Timeout sein. Unmittelbar zusammenhängende Folgen von Testereignissen bilden einen Testschritt. Die nächste Stufe ist der Testfall, der Testschritte mit dem gleichen Startereignis (Ereignis, durch dessen Auslösung ein Testschritt nur zur Ausführung kommt) umfaßt. Die Testfälle wiederum werden durch Berücksichtigung unterschiedlicher Nebenbedingungen (siehe Abb. 3.6/7) (z.B. verschiedener Protokollklassen) in Testuntergruppen bzw. Testgruppen zusammengefaßt.

Testfolge

Testgruppe

Testuntergruppe

Testfall

Testschritt

Testereignis

Abb. 3.6/6: Hierarchischer Aufbau einer Testfolge

CONreq,	CONcnf,	DATreq,	DATind,	DISreq
CONreq,	CONcnf,	DATreq,	DATind,	DISind
CONreq,	CONcnf,	DATreq,	DISind	
CONreq,	CONcnf,	DISind		
CONreq,	DISind			

Abb. 3.6/7: Beispiel eines Testfalls

Ein weiterer häufig gebrauchter Begriff ist der des Testszenariums. Darunter versteht man das Wechselspiel zwischen Tester und IUT, d.h., zu einer Testfolge werden auch die erwarteten (möglichen) Reaktionen der IUT angegeben.

Die Durchführung von Konformitätstests ist natürlich nur dann sinnfällig, wenn zu den Protokollstandards offizielle von der ISO festgelegte Testfolgen vorliegen. Ein solcher Zustand wird angestrebt, ist aber momentan noch nicht gegeben. Die Ausarbeitung von Testfolgen und ihr Einsatz in Tests wird z.Z. vor allem in Verantwortung der Testzentren durchgeführt.

Ableitung von Testfolgen

Die Ausarbeitung geeigneter Testfolgen stellt ein zentrales Problem der Testung dar und ist folglich auch ein Forschungsschwerpunkt. Es geht dabei darum, effektive Testfälle bereitzustellen, ohne sich mit Details der jeweiligen Implementierung auseinanderzusetzen. Grundlage dafür sind die formalen Dienst- und Protokollspezifikationen, aus denen möglichst automatisiert Testfolgen abgeleitet werden. In der Literatur werden unterschiedliche Ansätze vorgeschlagen /Sarikaya 84/,/Linn 83b/,/Ural 83/, /Favreau 86/,/Wang 87/. Wir stellen im folgenden drei der bekanntesten Methoden vor.

Transition-tour-Methode
Die Transition-tour-Methode geht, wie viele anderen Methoden, von einer Spezifikation mittels eines endlichen Zustandsautomaten aus. Transition-tour ist die Bezeichnung für eine Eingabefolge in den endlichen Zustandsautomaten, die eine Folge von Zustandsübergängen auslöst, die beginnend mit dem Anfangszustand alle Zustandsübergänge mindestens einmal durchläuft und wieder im Anfangszustand endet. Beispiel 3.6/1 enthält eine solche Eingabefolge für den Zustandsautomaten in Abb. 3.6/8.

Zustand	1		2		1		1		1		2		3		3		1		2		3		1		2		3		1
Eingabe		a		b		b		d		a		c		d		c		a		c		b		a		c		g	

Beispiel 3.6/1: Eingabefolge zu Abb. 3.6/8

Die Transition-tour-Methode stellt die einfachste der auf endlichen Zustandsautomaten beruhenden Methoden dar. Mit ihr können Fehler in der Ausgabe-Funktion entdeckt werden, aber keine Fehler bei Zustandsübergängen. Die Methode ist auch anwendbar bei unvollständig spezifizierten Automaten, falls diese streng miteinander verbunden sind.

W-Methode
Die W-Methode basiert auf zwei Eingabefolgen: der W-Menge und der P-Menge. Die W-Menge ist die charakteristische Menge des minimalen endlichen Automaten. Sie umfaßt Eingabefolgen, durch die das Verhalten jedes Zustandspaares unterschieden werden kann. Die P-Menge besteht aus allen partiellen Pfaden von Zustandsübergängen innerhalb des Automaten. Die Testfolgen entstehen durch Kombination der W- und der P-Menge. Alle Testfolgen beginnen und enden im Anfangszustand.

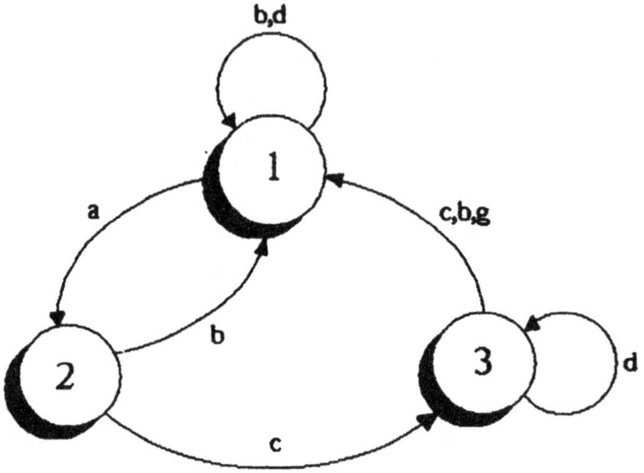

Abb. 3.6/8: Beispiel eines endlichen Zustandsautomaten (Die Zahlen repräsentieren die Zustände, die Buchstaben die Eingaben)

Wir veranschaulichen die Bildung der PW-Menge ebenfalls am Beispiel des Zustandsautomaten in Abbildung 3.6/8. Die W-Menge besteht aus der Eingabe b, da das Verhalten aller Zustände nur bezüglich dieser Eingabe verschieden ist. Die P-Menge wird aus dem Testbaum in Abbildung 3.6/9 gebildet. Sie hat folgenden Aufbau:

P = {{},b,a,d,a.{b,c},a.c.{d,c,b.g}}.

Daraus ergibt sich folgende Testdatenmenge:

PW = {b,b.b,a.b,d.b,a.{b,c}.b,a.c.{d,c,b,g}.b}.

Generell erfolgt die Bildung der W-Menge mittels eines spezifischen Verfahrens /Wang 87/, während die P-Menge aus einem Testbaum abgeleitet wird, der jede Transition vom Zustand i in den Zustand j mit der Eingabe als Kantenbewertung zeigt. Voraussetzung für die Anwendung der W-Methode ist ein minimaler endlicher Automat, der streng verbunden ist und in einem festen Anfangszustand startet. Die Beschränkung dieser Methode besteht darin, daß nicht jeder endliche Zustandsautomat eine W-Menge besitzt, insbesondere dann nicht, wenn er unvollständig spezifiziert

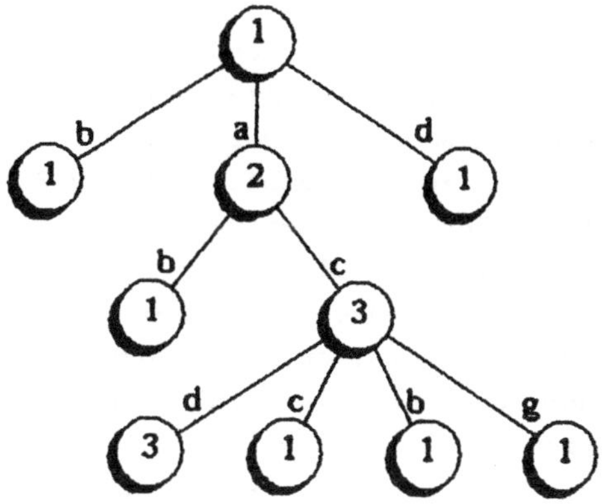

Abb. 3.6/9: Testbaum

ist. In diesem Fall muß durch Einführung zusätzlicher Zustände der Automat in eine Form überführt werden, die die Bildung der W-Menge gestattet.

Kontrollfolgen

Kontrollfolgen (checking sequences) sind Testfolgen, die sich aus drei Teilen zusammensetzen:

- der Initialisierungsfolge,
- der Zustandserkennungsfolge (state recognition sequence),
- der Transitions-Kontrollfolge (transition checking sequence).

Bei dieser Methode ist zu sichern, daß der endliche Automat "Unterscheidungsfolgen" besitzt. Unterscheidungsfolgen ähneln der W-Menge. Es handelt sich dabei um Eingabefolgen, die für jeden Anfangszustand eine andere Ausgabefolge erzeugen. Unterscheidungsfolgen werden aus dem Nachfolger-Baum des endlichen Automaten abgeleitet.

Der Test beginnt mit der Initialisierungsfolge, die den Automaten in den Anfangszustand überführt. Danach wird die Zustandserkennungsfolge eingesetzt, die die Antworten jedes Zustands auf die Unterscheidungsfolgen zeigt. Die abschließende Transitions-Kontrollfolge überprüft alle Zustandsübergänge des Automaten. Der Nachteil dieser Methode besteht darin, daß bei einer großen Anzahl von Zuständen die Ableitung von Unterscheidungsfolgen schwierig ist.

Testbeschreibungssprachen

Für die Darstellung von Testfolgen und Testszenarien ist der Einsatz formaler Beschreibungsmittel ebenfalls zweckmäßig, um zum einen deren Eindeutigkeit zu sichern und zum anderen ihre automatische Überführung in ausführbare Testfolgen zu unterstützen /König 87a/. Dazu können formale Spezifikationssprachen verwendet werden. Es sind aber auch spezifische Testbeschreibungssprachen diskutiert worden /Rayner 82/,/Probert 83/,/Rafiq 86b/. Von der ISO wurde zu diesem Zweck die Testnotation TTCN (Tree and Tabular Combined Notation) /ISO 9646/ definiert. TTCN ist eine Kombination aus einer baum- und einer tabellenorientierten Notation, die als informale Notation charakterisiert wird, da sie über keine exakt definierte Semantik verfügt. Sie kommt aber, wie die Beispiele in den ISO-Dokumenten zeigen, formalen Protokollbeschreibungsmethoden sehr nahe und enthält eine Vielzahl ähnlicher Elemente.

Eine TTCN-Beschreibung besteht aus 4 Teilen, in denen die Zielstellung des Tests, die auftretenden Ereignisse, die Testfolgen und die bestehenden Randbedingungen spezifiziert werden. Die Beschreibung der einzelnen Komponenten erfolgt in Form von Tabellen. Die Testfolgen selber werden durch Baumstrukturen dargestellt. Ein Beispiel für eine TTCN-Darstellung, zusammen mit einer vergleichbaren Darstellung in unserer Beispielsprache, ist in Abbildung 3.6/10 enthalten.

TTCN wird in einer neueren Version in zwei Darstellungsarten definiert: in der graphischen Darstellungsart TTCN-GR, die die Tabellennotation beibehält, und einer maschinenlesbaren Form TTCN-MP, die Schlüsselwörter anstelle der Tabellen benutzt.

TTCN

Dynamic Behaviour	
Reference:	Beispiel-Baum
Identifier:	BB
Purpose:	Vergleich TTCN - PDL
Defaults Reference:	keine

Behaviour Description	Label	Constraints Reference	Verdicts	Comments
!CONreq				
?CONcnf			Passed	
!DATreq				
?DATind			Passed	
!DISreq				
?DISind			Passed	
?DISind			Inconc	
?DISind			Inconc	
?DISind			Inconc	
?Otherwise			Failed	

Synchronisation Requirements (optional)

Extended Comments: Das Beispiel zeigt ein Testszenario für die Ablauffolge Verbindungsaufbau - Datenübertragung - Verbindungsabbau. Die mit einem Ausrufezeichen versehenen Primitive werden vom Tester initiiert, während die von ihm zur Akzeptanz in Frage kommenden Primitive mit einem Fragezeichen gekennzeichnet sind. Die Spalte verdicts enthält die Einschätzung des Testverlaufs mit den Wertungen Passed, Inconclusive (nicht überzeugend) , Failed.

Abb. 3.6/10: TTCN (Fortsetzung nächste Seite)

PDL

```
par event
  START: ask CONreq
         set default
         wait event
           CONcnf: verdict:=Passed
           ask DATreq
           wait event
             DATind: verdict:=Passed
                     ask DISreq
                     wait event
                       DISind: verdict:=Passed
                     *wait !
           *wait !
  default: wait event
             DISind: verdict:=Inconc !
             Otherwise: verdict:=Failed
           *wait
           cancel protocols
*par
```

Die PDL-Darstellung wurde der Übersicht wegen etwas vereinfacht.

Abb. 3.6/10: TTCN (Fortsetzung)

<u>Testsysteme</u>

Für die Durchführung der Tests werden spezielle Testsysteme geschaffen, die sehr komplex sein können. Ihr Aufbau ist durch keine Standards vorgeschrieben. Er wird durch die verfolgten Testziele und die einzusetzenden Testmethoden bestimmt, wie wir sie oben kennengelernt haben. Hinzu kommen Werkzeuge und Systeme, die die Testgestaltung und -auswertung unterstützen. Abbildung 3.6/11 zeigt als Beispiel die Architektur des am Institut für Informatik und Rechentechnik der Akademie der Wissenschaften der DDR im Aufbau befindlichen Testsystems nach /Heymer 89/

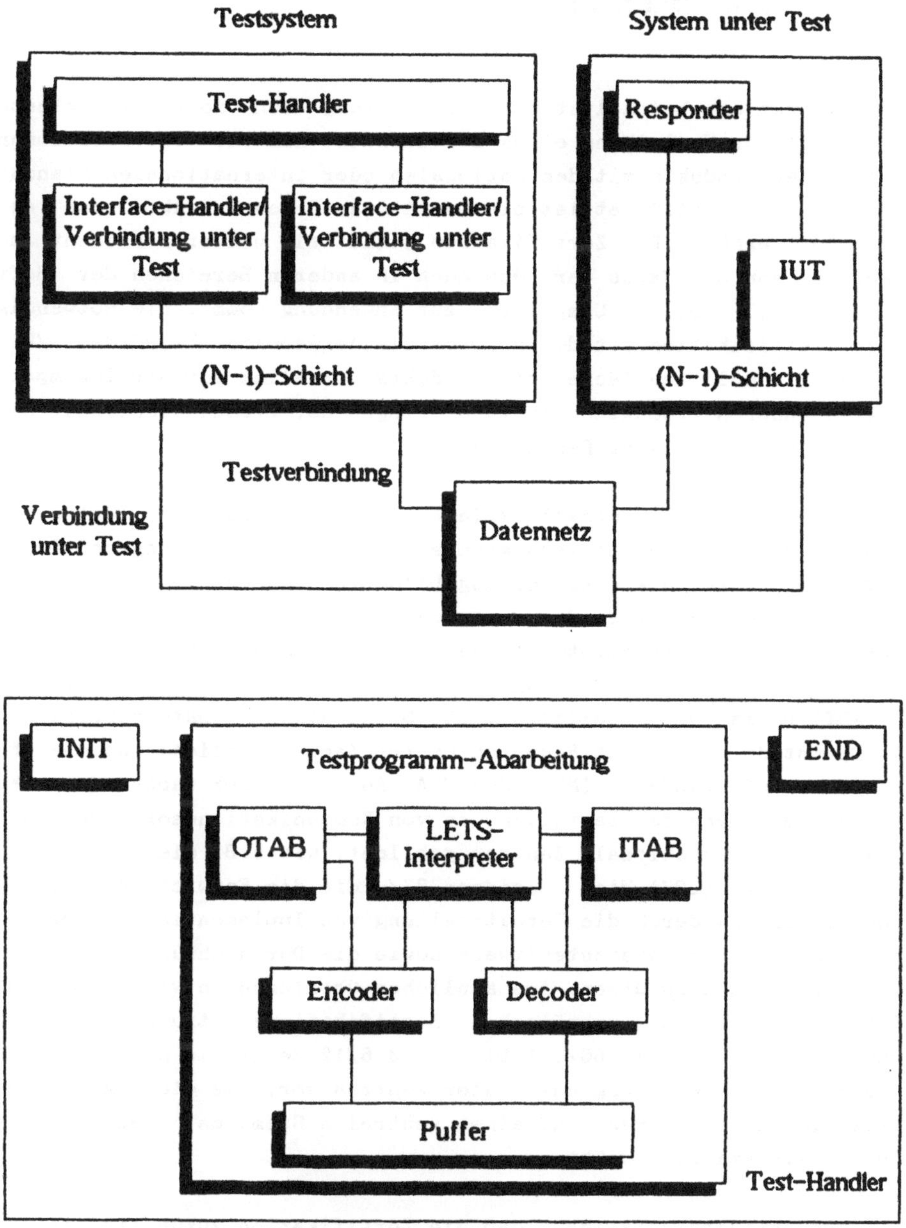

ITAB/OTAB – Parametertabellen für ankommende und abgehende Nachrichten
LETS – Testbeschreibungssprache

Abb. 3.6/11: Architektur des Testsystems aus /Heymer 89/

3.6.2. ZERTIFIKATION

Die Zertifikation beinhaltet die Durchführung von Konformitätstests, verbunden mit der Verleihung eines Zertifikats, das die Übereinstimmung des getesteten Produkts mit dem nationalen oder internationalen Standard bescheinigt. Das Zertifikat ist ein Qualitätspaß des Produkts, das seinen Marktwert erhöht. Die Zertifikation stellt ein weiteres Element zur Durchsetzung von Standards dar, das auch in anderen Bereichen der Softwareentwicklung, z.B. bei Compilern, zur Anwendung kommt. Die Notwendigkeit der Zertifikation ist durch kommerzielle Aspekte begründet /Wiechers 85/. Sie soll den Käufer des Produkts vor allem vor der Inkompatibilität zu anderen Produkten schützen. Fragen der Produktsicherheit sind dagegen nur von sekundärer Bedeutung.

Die Zertifikation von Protokollimplementierungen wird von Testzentren übernommen, die sich, historisch gesehen, für die Entwicklung und Durchführung von Konformitätstests herausgebildet haben und die zugleich auch die Hauptforschungszentren der Protokolltestung darstellen /Ansart 81/, /Rayner 82/. Die bekanntesten dieser Einrichtungen sind das National Physical Laboratory (NPL) Teddington (England), die Agence de l'Informatique (ADI) Paris, die Gesellschaft für Mathematik und Datenverarbeitung (GMD) Darmstadt, das Joint Research Centre Ispra (Italien) und das National Bureau of Standards (NBS) der USA. Auf Grund der wachsenden ökonomischen Bedeutung der Zertifikation von Kommunikationssoftware haben sich weitere internationale Zentren gebildet, wie z.B. die Corporation for Open Systems (COS) Wien /Davidson 87/, die die Entwicklung offener Systeme (OSI,ISDN) durch die Bereitstellung von Implementierungsspezifikationen und Konformitätstestsoftware sowie die Durchführung von Zertifikationstests unterstützen. Aus ähnlichen Überlegungen wird auch die Entwicklung eines westeuropäischen Zertifikationszentrums angestrebt /Wiechers 85/,/Malagardis 86/. Abbildung 3.6/12 zeigt die geplante Struktur. Es sieht die Schaffung nationaler Zentren vor, die die eigentlichen Zertifikationen vornehmen, und eines zentralen Gremiums, das Berater- und Kontrollfunktionen ausübt.

Alle diese Aktivitäten zeigen, daß die Zertifikation zukünftig ein fester Bestandteil der kommerziellen Produktion von Kommunikationssoftware sein wird.

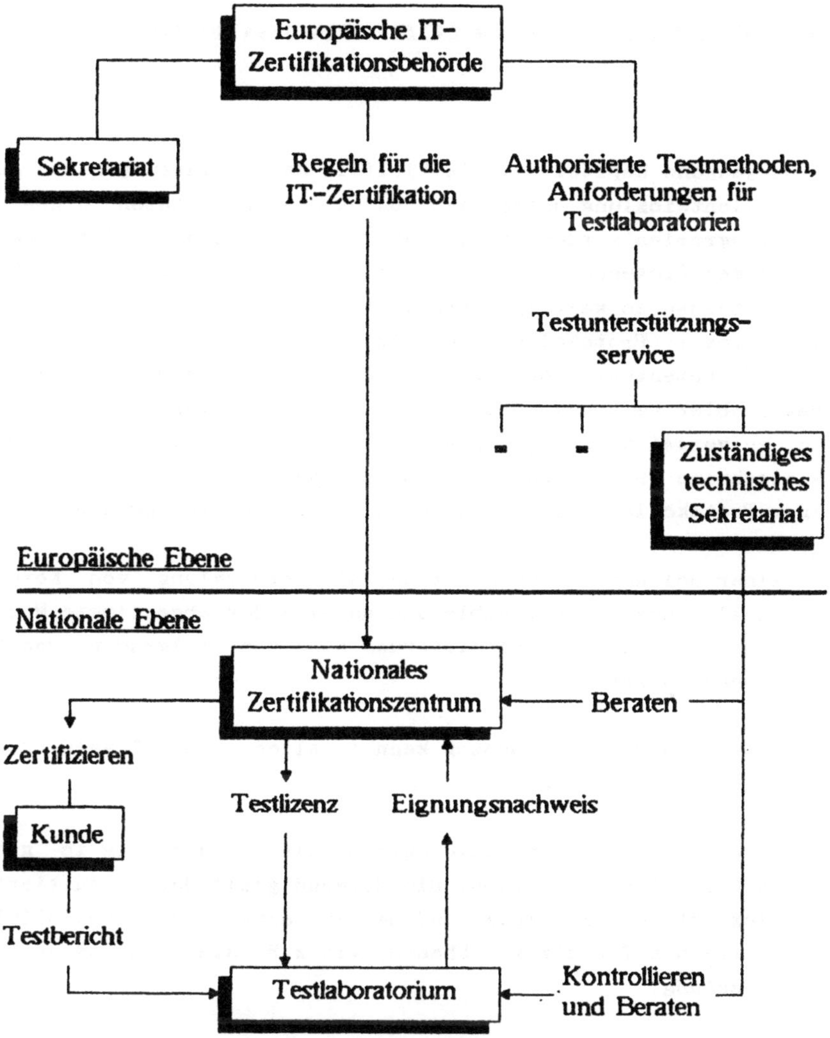

Abb. 3.6/12: Geplante Struktur einer westeuropäischen Zertifikationsbehörde für Informationstechnologien (IT) (entnommen /Wiechers 85/)

4. PROTOKOLLENTWICKLUNGSUMGEBUNGEN

Das vorangegangene Kapitel hat die Vielfalt der Auffassungen und Ansätze zur Protokollentwicklung aufgezeigt. Durch die Aktivitäten in den Standardisierungsgremien wurden Schwerpunkte gesetzt, die zu einer gewissen Klärung dieses Prozesses geführt haben. Es wird eingeschätzt, daß eine Reihe von Methoden so weit ausgearbeitet ist, daß sie für die praktische Entwicklung realer Protokolle eingesetzt werden können /Bochmann 85,87/, /König 87c/. Dementsprechend ist ein verstärkter Trend zur Bereitstellung praktikabler Werkzeuge (tools) bis hin zu komplexen Entwicklungsumgebungen zu verzeichnen (vgl. /Barghouti 86/, /Drobnik 86/, /Bochmann 87/, /Fleischmann 89/). Abschließend soll auf Struktur und Gestaltung derartiger Protokollentwicklungsumgebungen kurz eingegangen werden.

Aufgabe einer solchen Umgebung ist es, die Entwicklung von Kommunikationsprotokollen durch praktikable und aufeinander abgestimmte Werkzeuge zu unterstützen. Bei ihrer Konzipierung kann von folgenden Randbedingungen ausgegangen werden:

- Der Protokollentwicklungsprozeß kann in allen seinen Phasen rechnergestützt gestaltet werden.

- Die Entwicklung von Kommunikationsprotokollen wird häufig in größeren Entwicklerkollektiven erfolgen. Die Notwendigkeit dazu resultiert aus der Komplexität der Protokolle und der zu erwartenden Spezialisierung von Bearbeitern auf bestimmte Phasen, wie z.B. die Qualitätssicherung oder die Testung.

- Für die einzelnen Entwicklungsphasen ist eine Koexistenz unterschiedlicher Methoden zu erwarten, deren Auswahl von verschiedenen Faktoren abhängig sein wird.

Die Entwicklungsumgebung sollte somit Werkzeuge für den gesamten Protokollentwicklungsprozeß bereitstellen, die die Kooperation zwischen den Entwicklern gewährleisten und unterschiedliche Methoden unterstützen. Abbildung 4/1 zeigt die Struktur einer solchen Entwicklungsumgebung /Rudin 85a/,/König 87c,89/. Sie umfaßt verschiedene Protokollentwicklungswerkzeuge sowie eine Protokollbibliothek.

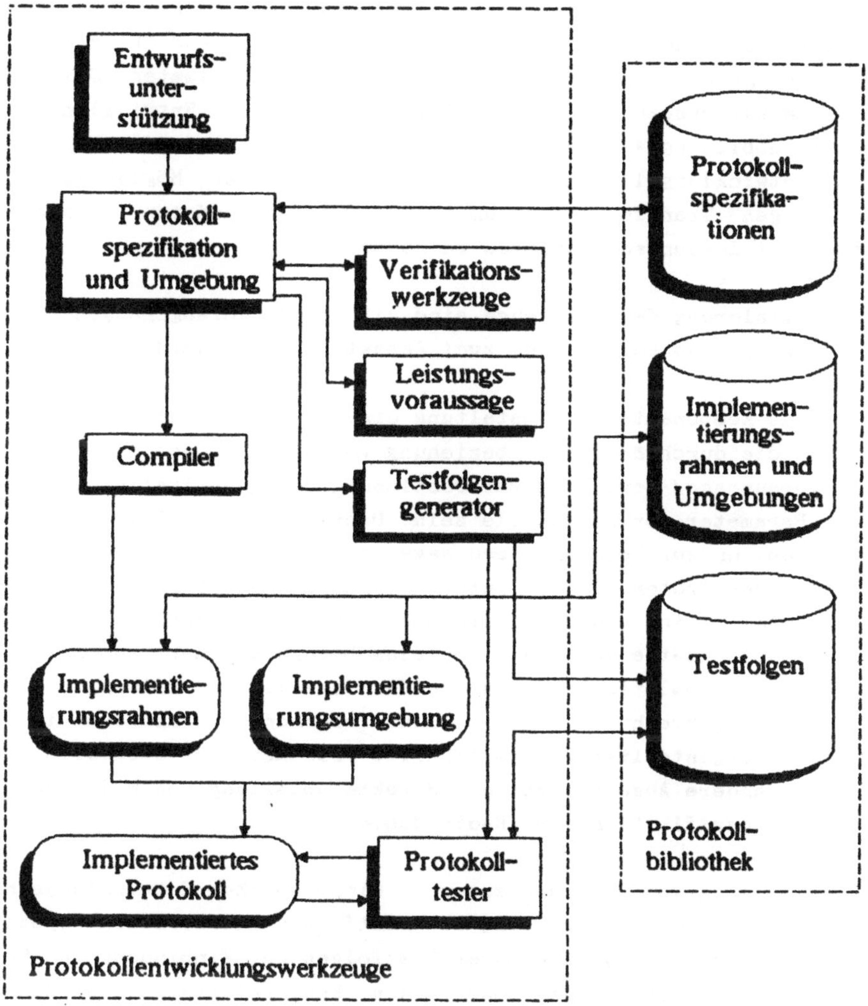

Abb. 4/1: Struktur einer Protokollentwicklungsumgebung

Die *Protokollentwicklungswerkzeuge* unterstützen die Protokollrealisierung in ihren verschiedenen Phasen. Voraussetzung ist das Vorhandensein einer maschinenlesbaren Protokollspezifikation /Rudin 85a/, die die Bezugsbasis für ihr Zusammenwirken bildet. Es ist zunehmend üblich, solche Entwicklungsumgebungen auf der Grundlage einer bestimmten Spezifikationssprache aufzubauen. Ein Beispiel für eine solche Entwicklungsumgebung ist in Abbildung 4/2 dargestellt. Sie sieht zwei "software-technologische Entwicklungslinien" vor einschließlich der Möglichkeit der wechselseitigen Transformation, um die Vorzüge der anderen Sprache in bestimmten Entwicklungsabschnitten zu nutzen.

Auf die Realisierung der Werkzeuge sind wir in den vorangegangenen Kapiteln eingegangen. Es sollen noch zwei Aspekte ergänzt werden.

Eine wichtige Komponente der Gestaltung einer Protokollentwicklungsumgebung wird die durchgängige Einbeziehung von Mitteln und Methoden der Leistungsvoraussage/-bewertung zur Bestimmung der quantitativen und qualitativen Parameter der Protokolle sein. Dabei ist vor allem die Ableitung von Modellen zur Leistunsvoraussage und -bewertung aus der formalen Beschreibung der Protokolle von Interesse /Rudin 83b,85a/,/Drobnik 86/. Dieser Weg stellt eine neue, weitere Möglichkeit der Modellbildung dar. Es werden zwei Ansätze verfolgt. Der eine beruht auf der automatischen Ableitung eines Simulationsmodells aus der formalen Spezifikation /Bauerfeld 81/,/Engelbrecht 86/. Ein solches Vorgehen wird mit dem im Abschnitt 3.4. vorgestellten System ATLANTIC /Fischer 88b/ ebenfalls angestrebt. Der andere Ansatz sieht die direkte Ableitung von Modellen aus der formalen Spezifikation vor /Rudin 83b,85a,b/.

Die Bereitstellung von Testwerkzeugen in einer solchen Entwicklungsumgebung wird sich auf die Generierung von Testfolgen aus formalen Spezifikationen, die Erzeugung ausführbarer Testfolgen zur Einbindung in Testsysteme sowie die Vorabtestung beschränken. Konformitätstests werden auf Grund ihrer ökonomischen und technischen Randbedingungen in leistungsfähigeren Testzentren durchgeführt werden.

Die *Protokollbibliothek* kann als Bindeglied zwischen den Entwicklungswerkzeugen fungieren. In ihr können Protokollspezifikationen (in verschiedenen formalen Darstellungen), Implementierungsrahmen, Testfolgen u.a. gespeichert werden, um die Kooperation zwischen den Entwicklern,

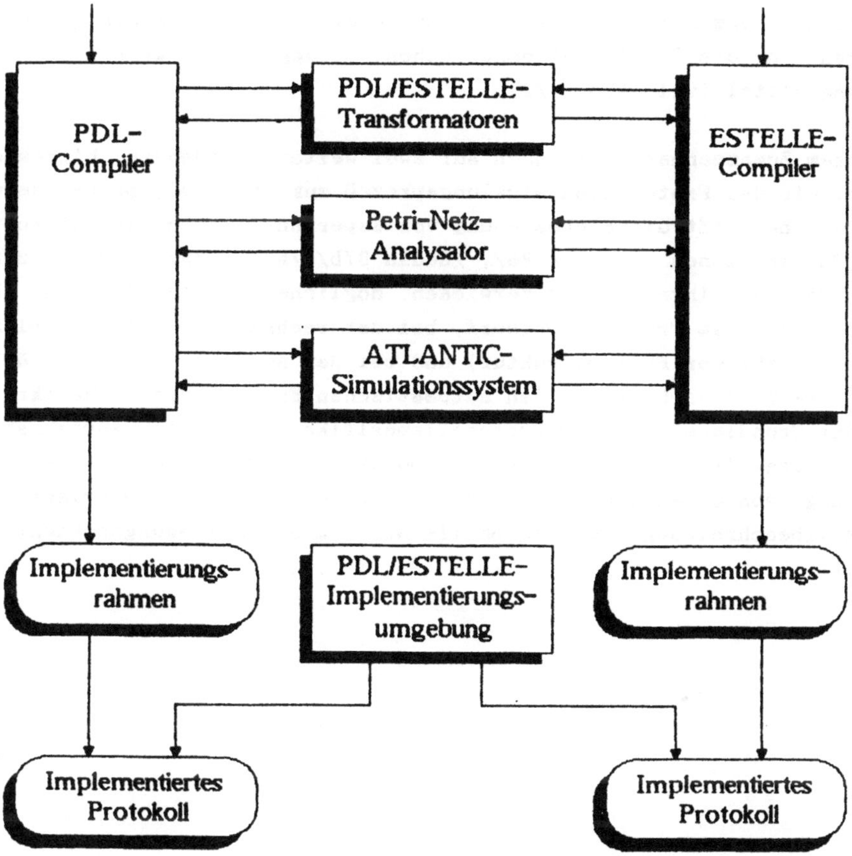

Abb. 4/2: Protokollentwicklungsplatz (ohne Testwerkzeuge) aus /König 89/

die Nutzung unterschiedlicher Methoden und die Rationalisierung des Entwicklungsprozesses zu unterstützen. Ein Ausbau der Protokollbibliothek zu einer "Protokollbank", in die Spezifikationen, Implementierungen und Testfolgen verschiedener Entwickler aufgenommen werden, wäre ein möglicher Weg, um die erheblichen Aufwendungen zur Entwicklung von Kommunikationssoftware zu reduzieren.

Eine solche Entwicklungsumgebung muß selbstverständlich auch über Mittel verfügen, die seine Nutzung einfach und effektiv gestalten. Dazu zählen z.B. ein kleines Steuersystem, das die verschiedenen Komponenten verwaltet und die Kommunikation mit dem Entwickler übernimmt, syntaxgesteuerte Editoren für die Spezifikationssprachen, Debugger und graphische Darstellungsmittel (vgl. Abb. 4/2).

In diesem Zusammenhang soll noch auf zwei weitere Tendenzen hingewiesen werden, die den Protokollentwicklungsprozeß zukünftig mit prägen werden. Die erste betrifft die Einbeziehung von Expertensystemen. In internationalen Publikationen /Drobnik 86/, /Rudin 87b/,/König 89/ wird in zunehmendem Maße auf ihre Nutzung verwiesen. Mögliche Einsatzfälle sind Ratgebersysteme beim Protokollentwurf, bei der rechnergestützten Implementierung (Wahl der Prozeßstruktur) und bei der Auswahl von Testfällen. Die andere Tendenz betrifft den automatischen Entwurf von Schaltkreisen auf der Grundlage formaler Protokollspezifikationen. In /Krishnakumar 87/ wird über Arbeiten in den Bell Laboratorien, Murray Hill (USA), zur Erzeugung von Schaltkreisen auf der Basis einer automatenorientierten Protokollbeschreibung für Protokolle der Datenübertragungsschicht berichtet.

5. LITERATUR

/Aggarwal 85/ Aggarwal,S.;Kurshan,R.P.: Automated Implementation from Formal Specification. In /Yemini 85/, pp. 127-136

/Ansart 81/ Ansart,J.P.: Development and certification of standardized protocols. In /Csaba 81/

/Ansart 82a/ Ansart,J.P.;Rafiq,O.;Chari,V.: Protocol Description and Implementation Language. In /Sunshine 82a/, pp. 101-112

/Ansart 82b/ Ansart,J.P.: GENEPI/A - A Protocol Independent System for Testing Protocol Implementation. In /Sunshine 82a/, pp. 523-528

/Ansart 83/ Ansart,J.P.;Chari,V.;Simon,D.: From Formal Description to Automated Implementation Using PDIL. In /Rudin 83a/, pp. 381-390

/Ansart 86/ Ansart, J.P. et al.: Software tools for Estelle. In /Bochmann 86a/, pp. 2-52 -- 2-60

/Antilla 83/ Antilla,M.; Erikson,H.;Ikonen,J.; Kujansuu,R.;Ojala,L.; Tuominen,H.:Tools and studies of formal techniques- Petri nets and temporal logic.In /Rudin 83a/, pp. 139-148

/Ayache 83/ Ayache,J.M.; Courtiat,J.P.: LC/1, A specification and implementation language for protocols. In /Rudin 83a/, pp.333-345

/Barghouti 86/ Barghouti,N.;Nounou,N.;Yemini,Y: An interactive protocol development environement. In /Bochmann 86a/, pp. 2-61 -- 2-76

/Barlett 69/ Barlett,K.A.;Santlebury,R.A.;Wilkinson,P.:A note on reliable full duplex transmission over half duplex links. CACM Vol. 12 (1969) 5, pp.260-261

/Barra 86/ Barra,S.;Ghisio,O.;Modesti,M.: Experiences in automatic translations from SDL specifications into CHILL implementations. CSELT Technical Reports - Vol. XIV (1986)3, pp. 175-179

/Bauerfeld 81/ Bauerfeld, W.L.: Description, verification and performance predication of computer network protocols. In /Rayner 81/, Vol. 1, pp. 235-269

/Belina 86/ Belina,F.; Saracco,R.: CCITT-SDL: Overview of the Standard and Its Application in the Area of Protocol Specification. In /Csaba 86/, pp. 505-519

/Berthelot 82/ Berthelot,G.; Terrat,R.: Petri Nets Theory for the Correctness of Protocols. IEEE Trans. on Com., Vol. COM-30 (1982) 12, pp.2497-2505; ebenfalls enthalten in /Sunshine 82a/, pp. 325-342

/Bez 88/ Bez,T.: SPSV 2.0 Release 1.1. IIR, Berlin, 1988

/Billington 83/ Billington,J.: Abstract specification of the ISO transport service definition using labelled numerical Petri nets. In /Rudin 83a/, pp. 173-185

/Blumer 82/ Blumer,T.P.;Tenney,R.L.: A Formal Specification Technique and Implementation Method for Protocols. Computer Networks 6,(1982), pp. 201-217

/Blumer 83/ Blumer,T.P.; Sidhou,D.P.: Experience with an Automated Protocol Development System.In /Rudin 83a/, pp. 369-380

/Bochmann 77/ Bochmann,G.v.;Gecsei,J.: A Unified Method for the Specification of Communication Protocols. Proceedings IFIP Congress Toronto, (1977),pp. 229-234

/Bochmann 78/ Bochmann,G.v.:Finite state description of communication protocols. Computer Networks, Vol. 2, (Oct. 1978), pp. 361-372

/Bochmann 80a/ Bochmann,G.v.; Sunshine,C.A.: Formal Methods in Communication Protocol Design, IEEE Trans. on Com., Vol. COM-28 (1980) 4, pp. 624-631

/Bochmann 80b/ Bochmann,G.v.: A General Transition Model for Protocols and Communication Services. IEEE Trans. on Com., Vol. COM-28 (1980) 4, pp.643-650

/Bochmann 80c/ Bochmann,G.v.; Merlin,P.: On the construction of communication protocols. In /Williams 80/, pp. 371-378

/Bochmann 81/ Bochmann,G.v.: The Use of Formal Description Techniques for OSI Protocols. Reprint from National Telecommunication Conference, IEEE, 1981

/Bochmann 82a/ Bochmann,G.v. et al.: Experience with Formal Specifications Using an Extended State Transition Model. IEEE Trans. on Com., Vol. COM-30 (1982) 12, pp. 2506-2513

/Bochmann 82b/ Bochmann,G.v. et al.: Some Experience with the Use of Formal Specifications. In /Sunshine 82a/, pp. 171-185

/Bochmann 83a/ Bochmann,G.v.: Concepts for Distributed Systems Design. Springer-Verlag, Berlin, Heidelberg, New York, 1983

/Bochmann 83b/ Bochmann,G.v.; Raynal,M.: Structured Specification of Communicating Systems. IEEE Trans. on Computers, Vol. C-32 (1983) 2, pp. 120-133

/Bochmann 84/ Bochmann,G.v.;Gerber,G.;Serve,J.M.: Semi-automatic implementation of communication protocols. Universitè de Montreal, Department d` Informatique et de Recherche operationelle. Publication #518, 1984

/Bochmann 86a/ Bochmann,G.v.;Sarikaya,B.(eds.): Papers of the 6th Workshop on Protocol Specification,Testing,and Verification. Universitè de Montrèal, 1986

/Bochmann 86b/ Bochmann,G.v.: Semi-Automatic Implementation of Transport and Session Protocols.In /Schumny 86/, pp. 343-349

/Bochmann 87/ Bochmann,G.v.: Usage of protocol development tools: the results of a survey. In /Rudin 87b/, I2

/Bocker 87/ Bocker,P.:ISDN, das diensteintegrierende digitale Nachrichtennetz: Konzept, Verfahren, Systeme. Springer-Verlag, Berlin, Heidelberg, New York, 1987

/Bolt 80/ Bolt Beranek and Newman Inc.: Formal Description Techniques for Network Protocols.INWG General Note 257,1980

/Bourguet 86/ Bourguet,A.: A petri net tool for service validation in protocols. In /Bochmann 86a/, pp. 8-17 -- 8-28

/Boyanov 89/ Boyanov,K.;Angelinov,R.(eds.): Network Information Processing Systems. North-Holland, Amsterdam, 1989

/Briand 86/ Briand,J.P.;Fehri,M.C.;Logrippo,L.;Obaid,A.: Executing LOTOS specifications. In /Bochmann 86a/, pp. 3-1 - 3-19

/B.Hansen 78/ Brinch Hansen,P.: Distributed Process: A Concurrent Programming Concept. Com. of the ACM 21 (1978) 11, pp. 934-941

/Brinksma 86/ Brinksma,E.: A tutorial on LOTOS. In /Diaz 86/,pp.171-194; ebenfalls enthalten in /ISO 8807/, /Rudin 87a/

/Brinksma 89/ Brinksma,E.; Scollo,G; Vissers,Ch.: Protocol Specification, Testing and Verification. Proc. of the 9th IFIP WG 6.1 International Symposium, University of Twente-Enschede, 1989

/Bruckner 83/ Bruckner,G.; Motsching,H.: Spezifikation von Datenkommunikationsprotokollen mittels der Datenflußsprache EDDA. In /Schindler 83/, S. 316-335

/Burkhardt 85/ Burkhardt,H.J.; Eckert,H.; Prinoth,R.: Modelling of OSI- Communication Services and Protocols Using Predicate/ Transition Nets. In /Yemini 85/, pp. 165-192

/Castanet 85/ Castanet,R.; Guitton,P.; Rafiq,O.: An Automatic System for the Study of Protocols: A Presentation and Critique Based on a Work Ensemble. In /Yemini 85/, pp. 111-126

/Castanet 86/ Castanet,R.; Dupeux,A.; Guitton,P.: ADA, a well suited language for specification and implementation of protocols. In /Diaz 86/, pp. 247-258

/CCITT 89/ CCITT: Functional Specification and Description Language (SDL)(Recommendation Z.100-Z.104). Blue Book, Genf 1989

/Choi 85/ Choi,T.Y.: Formal Techniques for the Specification, Verification and Construction of Communication Protocols. IEEE Communication Magazine 23 (1985) 10, pp. 46-52

/Chow 85/ Chow,C.H.;Gouda,M.G.;Lam,S..: On Contructing Multi-Phase Communication Protocols. In /Yemini 85/, pp. 57-68

/Cohen 83/ Cohen,J.; Poster,J.: The ISO Reference Model and other Protocol Architectures. In Mason,R.E.A.(eds.): Information Processing. North-Holland,Amsterdam,1983

/Courtiat 87/ Courtiat,J.-P.: How could Estelle become a better FDT? In /Rudin 87b/, A2.1

/Cowin 83/ Cowin,G.W.;Hale,R.W.S.;Rayner,D.: Protocol product testing - Some comparisons and lessons.In /Rudin 83a/, pp. 477-492

/Csaba 81/ Csaba,I; Szentivanyi,T; Tarnay,K. (eds.): Networks from the User's Point of View. North-Holland,Amsterdam,1981

/Csaba 86/ Csaba,L.;Tarnay,K.;Szentivanyi,T.(eds.): COMPUTER NETWORK USAGE: Recent Experiences. North-Holland,Amsterdam, 1986

/Danthine 80/ Danthine,A.A.S.: Protocol Representation with Finite-State Models. IEEE Trans. on Com.,Vol. 28,No.4, (April 1980) 632-642

/Davidson 87/ Davidson,I: OSI protocol testing at the Corporation for Open Systems. In /Rudin 87b/, A2.2

/Dembinski 86/ Dembinski,P.: Modelling behaviours of systems specified in Estelle. In /Bochmann 86a/, pp. 4-1 -- 4-29

/de Meer 86/ de Meer,J.: Tutorial on LOTOS Data Types. Hahn-Meitner-Institut Berlin- West, Draft 1986

/Diaz 82/ Diaz,M.: Modelling and Analysis of Communication and Cooperation Protocols using Petri Net Based Models. Computer Networks, Vol. 6 (1982),pp. 419-441; ebenfalls enthalten in /Sunshine 82a/, pp. 465-510

/Diaz 86/ Diaz,M.(ed.): Protocol Specification,Testing,and Verification IV. North Holland, Amsterdam, 1986

/Drobnik 83/ Drobnik,O;Krumm,H.: CIL- Eine Sprache zur Implementierung von Kommunikationssystemen. In /Schindler 83/, S. 301-315

/Drobnik 86/ Drobnik,O.: Software-Technologie für Kommunikationstechnik. Informationstechnik it 28 (1986) 1, S.44-52

/Durr 84/ Durr,M.: Networking IBM PC's - A Practical Guide. Sue Corporation,Indianapolis,1984

/Ecsedi-Toth 83/ Ecsedi-Toth,P.: Towards a General Theory of Protocols. Preprint KFKI Budapest, KFKI-1983-98

/Ehrig 83/ Ehrig,H.;Fey,W.;Hansen,H.: ACT ONE: An algebraic specification language with two levels of semantics. Bericht Nr. 83-03, Department of Computer Science, TU Berlin, 1983

/Engelbrecht 86/ Engelbrecht,J.R.; Kritzinger,P.S.;Rudin,H.: Predicting protocol performance from a meta-implementation. In /Diaz 86/, pp. 349-362

/Ettinger 86/ Ettinger,J.E.: Computers in manufacturing industry. In /Stockes 86/, pp. 51-76

/Ethernet 80/ The Ethernet. Data Link Layer and Physical Layer Specifications. Digital Equipment Corporation, Inter Corporation, Xerox Corporation, Version 1.0, Sept 1980

/Favreau 86/ Favreau,J-P.; Linn,R.J.: Automatic generation of test scenarios from protocol specification written in Estelle. In /Bochmann 86a/, pp. 6-1 -- 6-12

/Fischer 88a/ Fischer,J.: ATLANTIS - A Software Simulator for Behaviour Analysis of Protocol Specifications and their Target Implementation. Syst. Anal. Model. Simul. 5 (1988) 3, 181-213

/Fischer 88b/ Fischer,J.: Software-Technologie "Rapide Prototyping" bei der Entwicklung von Kommunikationssoftware verteilter bzw. eingebetteter Systeme. Diss. B, Humboldt-Universität zu Berlin, 1988

/Fleischmann 89/ Fleischmann,A. et al.: A Toolkit for Specifying and Implementing Communication Protocols. In /Boyanov 89/, pp. 119-128

/Freudenmann 87/ Freudenmann,J.:Development of communication software by stepwise refinement. In /Rudin 87b/, C2.2

/Gaudette 86/ Gaudette,Ph.: Notes on Integration of ESTELLE and ASN.1. ASN.1. Draft Paper, National Bureau of Standards, 1986

/Giese 85/ Giese,E. et al.: Dienste und Protokolle in Kommunikationssystemen - Die Dienst- und Protokollschnitte der ISO-Architektur. Springer-Verlag, Berlin, Heidelberg, New York,1985

/Görgen 85/ Görgen, K.; Koch,H., Schulze,G.; Struif,B.; Truoel,K.: Grundlagen der Kommunikations-Technologie. ISO- Architektur offener Systeme. Springer-Verlag, Berlin, Heidelberg, New York, 1985

/Gora 87/ Gora,W.;Speyerer,R.: ASN.1 Abstract Syntax Notation One. Datacom Buchverlag, Pulheim, 1987

/Gotzhein 85/ Gotzhein,R.: Modellierung und Spezifikation von Diensten und Verhalten in verteilten Systemen. Dissertation Dr.-Ing., Universität Erlangen, 1985

/Gotzhein 86/ Gotzhein,R.: Specifying abstract data types with LOTOS. In /Bochmann 86/, pp. 1-13 -- 1-23

/Gouda 83/ Gouda,M.G.: An example for constructing communicating machines by step-wise refinement. In /Rudin 83a/, S. 63-74

/Groz 85/ Groz,R.; Jard,C.; Lassudrie,C.: Attacking a Complex Distributed Algorithm from Different Sides: an Experience with Complementary Validation Tools. In /Yemini 85/, pp. 3-17

/Haas 86/ Haas,O.: Formal protocol specification based on attribute grammars. In /Diaz 86/, pp.39-48

/Hailpern 83/ Hailpern,B.T.; Owicki,S.: Modular Verification of Computer Communication Protocols. IEEE Trans on Com., Vol. COM-31 (1983) 1, pp. 56-68

/Hansson 86/ Hansson,H.A.: Automatic implementation of formal descriptions of communication protocols. In /Diaz 86/, pp. 259-270

/Harangozo 77/ Harangozo,J.: Formal Approaches to Designing Protocols. Proceedings COMNET'77, Budapest, 1977

/Heger 85/ Heger,D. et al.(eds.): Kommunikation in Verteilten Systemen I. Springer-Verlag,Bln.,Heidelberg, New York 1985

/Heiner 80/ Heiner,M.: Ein Beitrag zur Deadlockanalyse auf der Grundlage einer sprachlich geführten Programmiermethodik. Diss. A, TU Dresden, Sektion Informationsverarbeitung, 1980

/Heiner 85/ Heiner,M.;König,H.: Ein Ansatz zur Verifikation sprachlich spezifizierter Protokolle mittels Petri- Netzen. in Studientexte Lokale Rechnernetze, Schriftenreihe des WBZ MKR/IV der TU Dresden, Heft 79/85 I, S. 89-96

/Heiner 89/ Heiner,M.: Petri Net Based Verification of Communication Protocols Specified by Language Means. Informatik-Reporte, IIR, 2/1989

/Heymer 84a/ Heymer,V.; Hirr,R.: PSDM- Eine Methode zur Protokoll- und Dienstspezifikation. ZfR- Information 84.08, 1984

/Heymer 84b/ Heymer,V.: Verkopplung von Rechnersystemen zu Rechnernetzen. Diss. B, AdW der DDR, 1984

/Heymer 89/ Heymer,V.: Conformance and Interoperability Testing of Computer Communication Protocols. In /Boyanov 89/, pp. 41-47

/Hoffmann 87/ Hoffmann,M.: Entwurf und Realisierung eines Transformators PDL-ESTELLE. Diplomabeit, TU Dresden, Informatikzentrum, 1987

/Hogrefe 89/ Hogrefe,D.: Estelle, LOTOS und SDL. Springer-Verlag, Berlin, Heidelberg, 1989

/Ilse 88/ Ilse,H.: Das Rechnerkommunikationsnetz des VE Kombinat Datenverarbeitung - Aktuelle Betriebsprobleme und neue Anforderungen. Tagungsberichte INFO 88, Dresden, 1988

/ISO 3249/ ISO, Information Retrieval, Transfer and Management for OSI: Working Draft for a tutorial on Estelle. ISO/IEC JTC1/SC 21 N3249

/ISO 7498/ ISO,Information Processing Systems - Open Systems Interconnection - Basic Reference Model. IS 7498

/ISO 8072/ ISO, Information Processing Systems-Open Systems Interconnection-Transport Service Definition. IS 8072

/ISO 8073/ ISO, Information Processing Systems-Open Systems Interconnection-Transport Protokoll Specification. IS 8073

/ISO 8807/ ISO, Information Processing Systems-Open Systems Interconnection - LOTOS - A Formal Description Technique Based on the Temporal Ordering of Observational Behaviour. IS 8807, 1988

/ISO 8824/ ISO, Information Processing Systems - Open Systems Interconnection - Specification of Abstract Syntax Notation One (ASN.1). IS 8824

/ISO 8825/ ISO, Information Processing Systems - Open Systems Interconnection - Specification of Basic Encoding Rules for Abstract Syntax Notation. IS 8825

/ISO 9074/ ISO, Information Processing Systems-Open Systems Interconnection - ESTELLE-A Formal Description Technique Based on an Extended State Transition Model. IS 9074,1985

/ISO 9646/ ISO, Information Processing Systems - OSI Conformance Testing Methodology and Framework. DP 9646, 1986

/Jakubajtis 84/ Jakubajtis,E.A.: Informacionno-wycislitel'nye seti.Moskva "Finansy i Statistika",1984

/Jakubajtis 85/ Jakubajtis,E.A.: Lokal'nye informacionno-wycislitel'nye seti. Riga "Zinatne", 1985

/Jard 86a/ Jard,C.; Monin,J.F.; Groz,R.: Experience in implementing ESTELLE-X.250 (a CCITT subset of ESTELLE) in VEDA. In /Diaz 86/, pp. 315-332

/Jard 86b/ Jard,C.; Groz,R.; Monin,J.-F.: VEDA: A Software Simulator for the Validation of Protocol Specifications. In /Csaba 86/, pp. 529-544

/des Jardins 86/ des Jardins,R.: TOWARDS THE INFORMATION SOCIETY: World Cooperation on Open Systems Standardization. In /Csaba 86/, pp. 15-19

/König 85/ König,H.; Heiner,M.: Die Protokollbeschreibungssprache PDL. Nachrichtentechnik/Elektronik 35 (1985) 12,S. 458-461

/König 86a/ König,H.; Heiner,M.;Oniszeit,J.: Definierender Bericht der Protokollbeschreibungssprache PDL. (Überarbeitete Version), TU Dresden, Sektion Informationsverarbeitung, Forschungsbericht TU 08 RS-L/LN-K5/018, 1986

/Koenig 86b/ Koenig,H.;Heiner,M.: The PDL-System - An Unified Approach to the Specification, Verification and Implementation of Protocols. In /Csaba 86/, pp. 567-582

/Koenig 87a/ Koenig,H.: Developing Protocol Test Software Using the PDL-System. Preprint KFKI Budapest, KFKI-1987-11/M

/König 87b/ König,H.; Heiner,M.: Formalisierung der Semantik kommunizierender Prozesse über Protokolle. Wiss. Zeitschrift der TU Dresden 36 (1987) 3, S.215-222

/König 87c/ König,H.: Kommunikationprotokolle - Prinzip und Entwicklung. Diss. B, TU Dresden, Informatikzentrum,1987

/Koenig 89/ Koenig,H.;Tarnay,K.: A Workstation for Protocol Engineering. In /Boyanov 89/, pp.129-137

/Krishnakumar 87/ Krishnakumar,A.S.;Krishnamurthy,B.;Sabnani,K.: Translation of formal protocol specifications to VLSI designs. In /Rudin 87b/, C2.1

/Lamport 83/ Lamport,L.: What good is temporal logic. In Mason, R.E. A.(ed.): Information Processing 83. North Holland,1983, pp. 657-667

/Lamport 84/ Lamport,L.: Solved Problems, Unsolved Problems and Non-Problems in Concurrency. Reprint ACM 0-89791-143-1,1984

/Lehmann 87/ Lehmann,N.J.: Fachsprachen in der modernen Softwaretechnologie. In Grossmann,R.; Hutschenreiter,J.; Lampe, J.;Lötzsch,J.;Mager,K.: DEPOT 2.a - Metasystem für die Analyse und Verarbeitung verbundener Fachsprachen. TU Dresden, Sektion Mathematik, 1987, S. 1-5

/Le Moli 82/ Le Moli,G.: A "Reference Model" for the Formal Description of Entities which Perform Protocols. In /Schoemaker 82a/, pp. 13-48

/Le Moli 86/ Le Moli,G.(Coord.); Cost 11 BIS Group On FDT/AEFSD: An approach for evaluating formal description techniques. In /Diaz 86/, pp. 421-439

/Linn 83a/ Linn ,R.J.; McCoy,W.H.: Producing tests for implementations of OSI protocols. In /Rudin 83a/, pp. 505-520

/Linn 83b/ Linn,R.J.; Nightingale,J.S.: Some experience with testing tools for OSI protocol implementations. In /Rudin 83a/, pp. 521-531

/Linn 86/ Linn,R.J.: The features and facilities of ESTELLE: a formal description technique based upon an extended finite state machine model. In /Diaz 86/, pp. 271-296

/Liu 86/ Liu,M.T.;Liu,N.C.: Conformity analysis for communication protocols. Computer Communication Review 16 (1986) 3, pp. 216-226

/Löffler 84/ Löffler,H.: Rechnerverbundsysteme. Akademie-Verlag,Berlin, 1984

/Loeffler 86/ Loeffler,H.; Guetter,D; Hackler,B; Koenig,H; Kubas,Ch.; Neidhold,G.;Meier,I.: LOTUNET- a LAN for Process Control. In /Csaba 86/, pp. 383-390

/Löffler 87/ Löffler,H.: Lokale Netze. Akademie-Verlag, Berlin, 1987

/Logrippo 85/ Logrippo,L.; Simon,D.; Ural,,H.: Executable Description of the OSI Transport Service in Prolog. In /Yemini 85/, pp. 279-294

/Malagardis 86/ Malagardis,N.: Organization of Verification and Testing in France. In /Schumny 86/, pp. 235-240

/Meier 84/ Meier, H.W.: Rechnernetz-Technologien - Internationale Tendenzen und Entwicklung von DELTA. Tagungsberichte INFO'84, Band 1, S. 64-75, 1984

/Merlin 76a/ Merlin,P.M.: A methodology for the design and implementation of communication protocols. IEEE Trans. on Com., Vol. COM-24 (1976) 6, pp.614-621

/Merlin 76b/ Merlin,P.M.; Farber,D.J.: Recoverability of communication protocols - Implications of a theoretical study. IEEE Trans. on Com. Vol. COM-24 (1976) 9, pp. 1036-1046

/Merlin 79/ Merlin,P.M.: Specification and validation of protocols. IEEE Trans. on Com. Vol. COM-27 (1979) 11,pp. 1671-1680

/Milner 80/ Milner,R.: A Calculus of Communication Systems. Lecture Notes in Computer Science No. 92, Springer-Verlag, Berlin, Heidelberg, New York,1980

/Nakakawaji 86/ Nakakawaji,T.;Mizuno,T.;Ushijima,K.;Araki,K.: Application of concurrrent Euclid to specification, implementation and verification of communication protocols. In /Bochmann 86/, pp. 3-76 -- 3-87

/Oniszeit 86/ Oniszeit,J.: Schrittweise Protokollentwicklung mittels PDL. Diplomarbeit, TU Dresden, Sektion Informationsverarbeitung, 1986

/Pavel 85/ Pavel,J.R.;Dwyer,D.J.: Some Experiences of Testing Protocol Implementations. In /Yemini 85/, pp. 657-680

/Pepper 84/ Pepper,P.(ed.): Program Transformation and Programming Environments.Springer-Verlag, Berlin, Heidelberg, 1984

/Petrenko 80/ Petrenko, A.F.: On the specification and verification of protocols using petri nets. In /Williams 80/, pp. 385-390

/Piatkowski 83/ Piatkowski,T.F.: Protocol Engineering. Proc. ICC,Boston, 1983

/Prinoth 82/ Prinoth,R.: An Algorithm to Construct Distributed Systems from State-Machines.In /Sunshine 82a/, pp. 261-282

/Probert 83/ Probert,R.L.; Ural,H.: Requirements for a test specification language for protocol implementation testing. In /Rudin 83a/, pp. 437-444

/Qiu 86/ Qiu,Xiaoling; Cheung,To-Yat: PNPUO - A Petri-Net Based Software Package for Protocol Validation. In /Csaba 86/, pp. 583-600

/Rafiq 83/ Rafiq,O.; Ansart,J.-P.: VADILOC - A protocol validator and its applications. In /Rudin 83a/, pp. 189-198

/Rafiq 86a/ Rafiq,O.; Castanet,R.;Chraibi,C.; Goursaud,J.P.;Haddad, J.;Perdu,X.: Towards an environment for testing protocols. In /Diaz 86/, pp. 533-543

/Rafiq 86b/ Rafiq,O.;Haddad,J.: Description of Protocol Test Scenarios. In /Csaba 86/, pp. 629-644

/Ramamoorthy 85/ Ramamoorthy,C.V.;Dong,S.T.;Usada,Y.: An Implementation of an Automated Protocol Synthesizer (APS) and Its Application to the X.21 Protocol. IEEE Trans. on Software Engineering,Vol. SE-11 (1985) 9, pp. 886-908

/Rayner 81/ Rayner,D.;Hale,R.W.S.(eds.): Protocol Testing - Towards Proof?. NPL,Teddington,1981

/Rayner 82/ Rayner, D.: A System for Testing Protocol Implementations. Computer Networks 6 (1982), pp.383-395

/Rayner 86a/ Rayner,D.: Towards standardized OSI conformance tests. In /Diaz 86/, pp. 441-460

/Rayner 86b/ Rayer,D.: Standardizing Conformance Testing for OSI. In /Csaba 86/, pp. 47-66

/Rayner 87/ Rayner,D.: OSI Conformance Testing. In /Rudin 87a/

/Razouk 82/ Razouk,R.: Modelling X.25 Using the Graph Model of Behaviour. In /Sunshine 82a/, pp. 197-214

/Reisig 80/ Reisig,W.: Petri-Netze: Eine Einführung. Springer-Verlag, Berlin, Heidelberg, New York, 1980

/Roisin 86/ Roisin,C.: Protocol description with the OCCAM language. In /Diaz 86/, pp. 235-246

/Rothhardt 87/ Rothhardt,G.: Praxis der Softwareentwicklung. VEB Verlag Technik, Berlin, 1987

/Rudin 80/ Rudin,H. et al.: Automated Protocol Synthesis via Graphics. In /Williams 80/, pp. 391-396

/Rudin 83a/ Rudin,H.;West,C.H.(eds.):Protocol Specification,Testing and Verification III. North Holland, Amsterdam, 1983

/Rudin 83b/ Rudin,H.: From formal protocol specification towards automated performance prediction. In /Rudin 83a/, pp. 257-269

/Rudin 85a/ Rudin,H.: An Informal Overview of Formal Protocol Specification. IEEE Communications Magazine,Vol. 23 (1985) 3, pp. 46-52

/Rudin 85b/ Rudin,H.: An Improved Algorithm for Estimating Protocol Performance. In /Yemini 85/, pp. 515-526

/Rudin 87a/ Rudin,H.;West,C.H.(eds.): Protocol Specification, Verification and Testing VII- Tutorial Notes. Zuerich, May 5-8, 1987

/Rudin 87b/ Rudin,H; West,C.H. (eds.): Protocol Specification, Testing and Verification VII- Participants Proceedings. Zuerich, May 5-8, 1987

/Rudin 88/ Rudin,H.: Protocol Engineering. A Critical Assessment. In /Sabnani 88/

/Sabnani 88/ Sabnani, K.(ed): Protocol specification, testing and verification VIII. Preliminary proceedings, Atlantic City, 1988

/Sajkowski 85/ Sajkowski,M.: Protocol Verification Techniques: Status Quo and Perspectives. In /Yemini 85/, pp. 697-720

/Sajkowski 86/ Protocol verification in the presence of time. In /Bochmann 86a/, pp. 8-1 -- 8-16

/Saracco 87/ Saracco,R.: Course on SDL. In /Rudin 87a/

/Sarikaya 84/ Sarikaya,B.; Bochmann,G.v.: Synchronization and Specification Issues in Protocol Testing. IEEE Trans. on Com., Vol. COM-32 (1984) 4, pp. 389-395

/Schicker 87/ Schicker,P.: Datenübertragung und Rechnernetze. B.G. Teubner, Stuttgart, 1987

/Schindler 83/ Schindler,S.; Spaniol,O.V.(eds.): Kommunikation in verteilten Systemen - Anwendungen und Betrieb. GINTG - Fachtagung, Berlin, Januar 83, Springer-Verlag, Berlin, Heidelberg, New York, 1983

/Schoemaker 82/ Schoemaker,S.(ed.): Computer Networks and Simulation II. North-Holland, Amsterdam, 1982

/Schoemaker 86/ Schoemaker,S. (ed.): Computer Networks and Simulation III. North-Holland, Amsterdam, 1986

/Schultz 80/ Schultz, G.D.; Rose, D.B.; West,C.H.; Gray,J.P.: Executable description and validation of SNA. IEEE Trans. on Com., Vol. COM-28 (1980) 4, pp. 661-677

/Schumann 84/ Schumann,J.; Gerisch,M.: Software-Entwurf: Prinzipien, Methoden, Arbeitsschritte, Rechnerunterstützung. Verlag Technik, Berlin, 1984

/Schumny 86/ Schumny,H. (ed.): Third International Conference on the Introduction of Open Systems Interconnection Standards. Cambridge, Sept. 1985, published in Computer Standards & Interfaces, Vol. 5 (1986) 4

/Schwartz 82/ Schwartz,R.; Melliar-Smith,P.M. (tutorial): From State Machines to Temporal Logic: Specification Methods for Protocol Standards. In /Sunshine 82a/, pp.3-20

/Schwarz 83/ Schwarz,R.L.; Melliar- Smith,P.M.; Vogt, F.H.: Interval Logic: A higher-level temporal logic for protocol specification. In /Rudin 83a/, pp. 3-18

/Scollo 86/ Scollo,G;Vissers,Ch.A.;Di Stefano,A.: LOTOS in Practice. In Kugler,H.-J.(ed.): Information Processing 86. North Holland, Amsterdam, 1986, pp. 857-869

/Serre 86/ Serre,J.M.; Cerny,E.; Bochmann,G.v.: A Methodology for Implementing High Level Communication Protocols. Université de Montrèal, Department d' informatique et de recherche operationelle, Publication 555, 1986

/Sidhu 82/ Sidhu,D.: Protocol Design Rules. In /Sunshine 82a/, pp. 283-300

/Sidhu 86/ Sidhu, D.P.; Blumer,T.P.: Verification of NBS Class 4 Transport Protocol. IEEE Trans. on Communications, Vol. COM-34 (1986) 8, pp. 781-789

/Smith 83/ Smith,F.D.; West,C.H.: Technologies for Network Architecture and Implementation. IBM J. Res. Develop. 27, 1 (1983), pp.68-78

/Stallings 85/ Stallings,W.: Data and Computer Communications. Macmillan Publishing Company, New York, 1985

/Starke 86/ Starke,P.H.: Petri net machine. LNCS 255, pp. 43-44

/Steinacker 86/ Steinacker,M.: SDL and ESTELLE: State Transition Oriented Specification Techniques in CCITT and ISO. In /Csaba 86/, pp. 489-504

/Stokes 86/ Stockes, A.V.(ed.): Communication standards - State of the Art Reports. Pergamon Press, London, 1986

/Strom 85/ Strom,R.; Yemini,S.: Synthesizing Distributed Protocols from Serial Programs. In /Yemini 85/, pp. 443-456

/Sunshine 79/ Sunshine,C.: Formal techniques for protocol specification and verification. IEEE Computer Magazine, Vol. 21 (1979)

/Sunshine 82a/ Sunshine,C.(ed.): Protocol Specification, Testing, and Verification. North Holland Comp., Amsterdam, 1982

/Sunshine 82b/ Sunshine,C.A.: Formal Modelling of communication protocols. In /Schoemaker 82/, pp. 53-75

/S.-Borowka 86/ Suppan-Borowka,J.;Simon,Th.: MAP Datenkommunikation in der automatisierten Fertigung. DATACOM Buchverlag, Pulheim, 1986

/Tanenbaum 81/ Tanenbaum,A.S.: Computer Networks. Prentice Hall, Englewood Cliffs, New Jersey, 1981

/Ural 83/ Ural,H.;Probert,R.L.: User-guided test sequence generation. In /Rudin 83a/, pp. 421-436

/Venkatraman 86/ Venkatraman,R.C.; Piatkowski,T.F.: A formal comparison of formal protocol specification techniques. In /Diaz 86/, pp. 401-420

/Vissers 86/ Vissers,Ch.A.; Logrippoo, L.: The importance of the service concept in the design of data communication protocols. In /Diaz 86/, pp. 3-18

/Vissers 88/ Vissers,Ch.A.:: Architecture and Specification Style in Formal Description of Distributed System. In /Sabnani 88/

/Vogt 82/ Vogt,F.: Event-Based Temporal Logic Specifications of Services and Protocols. In /Sunshine 82a/, pp. 63-73

/Voung 86/ Voung,S.T.; Hui,D.D.; Cowan,D.D.: A tool for protocol validation via reachability analysis. In /Bochmann 86a/, pp. 2-26 -- 2-39

/Walter 83/ Walter,B.: Time Petri nets for modelling and analyzing protocols with real-time characteristics. In /Rudin 83a/, pp. 149-160

/Wang 87/ Wang,B.;Hutchison,D.: Protocol testing techniques. Computer Communications 10 (1987) 2, pp. 79-87

/West 78/ West,C.H.: General technique for communications protocol validation. IBM J. Res. Dev., Vol. 22 (1978) 3, pp. 393-404

/West 82/ West,C.: Applications and Limitations of Automated Protocol Validation. In /Sunshine 82a/ pp. 361-372

/West 86a/ West,C.H.: A Validation of the OSI Session Layer Protocol. Computer Networks and ISDN Systems 11 (1986), pp. 173-182

/West 86b/ West,C.H.: Protocol Validation by Random State Exploration. In /Bochmann 86a/, pp. 7-1 -- 7-12

/Wiechers 85/ Wiechers,W.K.: The Role of CEN/ CENELEC in Testing and Certification of Conformity to Standards in Information Technology. Computers & Standards 4 (1985), pp. 259-264

/Wieczorek 89/ Wieczorek,D.: Nutzung von PSV/BM 1.2 und SPSV 2.0 als einheitliche Implementierungsumgebung für die rechnergestützte Protokollentwicklung mittels PDL. Diplomarbeit, TU Dresden, Informatikzentrum, 1989

/Williams 80/ Williams,M.B.(ed): Pathways to the Information Society. Proc. of the Sixth International Conference on Computer Communication. Atlanta, 1980

/Woodside 86/ Woodside,C.M.;Buhr,R.J.A.;Pearce,T.: The CAEDE/ESTELLE graphical tool for definition of protocols. In /Bochmann 86a/, pp. 3-32 -- 3-75

/Yemini 85/ Yemini,Y.; Strom,R.; Yemini,S.(eds): Protocol Specification, Testing and Verification,IV. North Holland, Amsterdam, 1985

/Zafiropulo 80/ Zafiropulo,P. et al.: Towards Analyzing and Synthesizing Protocols. IEEE Trans. on Com., Vol. COM-28 (1980) 4, pp. 651-660

/Zeng 85/ Zeng,H.X.;Rayner,D.: Gateway Testing Technique. In /Yemini 85/, pp. 637-656

/Zeng 86/ Zeng,H.X.;Rayner,D.: The impact of the Ferry concept on protocol testing. In /Diaz 86/, pp. 519-532

/Zhao 86/ Zhao,J-R.; Bochmann,G.v.: Reduced reachability analysis of communication protocols: a new approach. In /Bochmann 86a/, pp. 7-13 -- 7-24

/Zimmermann 80/ Zimmermann,H.: OSI-Reference Model-The ISO Model of Architecture for Open Systems Interconnection. IEEE Trans. on COM., Vol. COM-28 (1980) 4, pp. 425-432

/Zschiesche 89/ Zschiesche,M.: Konzeption und Implementation portabler Komponenten des OSI-Referenzmodells dargestellt an der ISO-gerechten Transportschicht. Diss. A, TU Dresden, Informatikzentrum, 1989

6. ABKÜRZUNGEN

ASN.1	Abstract Syntax Notation One
ASP	Abstract Service Primitive
ATP	Abstract Transport Protocol
CAD/CAM	Computer-Aided Design/Computer-Aided Manufacturing
CIL	Communication Services Implementation Language
CIM	Computer-Integrated Manufacturing
CCITT	Commité Consultatif International Téléphonique et Télégraphique
CCS	Calculus of Communicating Systems
CEP	Connection End Point
ESTELLE	Extended State Transition Language
EUT	Entity Under Test
ICS	Integrated Communication Software
IFIP	International Federation of Information Processing
IFIP-TC	IFIP-Technical Commitee
ISDN	Integrated Services Digital Network
ISO	International Organization for Standardization
IUT	Implementation Under Test
LAN	Local Area Network
LOTOS	Language of Temporal Ordering Specification
MAP	Manufacturing Automation Protocol
NBS	National Bureau of Standards (USA)
OSI	Open Systems Interconnection
PCI	Protocol Control Information
PDL	Protocol Description Language
PDU	Protocol Data Unit
PICS	Protocol Implementation Conformance Statement
PIXIT	Protocol Implementation Extra Information for Testing
SAP	Service Access Point

SDL	Specification and Description Language
TOP	Technical and Office Protocol
TPDU	Transport Protocol Data Unit
TSDU	Transport Protocol Service Data Unit
TTCN	Tree and Tabular Combined Notation

7. Sachwortverzeichnis

Bei Fragen zur Produktsicherheit wenden Sie sich bitte an:
If you have any questions regarding product safety,
please contact:

Walter de Gruyter GmbH
Genthiner Straße 13
10785 Berlin
productsafety@degruyterbrill.com